KAIST
이상엽 교수의
세상을
바꾸는
공학
기술

KAIST 이상엽 교수의
세상을 바꾸는 공학기술

1판 1쇄 인쇄 2025. 6. 20.
1판 1쇄 발행 2025. 6. 30.

지은이 이상엽

발행인 박강휘
편집 이승환 디자인 페이퍼컷 장상호 마케팅 고은미 홍보 박은경
발행처 김영사
등록 1979년 5월 17일(제406-2003-036호)
주소 경기도 파주시 문발로 197(문발동) 우편번호 10881
전화 마케팅부 031)955-3100, 편집부 031)955-3200, 팩스 031)955-3111

저작권자 ⓒ 이상엽, 2025
이 책은 저작권법에 의해 보호를 받는 저작물이므로
저자와 출판사의 허락 없이 내용의 일부를 인용하거나 발췌하는 것을 금합니다.

값은 뒤표지에 있습니다.
ISBN 979-11-7332-223-5 (03500)

홈페이지 www.gimmyoung.com   블로그 blog.naver.com/gybook
인스타그램 instagram.com/gimmyoung   이메일 bestbook@gimmyoung.com

좋은 독자가 좋은 책을 만듭니다.
김영사는 독자 여러분의 의견에 항상 귀 기울이고 있습니다.

이 책은 해동과학문화재단 지원을 받아 NAEK 한국공학한림원과 ㈜김영사가 발간합니다.

KAIST 이상엽 교수의

세상을 바꾸는 공학기술

WORLD-CHANGING
ENGINEERING TECHNOLOGIES

인류의 난제를 해결하는
최전선의 기술들

이상엽

김영사

추천의 글

공학은 단순히 기술을 다루는 분야가 아니다. 공학은 문제를 찾아내는 질문을 던지고, 문제를 명확히 정의하고, 그 문제에 대한 답을 과학기술로 모색하는 학문이다. 이 책은 기후위기와 플라스틱 문제에서부터 감염병 대응, 건강 관리, 디지털 기술의 발전에 따른 사회적 문제에 이르기까지 우리가 직면한 다양한 문제들을 제시하고, 이런 문제들을 해결하는 데 공학이 어떻게 기여할 수 있는지를 비전공자들도 이해하기 쉬운 수준에서 설명한다. 과학기술이 정치, 경제, 사회에 매우 큰 영향을 주는 '기술패권'의 시대에, 미래를 설계하고자 하는 학생뿐 아니라 일반 독자들도 복잡한 문제에 체계적으로 접근하는 공학적 사고를 배울 수 있는 책이다.

이광형 · KAIST 총장

지구가 아프다는 건 더 이상 놀라운 뉴스가 아니다. 이제 무심히 스쳐가는 일상의 소음이 되어버렸다. 이 책은 그 무심한 소음을 멈추게 하고, 공학이라는 안테나를 통해 그것을 다시 의미 있는 신호로 만들어 우리가 귀 기울이게 한다. 실험실의 수식과 정책 회의실의 숫자 사이를 가로지르며, 기술이 어떻게 인간의 문제를 실질적으로 치유할 수 있는지를 조용하면서도 설득력 있게 들려준다. 대사공학의 대가 이상엽 교수는 복잡하고 낯선 과학기술의 발전을 놀랍도록 명료하게 풀어내면서도, 독자가 그 이면에 깔린 사회적 맥락과 미래적 함의를 자연스럽게 짚어낼 수 있도록 이끈다. 기후위기, 팬데믹, 자원 고갈, 디지털 정보 혼란—오늘 우리가 마주한 거대한 문제들을 공학이라는 실천적 언어로 통찰해내는 이 책은, 기술과 사회를 함께 이해하려는 모든 이들에게 미래를 가리키는 신뢰할 만한 나침반이 되어줄 것이다.

정재승 · KAIST 뇌인지과학과 교수

이 책은 과학기술의 발전과 사회 변화에 대한 깊은 통찰을 바탕으로, 개인과 조직, 나아가 국가가 미래를 어떻게 준비하고 대응해야 하는지를 체계적으로 제시한다. 과학기술이라는 전문 분야를 넘어서, 그것이 사회와 경제, 정책에 미치는 영향까지 폭넓게 조망하며, 복잡하게 얽힌 현대사회의 문제를 통합적 시각에서 풀어낸다. 특히 주목할 점은, 단순한 예측이나 전망에 머무르지 않고 구체적인 전략적 방향과 실천 가능한 제언을 담고 있다는 점이다. 기술 중심 사회로 나아가는 오늘날, 이 책은 과학기술 전문가뿐만 아니라 기업인, 정책입안자, 미래를 고민하는 모든 이들에게 유의미한 통찰을 제공한다. 저자의 깊이 있는 과학적 분석과 명확한 메시지, 미래를 향한 혜안이 고스란히 담긴 이 책은 단순한 교양서를 넘어 시대를 읽는 지침서이자 필독서가 될 것이다.

신학철 · LG화학 대표이사 부회장

인간의 창의성은 삶을 윤택하게 하고 생활을 편리하게 만들어주었지만, 동시에 기후변화, 환경오염, 생태계 위협 같은 부작용도 불러왔다. 이 책은 현재 인류가 직면한 다양한 문제들을 차분하게 짚어나가며 단순한 비판이나 경고에 그치지 않고, 구체적인 해결 방안과 기술적 대안도 함께 제시한다. 특히 최근 전 세계적인 화두로 떠오른 바이오, 인공지능, 양자컴퓨터 등 첨단 기술들을 누구나 이해할 수 있도록 친절하고 쉽게 풀어 써서, 과학기술에 익숙하지 않은 독자도 부담 없이 읽을 수 있다. 기술이 산업의 영역을 넘어 인류의 삶 전반에 어떤 영향을 미치고 있으며, 앞으로 그 기술을 어떤 방향으로 이끌어가야 할지를 고민하게 만드는 책이다. 과학기술의 미래에 관심이 있는 모든 이에게 권한다.

권오현 · 전 삼성전자 회장

서문

공학, 세상의 문제에 답하다

공학은 세상을 움직이는 실천이자 인류의 상상을 현실로 바꾸는 언어이다. 다리, 댐, 발전소, 자동차 같은 물리적 인프라부터 인터넷, 인공지능, 미생물 세포공장처럼 눈에 보이지 않는 세계를 설계하는 기술에 이르기까지, 인류는 언제나 도전과 꿈 앞에서 '왜?'와 '어떻게?'를 물었다. 그리고 그 답은 늘 공학을 통해 현실이 되었다. 과학과 수학의 원리를 바탕으로 창의적이고 체계적인 해법을 설계하는 공학은, 인간이 직면한 문제를 해결하고 상상을 현실로 바꾸는 중심에 있었다. 공학은 시대를 넘어 인간의 삶을 변화시켜왔고, 지금 이 순간에도 복잡한 현실을 돌파하고 더 나은 미래를 설계하는 가장 강력한 도구로 작동하고 있다.

인류는 현재 다양한 문제들에 직면해 있다. 기후위기, 식량·에너지·물 부족, 폐플라스틱으로 인한 환경오염, 사회적 마비를 일으켰던 코로나19 팬데믹과 같은 감염병 문제, 고령화로 인한 건강 문제, 한쪽에서는 굶주림에 시달리는 반면 다른 한쪽에서는 비만으로 건강

이 위협받는 문제, 그리고 AI와 디지털 기술의 급속한 발전으로 초래된 가짜뉴스와 사이버안보 문제까지, 일일이 나열하기 힘들 정도로 많은 문제들을 마주하고 있다.

지난 몇 년간 이러한 문제들을 과학기술, 특히 공학기술로 어떻게 해결할 수 있을지 고민하며 〈경향신문〉, 〈매일경제〉, 〈서울경제〉 등 여러 매체에 칼럼을 써왔다. 이 책은 그 칼럼들을 엮고 다듬은 것이다. 다만, 칼럼을 쓴 이후 몇 년이 흐른 만큼 최신 정보를 반영하고 새로운 내용을 추가했으며, 비전공자도 쉽게 이해할 수 있도록 배경 설명과 함께 다양한 예시를 들어 해결 방안을 구체적으로 풀어쓰는 데 주안점을 두었다.

이 책은 총 4부로 이루어져 있으며, 현대 사회의 주요 문제들을 중심으로 과학기술이 제공하는 다양한 해법을 탐구한다.

1부에서는 기후위기 대응 전략과 탄소중립, 순환경제를 중심으로 한 주요 이슈들을 다룬다. 매년 세계경제포럼에서 발표되는 〈글로벌 리스크 보고서〉를 바탕으로, 기후위기의 본질과 탄소 배출의 주요 원인들을 분석한다. 또한, 탄소중립을 실현하기 위한 구체적인 전략과 이산화탄소 활용 방안을 살펴보고, 환경오염 주범으로 낙인찍힌 플라스틱과 석유화학 산업의 미래를 재조명한다. 이어서, 4R 전략(줄이기, 재사용하기, 재활용하기, 바꾸기)을 전자제품 순환경제 사례와 연결하여 설명하고, 미래 제조업 혁신 방향과 미세먼지 저감 전략을 제시한다. 전기차가 빠르게 보편화되는 자동차 산업과 달리, 전기화가 어려운 항공 분야에서 지속 가능한 항공유의 중요성도 논의된다. 마지막으로, 급속히 발전하는 인공지능과 데이터센터의 문제를 다루며 이를 해결하기 위한 기술적 대안도 모색한다.

2부에서는 건강한 삶을 주제로, 인간 건강과 생명에 직결된 문제들을 다룬다. 코로나19 팬데믹 사태를 거치며 백신과 치료제 개발이 어떻게 진행되었는지 그 과정을 살펴보고, 바이러스 감염에 대한 공학적 대응 전략을 제시한다. 항생제 내성 슈퍼박테리아의 위험성과 대응 방안도 논의하며, 여전히 많은 생명을 앗아가고 있는 암을 정복하기 위한 첨단 연구를 소개한다. 최근 크게 주목을 받고 있는 비만 치료제와 의료 분야에서의 인공지능 활용 사례도 살펴보고, 인공지능이 신약 개발에 미친 영향과 디지털 치료의 가능성도 탐구한다. 그 밖에 불로불사의 실현 가능성, 설탕 대체제 개발 동향, 눈물의 과학, 음식과 운동의 건강 효과를 과학적으로 증명하는 연구도 다룬다.

3부는 생명공학의 무궁무진한 가능성을 주제로, 공학기술과 생명과학의 융합을 통해 생명공학 분야의 혁신을 조망한다. 첨단바이오 이니셔티브와 바이오 제조 혁신 사례를 소개하고, 대사공학과 합성생물학의 현재와 미래를 살펴본다. 또한, 생체모방 공학, 이차대사산물 생산, 배양육과 대체육 기술을 논의하며, 미래 식량 문제와 혁신적 식품 시스템에 대해 다룬다. 마지막으로 신약 개발 현황을 알아보며 신약 강국을 향한 우리나라의 전략을 모색한다.

4부는 미래를 바꿀 혁신 기술에 집중한다. 2011년부터 매년 세계경제포럼에서 발표하는 '10대 떠오르는 기술'을 소개하고, 각 기술이 가져올 변화를 미리 살펴본다. 이어서, 4차 산업혁명 시대의 아홉 가지 혁명적 기술과 유럽연합이 주목하는 미래 혁신 기술들도 다룬다.

특히 인공지능과 융합 기술들이 실생활에서 어떻게 자리잡고 있는지 살펴보고, 기술 발전의 혜택을 유지하며 부작용을 막을 수 있는 지점에 대해 고민해본다. 데이터 폭증 시대에 대응하는 DNA 데이터 저장 기술, 메타버스와 우주기술, 전기차 배터리 화재 문제와 해결책도 다룬다. 또한 양자컴퓨팅과 블록체인 기술을 논의하며, 마지막으로 한국이 기술패권을 확보하기 위한 전략을 제안한다.

다양한 주제를 폭넓게 다루어 큰 그림을 그리는 데 집중했다. 언젠가는 특정 주제에 대해 깊게 분석한 책을 써야겠다는 다짐도 해본다. 이번 책은 각 장이 독립적으로 읽히며, 다양한 첨단 지식을 접하고 새로운 생각을 펼칠 수 있는 형태로 구성되었다. 독자들이 이 책을 통해 몇 가지 새로운 영감을 얻는다면 더 바랄 것이 없겠다.

우리는 과학기술, 특히 산업과 직결된 공학의 경쟁력이 국가의 생존을 좌우하는 시대에 살고 있다. 새롭게 출범한 정부는 이러한 사실을 직시하고 우리의 자랑스러운 공학자들이 자긍심을 가지고 미래를 개척할 수 있도록 창의적인 연구개발 환경 조성과 적극적인 지원을 최우선 정책으로 펼쳐주기 바란다.

오랜 집필 기간 동안 함께 고민해주고 소중한 조언을 아끼지 않은 김영사의 이승환 편집자에게 감사의 마음을 전한다. 그리고 연구와 일에 매달려 가정에 소홀했던 나를 이해하고 항상 곁에서 응원해준 아내와 딸에게 사랑을 담은 깊은 감사를 보낸다.

차례

추천의 글 · 004
서문 공학, 세상의 문제에 답하다 · 006

1부 뜨거워지는 지구, 공학이 움직일 시간

1. ☀ 우리 앞에 놓인 전 지구적 위험 요인들 · 017
2. ☀ 기후위기, 지구의 경고 · 027
3. ☀ 탄소를 줄이는 분야별 방법 · 031
4. ☀ 탄소중립, 미래를 위한 선택 · 036
5. ☀ 이산화탄소를 자원으로 바꾸는 기술 · 043
6. ☀ 친환경으로 진화하는 화학 산업 · 049
7. ☀ 플라스틱은 과연 환경의 적일까? · 057
8. ☀ 다시 쓰는 자원, 4R 전략의 진화 · 063
9. ☀ 순환하는 디지털, 전자제품의 두 번째 삶 · 066
10. ☀ 제조업의 새 물결 · 072
11. ☀ 미세먼지와의 전쟁 · 077
12. ☀ 지속 가능한 하늘길을 위하여 · 082
13. ☀ 전기를 먹는 괴물, 데이터센터를 말하다 · 087

2부 더 오래, 더 건강하게: 공학이 여는 미래 의료

1. ☀ 질병 X와의 전쟁, 미래 감염병에 대비하라 · 093
2. ☀ 코로나19 팬데믹이 남긴 과학기술적 교훈 · 098
3. ☀ 감염병의 다음 위기를 막는 기술의 힘 · 103
4. ☀ 감염병 시대에 공학이 해야 할 일 · 115
5. ☀ 항생제의 탄생과 미생물 통제의 시대 · 120
6. ☀ 내성균 시대, 새로운 항생제를 찾아서 · 125
7. ☀ 암과의 싸움, 끝은 있는가 · 130
8. ☀ 비만에 맞서는 과학적 해법 · 137
9. ☀ AI와 의학이 만났을 때 · 142
10. ☀ 인공지능이 설계한 신약 · 147
11. ☀ 디지털로 치료하는 시대 · 156
12. ☀ 불로불사의 꿈은 실현될까 · 160
13. ☀ 당 없이 달콤하게, 설탕 대체의 기술 · 164
14. ☀ 감정과 건강의 창, 눈물에 담긴 과학 · 169
15. ☀ 음식이 가장 좋은 약이다 · 172
16. ☀ 운동이 건강에 좋은 과학적 이유 · 175

3부 　　　　　　　생 명 을 설 계 하 다 :
　　　　　　　　　 생 명 공 학 의 신 세 계

1 　● 생명과학의 판을 뒤집는 새로운 흐름 　•181
2 　● 대한민국 바이오 산업의 야심찬 도전 　•184
3 　● 바이오 제조 혁신, 그 담대한 도전 　•191
4 　● 모든 산업의 바이오화는 현실이 된다 　•195
5 　● 융합이 만드는 생명공학 강국의 길 　•199
6 　● 대사공학과 합성생물학, 미래를 재조립하다 　•203
7 　● 단백질공학, 단백질을 디자인하는 기술 　•209
8 　● 바이오파운드리, 자동화의 새 지평 　•213
9 　● 자연을 닮은 기술, 생체모방 공학 　•217
10　● 미생물로 만드는 기능성 천연물질 　•221
11　● 색을 입히는 생명공학, 미생물이 만드는 천연색소 　•228
12　● 배양육과 대체육, 새로운 식탁의 가능성 　•234
13　● 미생물이 만든 음식의 시대 　•238
14　● 지속 가능한 식품 시스템을 향하여 　•243
15　● K-푸드 발전을 위하여 　•248
16　● 신약 개발 강국을 향한 여정 　•252

4부   기술의 전환점, 미래를 향한 가속

1. ☀ 세계를 주도할 미래 기술들 · 263
2. ☀ 4차 산업혁명을 이끄는 9가지 혁명적 기술 · 286
3. ☀ 유럽이 주목하는 미래의 판을 바꿀 기술들 · 290
4. ☀ AI와 AIX^2, 더 똑똑한 기술을 위하여 · 294
5. ☀ 쏟아져 나오는 AI 도구들 · 299
6. ☀ 24시간 일하는 AI 에이전트가 온다 · 304
7. ☀ AI 진흥과 규제 사이의 균형 · 310
8. ☀ 데이터, 데이터, 데이터 · 314
9. ☀ DNA에 데이터를 저장하는 법 · 318
10. ☀ 가상현실 너머의 메타버스 · 321
11. ☀ 폭발하는 배터리, 안전을 지키는 전략 · 325
12. ☀ 하늘 위의 통신 전쟁, 저궤도 위성 이야기 · 328
13. ☀ 양자컴퓨터, 계산의 한계를 넘다 · 332
14. ☀ 블록체인으로 바꾸는 신뢰의 구조 · 336
15. ☀ 암호화폐, 돈의 미래인가 거품인가 · 343
16. ☀ 기술패권 시대, 한국의 전략 · 348

참고문헌 · 353

1부

뜨거워지는 지구, 공학이 움직일 시간

WORLD-CHANGING ENGINEERING TECHNOLOGIES

1

우리 앞에 놓인 전 지구적 위험 요인들

매년 1월 말 스위스 다보스에서 열려 '다보스포럼'이라고도 하는 세계경제포럼의 연례총회에는 전 세계 정상들과 리더들이 모여 정치, 사회, 경제, 과학기술, 문화 등 각 분야의 주요 현황과 문제들을 토론한다. 그중 일부 문제들에 대해서는 함께 시도해볼 만한 해결책도 그 자리에서 제시한다.

한편 세계경제포럼이 열리기 1~2주 전에는 지정학적, 환경적, 사회적, 경제적, 기술적 범주의 위험들을 열거한 〈글로벌 리스크 보고서〉가 발간된다. 이는 전 세계 전문가들을 대상으로 한 포괄적인 글로벌 위험 인식 조사를 통해 얻은 결과인데, 그해 세계를 위협하는 가장 중요한 위험 요인들을 일어날 확률과 그 영향이 얼마나 큰지에 따라 분류해 제시한다. 나도 이 보고서 작성에 참여하여 합성생물학, 감염질환 등에 대하여 전문가 의견을 제시했었다. 이렇게 위험 요인들을 미리 예측하는 까닭은 해결해야 할 문제를 잘 이해해서 그에 맞는 답, 특히 공학적 방안들을 마련하고 제시하기 위함이다.

위험 요인들은 시간이 지나며 계속 바뀌기 때문에, 지난 몇 년간의 위험 요인들도 함께 비교해보면 다양한 문제들에 대하여 미리 준비할 수 있을 것이다. 최근 몇 년 동안의 위험 요인들을 2025년 1월에 발표된 것부터 역순으로 살펴보도록 하자.

2025년에 전 세계적으로 중대한 위기를 초래할 가능성이 가장 높다고 생각되는 위험을 뽑아달라는 요청에, 전 세계 900명 이상의 각 분야 전문가들은 국가 기반 무력 충돌을 첫 번째로 꼽았다. 보고서는 특히 국가 기반 무력 충돌의 증가 추세를 지적하고 있는데, 데이터에 따르면 지난 5년간 국가 간 충돌은 17퍼센트 증가했다. 우크라이나, 중동, 수단에서의 전쟁과 충돌이 지속되고 있는데, 이러한 충돌은 직접적인 사상자를 낼 뿐만 아니라 글로벌 공급망을 방해하고 지역 불안정을 증가시키는 요인이 된다. 유엔난민기구UNHCR에 따르면 러시아-우크라이나 충돌로 1000만 명 이상의 난민 문제가 발생했다고 한다. 이는 지정학적 긴장이 글로벌 안정성에 미치는 영향이 매우 크다는 것을 다시 한번 일깨워준다.

둘째 위험 요인으로는 극단적 기상이변이 꼽혔다. 극단적 기상이변은 2025년 1월 초 LA 지역에서 다발적으로 발생한 엄청난 화재의 원인으로 지목되기도 했다. 실제로 지난 10년 동안 극단적 기상이변의 빈도가 40퍼센트 증가했으며, 이는 글로벌 보험 시장과 재난 구호 노력에도 매우 큰 영향을 미치고 있다. 세계 최대의 재보험사 뮌헨레에 따르면 2024년 기준, 극단적 기상이변으로 인한 경제적 손실이 전 세계적으로 3200억 달러에 달했으며, 이는 전년도 대비 약 19퍼센트 증가한 수치이다. 이런 추세는 기상이변의 심각성이 증가하고 있음을 시사하는바, 인프라 및 기후 복원력 강화에 전 세계적인 노력과 투자가 절실히 요구된다.

셋째는 지경학적geoeconomic 대립이다. 전 세계적인 보호주의와 국가주의 확신으로 인해 무역 갈등과 경제 제재가 더욱 복잡해지고 있으며, 이러한 흐름이 지속될 경우 전 세계 GDP가 최대 7퍼센트까지 감소할 수 있다는 경고도 나온다. 약 5000억 달러 규모의 상품에 영향을 미치는 관세 조치는 글로벌 공급망을 불안정하게 만들고 있으며, 경제적 단절과 국제 협력 약화를 초래할 가능성이 클 것으로 예측되는 가운데, 도널드 트럼프가 미국 대통령으로 재등장하면서 위험 수준은 더욱 높아지고 있다.

넷째는 잘못된 정보와 허위 정보이다. 지난 수년간 빠르게 발전한 AI 기술은 허위 정보와 잘못된 정보의 생성 및 확산을 더욱 용이하게 만들었다. 한 연구에서는 AI 생성 콘텐츠가 주요 언론 플랫폼에서 50퍼센트 이상 증가했으며, 전문가의 약 3분의 2가 이러한 정보가 공적 신뢰와 사회적 안정에 부정적 영향을 미친다고 우려한 바 있다. 보고서는 이 같은 위협에 대응하기 위해 국제적인 디지털 거버넌스 프레임워크의 구축과 실행이 필요하다고 강조하고 있다.

다섯째는 불평등과 사회적 양극화가 꼽혔다. 〈세계불평등보고서 2022〉에 따르면, 지난 수십 년간 전 세계적으로 부의 격차가 심화되어 상위 1퍼센트는 전 세계 부의 증가분 중 38퍼센트를 차지한 반면, 하위 50퍼센트는 단 2퍼센트만을 가져갔다. 이러한 경제적 불균형은 사회 전반에 불안을 불러일으키고, 공동체의 결속을 약화시키는 요인으로 작용한다. 국제연합이 발표한 〈세계사회보고서 2025〉는 전 세계적으로 사회적 불안 사건이 증가하고 있으며, 그 배경에는 경제적 불평등과 정책적 형평성 부족이 자리하고 있다고 분석했다. 이는 경제적 형평성을 확보하기 위한 실질적이고 강력한 정책이 지금 필요하다는 점을 분명히 보여준다.

이 외에도 글로벌 경제 침체, 지구시스템의 중대한 변화, 경제적 기회 부족 및 실업, 인권 및 시민 자유 침해, 비자발적 이주, 자원 부족, AI 기술의 부정적 결과, 사이버 스파이 및 사이버 전쟁, 범죄 및 불법 경제활동, 공급망 파괴, 전략적 자원 및 기술의 집중, 생물다양성 손실 및 생태계 붕괴, 자산 거품 붕괴, 건강과 복지의 쇠퇴 등이 2025년의 위험 요인으로 제시되었다.

〈글로벌 리스크 보고서 2024〉에서 제시한 2년 정도의 단기적 위험들과 향후 10년의 장기적 위험 요인들은 다음 표와 같다.

▲ 장단기 심각도별 글로벌 위험 순위(2024)

	단기적 위험 요인(2년)	장기적 위험 요인(10년)
1	잘못된 정보 및 허위 정보	극심한 기상이변
2	극심한 기상이변	지구 시스템의 심각한 변화
3	사회적 양극화	생물 다양성 감소와 생태계 파괴
4	사이버안보 불안	천연자원 부족
5	국경 간 무력 충돌	잘못된 정보 및 허위 정보
6	경제적 기회 부족	AI 기술의 부작용
7	인플레이션	비자발적 이주
8	비자발적 이주	사이버안보 불안
9	경기 침체	사회적 양극화
10	환경오염	환경오염

■ 경제 ■ 환경 ■ 지정학 ■ 사회 ■ 기술

△ 2023년 5월 22일, X(구 트위터)에서 빠르게 확산된 가짜 사진은 마치 공격을 받아 연기로 뒤덮인 것처럼 보이는 미국 펜타곤의 모습을 담고 있다. 이 사진은 한때 주식시장에까지 영향을 미쳤다. (출처: CNN)

그중에서도 특히 주목해야 할 문제는 잘못된 정보와 허위 정보이다. 일부러 조작된 가짜뉴스는 소수에 의해 만들어진 뒤 SNS 등을 통해 순식간에 확산되며, 정치·사회·경제적으로 큰 혼란을 초래할 수 있다. 생성형 인공지능 시대에 접어들면서 이 문제는 더욱 심각해지고 있다. 따라서 가짜뉴스와 허위 정보, 조작된 이미지 등을 신속하게 탐지하고, 나아가 생성 자체를 차단할 수 있는 기술 개발이 시급하다.

코로나로 인해 3년 만에 대면으로 개최된 2023년 세계경제포럼은 '분열된 세계에서의 협력'을 주제로 코로나 이후 공급망 붕괴, 미국과 중국의 패권 경쟁, 러시아-우크라이나 전쟁 등 지정학적 갈등과 기후 위기, 그리고 첨단 기술과 산업 경쟁 등으로 인해 분열되고 있는 세계화 경향에서 다양한 문제들에 대한 해법을 찾고자 했다. 〈글로벌 리스크 보고서 2023〉에서 제시한 장단기 위험 요인들은 다음과 같다.

▲ 장단기 심각도별 글로벌 위험 순위(2023)

	단기적 위험 요인(2년)	장기적 위험 요인(10년)
1	생계 위기	기후변화 대응 실패
2	자연재해와 극단적인 기후	기후변화 적응 실패
3	지경학적 대립	자연재해와 극단적인 기후
4	기후변화 대응 실패	생물다양성 손실
5	사회분열과 다극화	비자발적 대규모 이주
6	대형 환경파괴	천연자원 위기
7	기후변화 적응 실패	사회분열과 다극화
8	사이버범죄와 사이버안보 불안	사이버범죄와 사이버안보 불안
9	천연자원 위기	지경학적 대립
10	비자발적 대규모 이주	대형 환경파괴

| 경제 | 환경 | 지정학 | 사회 | 기술 |

이 외에도 부채 위기, 물가 안정 실패, 감염병, 대량살상무기, 자산 버블 붕괴, 정신건강 악화, 잘못된 정보와 허위 정보의 만연, 디지털 불평등, 만성질환 등이 위험 요인들로 꼽혔다.

2022년에는 코로나로 인해 세계경제포럼이 제때 개최되지 못했다. 1월에 온라인으로 다보스 어젠다 미팅이 열렸으며, 코로나가 약간 잠잠해진 5월에야 대면으로 포럼이 개최되었다. 2022년 발표된 향후 10년간의 열 가지 위험 요인들로는 기후위기 대응 실패, 극단적인 기후, 생물다양성 감소, 사회적 결속 저하, 생계 위기, 감염질환, 인간에 의한 환경파괴, 천연자원 위기, 부채 위기, 그리고 지경학적 대립이 제시되어 2023년 제시된 위험 요인들과 유사함을 알 수 있다.

2021년 가장 높은 위험 요인들로는 발생 확률이 높은 순서대로 극단적인 기후, 기후위기 대응 실패, 인간에 의한 환경파괴, 감염질환, 생물다양성 감소, 디지털 권력 집중, 디지털 불평등 등이 꼽혔다. 발생했을 때 파괴력이 큰 위험들로는 감염질환, 기후위기 대응 실패, 대량살상무기, 생물다양성 감소, 천연자원 위기, 인간에 의한 환경파괴, 생계 위기 등이 꼽혔다.

2020년을 보면, 향후 10년 내에 일어날 확률이 가장 높은 위험 요인들로 극단적인 기후, 기후변화 대응 실패, 자연재해, 생물다양성 감소, 인간으로 인한 환경재해가 제시되었다. 일어날 경우 영향이 가장 큰 위험 요인들로는 기후변화 대응 실패, 대량살상무기, 생물다양성 감소, 극단적인 기후, 물 부족 위기가 제시되었다. 〈글로벌 리스크 보고서 2020〉은 코로나19 팬데믹이 전 세계적으로 본격화되기 이전인 2020년 1월에 발간되었기 때문에 감염질환은 10위에 머물렀다. 그런데 불행하게도 이 낮은 확률이 현실이 되어버렸던 것이다.

여기서 잠깐 그보다 더 과거의 위험 요인들을 살펴보자. 전 세계적인 금융위기가 한창이던 2008년 1월, 세계경제포럼은 발생 가능성이 가장 높은 다섯 가지 글로벌 리스크로 자산 가격 폭락, 중동 불안, 실패한 국가들의 붕괴, 오일 쇼크, 만성질환을 꼽았다. 시간이 흘러 2014년에 뽑힌 상위 위험 요인은 소득 불균형, 극단적인 기후 현상, 실업, 기후변화 대응 실패, 사이버 공격이었다. 2008년과 2014년을 비교해보면, 두 시기의 주요 리스크는 전혀 겹치지 않는다. 이는 세계를 위협하는 위험 요인들이 끊임없이 변화하고 있음을 보여준다. 하지만 한 가지 분명한 사실은 2014년 이후 기후위기와 관련된 위험 요인들이 꾸준히 최상위권에 자리하고 있다는 점이다. 실제로 2020년부터 2025년까지 지난 6년간 위험 요인들을 보면, 기후변화와 자연재해에 관련된 문제가 가장 크다는 것을 알 수 있다. 이는 해당 기간의 다보스포럼에서 기후위기와 환경에 관한 세션이 유독 많았던 이유이기도 하다.

글로벌 위험 요인은 각각 독립적으로 존재하는 것이 아니라 서로 얽혀 있으며, 한 가지 위험이 다른 위험을 증폭시킬 수 있다는 점에서 그 심각성이 크다. 특히 기후변화 대응 노력이 실패로 돌아가면 그로 인해 극단적 기후, 자연재해, 사람으로 인한 환경재해도 더 자주 발생할 것이며, 생물다양성 감소, 식량위기, 물 부족 위기가 일어나고, 종국에는 글로벌 거버넌스와 국가 거버넌스까지도 붕괴될 수 있다. 이러한 문제들은 또 다른 문제를 일으키는데, 예를 들어 물 부족 위기는 도시계획 실패와 주요 인프라 붕괴, 식량위기의 가속화 등의 문제로 확산될 수 있다.

또한, 디지털 기술 분야의 사이버 공격, 데이터 사기와 탈취, 정보통신망 붕괴 등은 긴밀하게 연결되어 있으며, 이들이 무너질 경우 주요 인프라의 붕괴 혹은 마비로 이어질 수 있다. 금융 분야에서도 실업, 자산 거품, 에너지 가격 쇼크, 관리 불가능한 인플레이션, 디플레이션 등이 금융위기로 연결될 수 있으며, 이들은 국가와 글로벌 거버넌스의 붕괴로까지 이어질 수 있다. 이처럼 글로벌 리스크는 개별적

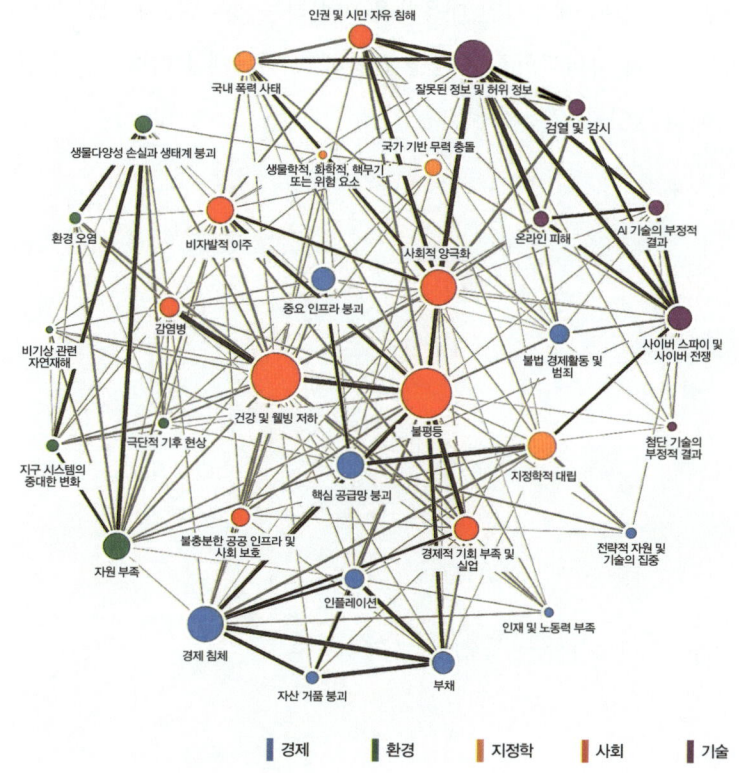

△ 〈글로벌 리스크 보고서 2025〉에서 제시한 글로벌 위험의 상호 연결성 지도.

으로 존재하는 것이 아니라 서로 영향을 주고받으며 복합적으로 작용하기 때문에, 그 해결 또한 다각적이고 종합적인 접근이 필요하다.

우리는 항상 거대한 위험의 위협 속에 살아가고 있다. 이런 위험은 내년에도, 그다음 해에도 계속될 것이다. 발생 가능성이 높은 위험뿐만 아니라, 가능성은 낮더라도 한번 발생하면 심각한 결과를 초래할 위험까지도 철저히 예측하고 대비해야 한다. 중요한 것은, 큰 문제가 발생하기 전에 체계적인 대응책을 마련하는 것이다. 각 위험에 대해 과학기술과 사회과학적 접근을 결합하고, 인류애를 바탕으로 실질적인 해결 방안을 모색해야겠다.

2

기후위기, 지구의 경고

2024년 여름은 기상 관측 이래 가장 더운 해였다. 중국 내륙은 최고 섭씨 41.1도까지 치솟고 스페인도 연일 섭씨 40도를 오가는 무더위가 계속되었다. 인도 뉴델리는 섭씨 50도를 넘기도 했다. 지구를 식히는 남극마저 알래스카가 섭씨 32도에 달했을 정도로 지구온난화는 심각했다. 우리나라도 섭씨 35도를 다반사로 넘겨 섭씨 40도에 달하기도 했다. 또 불과 몇 년 전인 2019년 7월 유럽을 강타한 열파heat wave는 프랑스 섭씨 46.1도, 독일 섭씨 42.6도, 벨기에 섭씨 40.2도 등 기록적인 고온을 나타냈다.

특히 이 열파 기간 중 그린란드에서는 불과 5일 동안 550억 톤의 얼음이 녹았으며, 8월 1일 하루에만 130억 톤의 얼음이 녹기도 했다. 130억 톤, 이는 세계 성인의 평균 몸무게가 62킬로그램 정도인 것을 감안하면 성인 2100억 명의 몸무게 합과 맞먹는다. 월드오미터 worldometers에 따르면 2023년 1월 말 기준 세계인구는 약 80억 명인데, 130억 톤은 성인 평균 몸무게로 환산하면 세계인구 무게 총합의 약 26배만큼이다. 그린란드에서만 그 많은 양의 얼음이 2019년 8월 1일 하루 만에 녹은 것이다.

더위만 문제가 아니다. 2023년 설 연휴 마지막 날인 1월 24일 서울의 기온은 섭씨 영하 16.7도를 기록했고, 전국의 체감온도가 섭씨 영하 30도 가까이 이르는 등 매서운 북극한파가 우리를 덮쳤다. 같은 날 중국의 최북단 도시 모허시의 기온은 무려 섭씨 영하 53도로 중국 역대 최저 기록을 갈아치웠다.

이처럼 전 세계적으로 겪고 있는 극단적인 폭염, 산불, 폭우, 혹한, 태풍, 허리케인 등 심각한 기후변화와 그로 인한 자연재해 등이 인류와 지구 생태계를 위협하고 있다. 산업을 발전시켜 더 편하고 잘사는 삶을 추구한다는 명목으로 화석연료를 무분별하게 사용하고, 숲을 파괴하는 것은 후손들에게서 빌려 쓰고 있는 지구환경을 무책임하게 훼손하는 행위라 하겠다.

국제에너지기구IEA의 2021년 보고서에 따르면, 온실가스 배출량은 지난 10년간 2014~2016년에만 정체되는가 싶었고 2020년 코로나로 인해 약 1.8기가톤이 감소했을 뿐, 매년 평균 1.5퍼센트씩 증가했다. 코로나가 한창 진행 중이었던 2021년 이산화탄소 배출량은 2020년과는 달리 다시 급증했다. 사실 전 세계적으로 배출되는 온실가스의 양을 정확히 측정하는 것은 쉽지 않고, 측정 기준도 제각각이라 여러 기관에서 발표하는 수치에도 약간씩 차이가 있다. 이산화탄소뿐 아니라 메탄 등 온실효과가 있는 모든 온실가스를 이산화탄소로 환산하여 통계를 낸 아워월드인데이터Our World in Data 자료에 따르면, 1850년부터 2023년까지 연도별 전체 온실가스 배출량은 다음 그림과 같다.

2023년 기준으로는 약 53.82기가톤의 이산화탄소에 해당하는 온

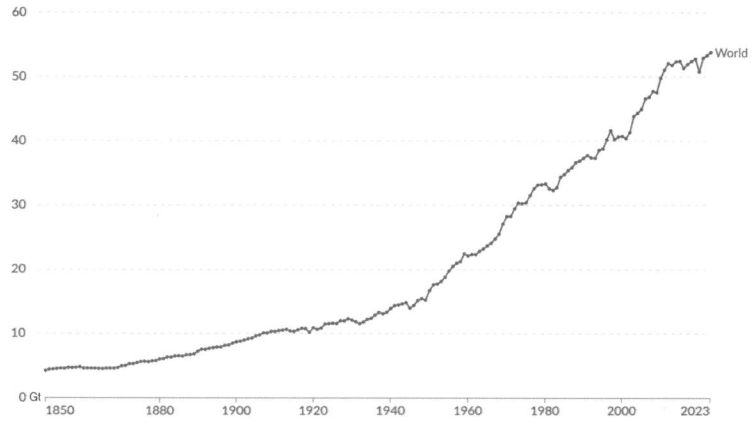

△ 1850년부터 2023년까지의 연도별 전 세계 온실가스 배출량. (출처: Jones et al., 2024)

실가스를 배출했다. 이 중 중국이 13.97기가톤(139.7억 톤)으로 압도적으로 많이 배출하였고, 그다음이 5.89기가톤(58.9억 톤)을 배출한 미국이다. 우리나라의 배출량은 환경부 자료에 따르면 2010년 6억 5000만 톤에서 점진적으로 늘어서 2018년에 7억 2700만 톤으로 정점을 찍고, 2019년 7억 톤, 그리고 코로나로 인해 2020년 6억 5700만 톤으로 줄었다가 2021년에는 다시 6억 8000만 톤으로 증가했다. 2022년에는 6억 4600만 톤으로 약간 줄었고, 2023년에는 6억 2400만 톤으로 2년 연속 조금씩 줄고 있다.

이미 여러 해 동안 논의된바, 2030년까지 지구 온도 상승을 2도 이내로 막으려면 온실가스 배출을 2018년 대비 25퍼센트 줄여야 하고, 1.5도 이내로 억제하려면 55퍼센트 감축해야 한다. 그러나 앞서 살펴본 수치들에서 알 수 있듯 현재의 노력만으로는 이 목표를 달성

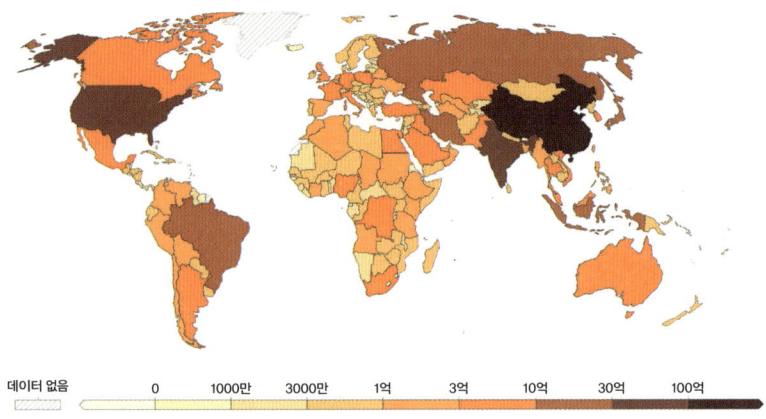

△ 2023년도 국가별 온실가스 배출량. (출처: Jones et al., 2024)

하기에 턱없이 부족하다. 이를 상징적으로 보여준 인물이 스웨덴 출신 환경운동가 그레타 툰베리이다. 2019년, 당시 열여섯 살이던 그는 뉴욕 유엔 본부에서 열린 기후행동 정상회의에서 "저는 여기 연단 위가 아니라 바다 건너 학교에 있어야 합니다. 그런데도 당신들은 빈 말로 제 꿈과 어린 시절을 빼앗아갔어요"라며 각국 정상들에게 호통을 쳤다. 같은 해 〈타임〉이 그를 '올해의 인물'로 선정한 것은 우리가 다시 각성하고 행동에 나서야 한다는 강력한 메시지였다. 물론 그 역시 일회용 컵 사용 등의 문제로 비판받기도 했지만, 온실가스 감축이 더 이상 미룰 수 없는 과제라는 사실은 변함없다. 특히 변화의 키를 쥐고 있으면서도 행동하지 않는 어른들을 떠올리면, 툰베리의 외침이 철없는 아이의 말처럼 들리지 않는다.

3

탄소를 줄이는 분야별 방법

약 540억 톤. 전 세계의 연간 온실가스 배출량이다. 기후위기에 대한 대응으로 세계 각국은 탄소중립 정책을 추진 중이다. 따라서 어디에서 얼마나 온실가스가 배출되는지를 살펴보고 각 분야에 맞는 감축 방안을 마련하는 것이 무엇보다 중요하다.

2016년 세계자원연구소WRI의 자료를 바탕으로 아워월드인데이터가 잘 정리한 데이터를 통해 살펴보면 산업 생산, 수송, 건물 냉난방 등 에너지 사용으로 인한 온실가스 배출이 전체 배출량의 73.2퍼센트를 차지한다. 농업, 산림과 토지 이용으로 배출된 온실가스는 18.4퍼센트였으며, 산업 생산에 투입되는 에너지에 의해 발생되는 온실가스를 제외하고 직접적인 산업 생산으로 인해 배출되는 온실가스는 5.2퍼센트였다. 또 시멘트 산업에서 3퍼센트, 화학 산업에서 2.2퍼센트, 매립지와 하수처리에서 3.2퍼센트가 발생했다.

이렇듯 가장 많은 온실가스를 발생시키는 분야가 에너지 사용이다. 산업 생산에 사용된 에너지로 인한 온실가스 배출 비중이 24.2퍼센트인데 철강 산업에서 7.2퍼센트, 화학 및 석유화학 산업에서 3.6퍼센트, 음식과 담배 산업에서 1퍼센트, 제지 산업에서 0.6퍼센

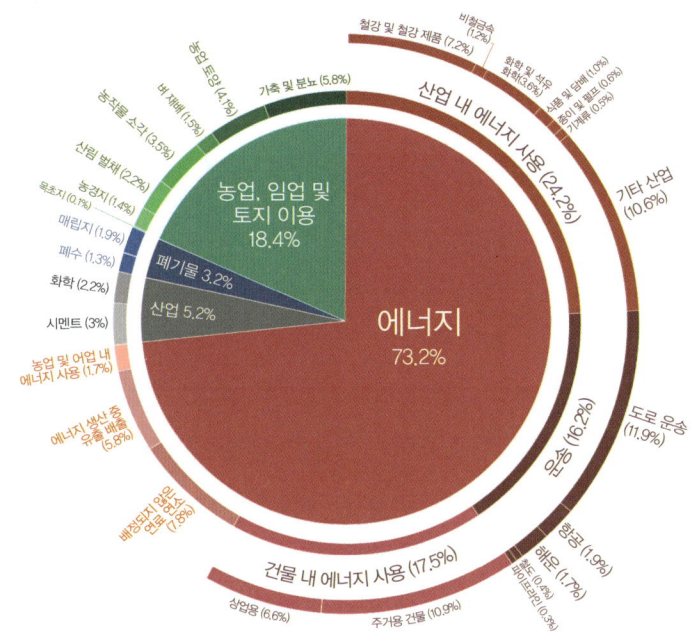

△ 부문별 전 세계 온실가스 배출량. 2016년 기준 – 전 세계 온실가스 배출량은 이산화탄소 환산 494억 톤이었다. (출처: 세계자원연구소 산하 클라이미트워치, 2020)

트, 기계 산업에서 0.5퍼센트, 기타 산업에서 10.6퍼센트를 배출했다. 수송에너지 사용으로는 16.2퍼센트를 배출했는데 육지수송 11.9퍼센트, 항공수송 1.9퍼센트, 선박수송 1.7퍼센트, 열차수송 0.4퍼센트, 파이프라인 수송이 0.3퍼센트였다. 건물에 사용된 에너지에 의한 배출은 17.5퍼센트였는데 주거건물에서 10.9퍼센트, 상업건물에서 6.6퍼센트를 배출했다. 농업과 어업에 투입된 에너지에서 배출된 양은 1.7퍼센트였으며 기타 에너지 소비가 13.6퍼센트였다.

우선 건물에서 사용되는 에너지에서의 온실가스 감축 방안을 살펴보자. 국제에너지기구는 전 세계적으로 에너지 소비 증가율이 가장 높은 분야가 건물의 냉방이라고 밝히며, 현재 기술을 적용할 경우 2050년까지 냉방에 필요한 에너지가 3배 증가할 것이라고 예측했다. 따라서 고효율 히트펌프의 사용이 더욱 늘어나야 한다. 히트펌프는 냉매가 기체에서 액체로 변하고 다시 기체로 변하는 과정에서 발생하는 열을 이용해 냉난방을 하는 장치이다. 초임계 이산화탄소 같은 효율적인 냉매들이 개발되어 히트펌프의 성능은 점차 개선되고 있다. 또한 히트펌프의 효율을 더욱 높이기 위해, 주변 환경의 온도 조건에 따라 열을 전달하는 배관 구조나 열교환기의 연결 방식을 가장 효과적으로 설계하는 공학적 기술도 적용되고 있다. 예를 들어, 실외 온도나 사용 환경에 맞게 냉매가 흐르는 경로를 조절하거나 열교환기 간의 연결 순서를 최적화함으로써 에너지 손실을 줄이고 냉난방 성능을 높이는 것이다.

다음은 수송 분야를 살펴보자. 에너지, 금속, 광업, 화학, 천연자원 산업을 위한 데이터 분석 플랫폼 우드 매켄지 렌즈Wood Mackenzie Lens에 따르면, 전기차를 가장 활발히 채택하는 중국의 경우 2034년까지 배터리 기반의 승용 전기자동차 비중이 66퍼센트에 이르고, 하이브리드차까지 합치면 전체 판매량의 89퍼센트를 전기차가 차지할 것으로 예측되고 있다. 또한 국제에너지기구에 따르면 2023년에 전 세계적으로 플러그인 하이브리드차를 포함해 새롭게 등록된 전기자동차는 약 1400만 대에 이른다. 2023년 말 기준으로 도로 위의 전기차 누적 등록 대수가 4000만 대에 이르는 것이다. 2023년 전기차 판매량은 2022년보다 35퍼센트가 증가한 350만 대로, 이는 2023년에

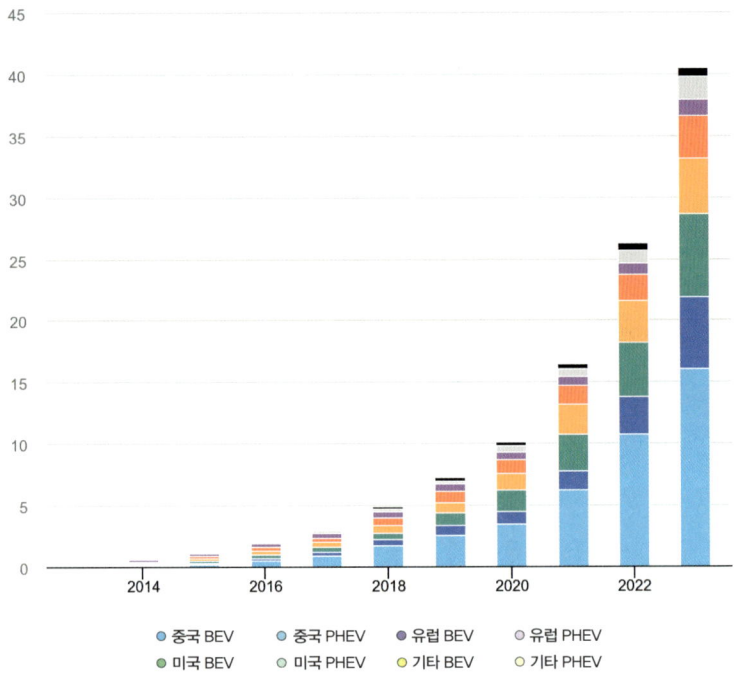

△ 전 세계 전기자동차 누적 등록 대수, 2013~2023. BEV(Battery Electric Vehicle)는 순수 전기 배터리와 전기모터로 구동되는 차이고, PHEV(Plug-In Hybrid Electric Vehicle)는 연료와 전기를 둘 다 에너지로 사용할 수 있는 차다. (출처: 국제에너지기구, 2024)

판매된 모든 자동차의 약 18퍼센트에 달하는 수준이다. 5년 전인 2018년과 비교해서는 무려 6배 이상 높아졌다. 이렇게 2023년까지를 보면 연도별 판매량 그래프상으로는 기하급수적으로 성장하는 것 같지만 앞으로도 성장을 지속할지 예측하기는 쉽지 않다.

　전기자동차가 화석연료로 생산된 전기로 충전될 경우, 미세먼지 저감에는 도움이 되겠지만 온실가스 배출 감축 효과는 제한적일 수 있다. 전체 에너지 전환 과정까지 따지면 일부 상황에서는 오히려 불리할 수도 있어 신중한 접근이 필요하다. 한편 수소의 생산 및 저장에 관한 기술과 시스템 개발이 빠른 속도로 발전해서 수소 생산 단가 문제가 해결된다면 수소차의 상용화도 기대할 수 있다. 2020년대 초반 기준으로 전 세계 자동차의 수가 약 15억 대라는 것을 감안하면 전기차와 수소차 등 친환경차로 대체하기까지는 시간이 많이 걸릴 것이다. 게다가 소위 말하는 캐즘chasm(혁신 제품이나 기술로 인해 초기 시장이 팽창하다가 실용성이 대두되면서 수요가 일시적으로 정체되거나 줄어드는 현상)으로 인해 현재 친환경차의 수요는 다소 줄어든 상황이다.

반면 항공수송 분야는 이야기가 다르다. 전기비행기는 많은 노력에도 불구하고 아직 실제 수송용으로 사용되지 못하고 있다. 현재 리튬-이온 배터리의 에너지 밀도는 킬로그램당 약 250Wh인데 항공기를 띄우려면 킬로그램당 약 800Wh가 필요하다. 항공유인 제트연료의 에너지 밀도가 킬로그램당 약 1만 2000Wh인 것을 감안하면, 배터리 기술에서 획기적인 변혁이 일어나지 않는 한 전기비행기의 고속 및 장거리 비행은 쉽지 않을 것이다. 이에 대안으로 제시된 것이 바이오 제트연료이다. 미생물을 대사공학적으로 개량하면 현재 사용되는 화석연료 유래의 제트연료를 대신할 바이오 제트연료를 생산할 수 있다. 특히 비행기는 최소 25년 이상 사용되는 만큼, 미래의 비행기 연료는 친환경 바이오 제트연료가 답이다.

이처럼 온실가스 감축을 위해서는 분야별로 각기 다른 공학적 접근법을 적용해야 한다. 각각의 분야에 맞는 전략을 개발, 적용해 탄소중립에 이르기 위한 노력을 기울여야 할 때이다.

4

탄소중립, 미래를 위한 선택

전 세계는 기후위기에 대한 대응으로 온실가스 감축에서 한 걸음 더 나아가 탄소중립 정책을 추진 중이다. 유럽연합, 미국, 중국, 일본 등 70여 개국이 2050년 혹은 2060년까지 탄소중립을 이루겠다는 선언을 했다. 우리나라도 2020년 10월에 2050년까지 탄소중립을 실현하겠다고 선언하고 그해 12월에 정부의 추진 전략을 발표했다.

각국이 선언은 이렇게들 했는데 현재 석탄, 원유, 천연가스 등 화석연료에 의존한 에너지 소비와 산업구조를 보면 이를 달성하기는 요원해 보인다. 혹자는 불가능하다고도 한다. 그러나 정해진 시간까지 탄소중립을 달성하지 못하더라도, 말을 하나 만들자면 '탄소 거의 중립almost net zero'이라도 달성하게 되면 큰 의미가 있지 않을까. 탄소중립 목표 달성을 위해 유럽연합은 10년간 1조 유로, 그리고 미국은 바이든 정부에서 10년간 1조 7000억 달러 규모의 그린green 투자를 하겠다고 발표했고, 우리나라도 2025년까지 그린뉴딜에 73조 4000억 원을 투자하기로 했다. 한편 트럼프 미국 대통령은 2025년 1월 재취임하자마자 파리기후변화협정을 탈퇴하는 행정명령에 서명하여 미국의 탄소중립을 위한 노력은 당분간은 많이 줄어들 것으로 예상된다.

우리 정부가 발표한 주요 추진 과제들을 보면 경제구조의 저탄소화를 위하여 에너지 탄소중립, 고탄소 산업의 저탄소 산업 전환, 저탄소 수송시스템, 도시·농식품·해양수산·산림 분야 등에서의 탄소중립이 있으며, 수소경제, 녹색 유망기술 상용화, 순환경제로의 전환을 포함한 신 유망 저탄소 산업생태계 조성, 배출권 거래제, 녹색금융, 탄소중립 연구개발, 국제협력을 포함한 탄소중립을 위한 제도적 기반 강화가 포함되어 있다.

2021년 5월 출범한 '2050 탄소중립위원회'는 이듬해 3월 '2050 탄소중립녹색성장위원회'로 이름을 바꾸었으며, 2021년 9월 '기후위기 대응을 위한 탄소중립·녹색성장 기본법'(약칭 탄소중립기본법)을 제정했다. 이 법의 제1조는 "이 법은 기후위기의 심각한 영향을 예방하기 위하여 온실가스 감축 및 기후위기 적응대책을 강화하고 탄소중립 사회로의 이행 과정에서 발생할 수 있는 경제적·환경적·사회적 불평등을 해소하며 녹색기술과 녹색산업의 육성·촉진·활성화를 통하여 경제와 환경의 조화로운 발전을 도모함으로써, 현재 세대와 미래 세대의 삶의 질을 높이고 생태계와 기후체계를 보호하며 국제사회의 지속가능발전에 이바지하는 것을 목적으로 한다"고 명시하고 있다. 이를 위해 다음 표와 같이 4대 전략과 12대 중점 과제를 설정하여 추진 중이다.

우선은 탄소를 가장 많이 배출하는 에너지 분야와 철강 등 고탄소 배출 산업에서 시급한 탄소 저감이 이루어져야겠다. 하지만 여기서는 또 다른 중요한 산업인 화학 산업의 경우를 살펴보자. 화학 산업

▲ 우리나라의 탄소중립·녹색성장 추진 4대 전략과 12대 중점과제

01 온실가스 감축
책임감 있는 탄소중립
1) 무탄소 전원 활용
2) 저탄소 산업구조 및 순환 경제 전환
3) 탄소중립 사회로의 전환

02 민간
혁신적인 탄소중립·녹색성장
4) 탄소중립·녹색성장 가속화
5) 세계시장 선도 및 신 시장 진출
6) 재정·금융 프로그램 구축·운영 및 투자 확대

03 공감과 협력
함께하는 탄소중립
7) 에너지 소비절감과 탄소중립 국민실천
8) 지방 중심 탄소중립·녹색성장
9) 산업·일자리 전환 지원

04 기후위기 적응과 국제사회
능동적인 탄소중립
10) 기후위기 적응 기반 구축
11) 국제사회 탄소중립 이행 선도
12) 상시 이행관리 및 환류체계 구축

은 '산업의 쌀'인 기초 화학제품과 소재를 공급하는 핵심 산업으로, 한때 세계 5위 규모를 기록하며 국내 제조업의 6.5퍼센트를 차지했던 국가 기간산업이다. 그러나 현재는 중국의 저가 물량 공세로 매우 힘든 시간을 보내고 있다.

더욱 우려되는 점은 중동에서 원유를 직접 활용해 화학물질을 생산하는 공정이 2027년까지 순차적으로 본격화된다는 것이다. 정유·석유화학 통합 공정 Crude Oil To Chemicals, COTC이라고 불리는 이 공정은 생산 단가를 크게 낮추기 때문에, 우리 석유화학 산업이 범용 화학물질 시장에서 경쟁력을 거의 잃게 될 것으로 예상된다. 이에 대응하기 위해서는 고부가가치 화학물질 생산으로 산업을 재편하는 등

△ 여수국가산업단지 전경. 석유화학 산업은 거의 모든 산업에 필요한 화학물질, 용매, 고분자 등을 만드는 국가 필수 전략 산업이며 실제 우리나라가 산업화 이후 급속 성장을 이루는 데 핵심 기여를 해온 산업이다.

다양한 전략이 필요하다. 하지만 경제성을 이유로 기존의 석유화학 생산 공장을 무작정 폐쇄한다면, 두 차례 큰 혼란을 주었던 요소수 사태와 같은 공급망 문제가 다시 발생하지 않는다고 장담할 수 없다. 기초 석유화학 제품은 모든 산업의 근간을 이루는 필수 요소이기 때문이다.

그렇다면 탄소중립과 녹색성장이라는 목표 아래, 기존의 화석연료 기반 석유화학 산업을 바이오매스나 이산화탄소 기반의 친환경 화학 산업으로 전환하는 것은 어떨까? 물론 이러한 변화는 단기간에 이루어질 수 없으며, 필수 화학 소재의 안정적인 공급에도 어려움을 줄 수 있다. 따라서 산업이 급격히 위축되지 않도록, 점진적인 전환을

△ 지속 가능한 바이오 기반 화학 산업을 위한 바이오 리파이너리 개념도. 사진은 KAIST 생물공정 연구센터의 파일럿 플랜트.

통해 연착륙할 수 있는 전략적 접근이 필요하다.

나는 20여 년 전부터 친환경 화학 산업과 재생가능한 바이오 기반 화학 산업으로의 전환을 제안했지만, 경제성 문제로 실제로 이를 채택해 추진한 기업은 없었다. 이제라도 체계적인 계획을 수립해야 한다. 우선, 석유화학 공정에서 사용하는 에너지를 최대한 재생에너지로 전환하여 화석연료의 사용을 줄여야 한다. 동시에, 재생 가능한 바이오매스, 이산화탄소, 폐플라스틱 등 폐자원을 원료로 활용하는 바이오 리파이너리biorefinery와 신화학 리파이너리new chemical refinery를 구축해야 한다. 또한, 공정을 혁신하여 온실가스 배출을 최소화하고, 이미 배출된 온실가스를 자원화하여 재활용률을 높이는 등 순환 경제 시스템을 갖추는 것이 필수적이다.

어려운 일이지만 그간 정부와 기업체의 노력을 보면 희망이 보인다. 저탄소 차세대 바이오 화학 산업으로의 전환을 위해 정부와 민간은 힘을 합쳐 원천 기술 개발 전략을 수립해왔는데, 이는 탄소중립 전략을 선도적으로 준비해온 좋은 예라 하겠다.

정유회사인 GS칼텍스는 2020년, 기존에 원유에서 생산되던 2,3-부탄다이올을 바이오매스를 활용해 발효 방식으로 생산하는 공정을 산업화했다. 이는 연구소의 기술 개발 노력, 사업화 가능성이 불확실한 상황에서도 이를 전폭적으로 지원한 경영진의 비전, 그리고 상용화를 위한 산업통상자원부의 지원이라는 삼박자가 어우러져 이루어낸 결과라 할 수 있다. 연구소 팀원 중에는 KAIST에서 시스템대사공학 원천 연구로 박사학위를 받은 내 제자 세 명이 포함되어 있어 개인적으로도 뿌듯한 성과다.

이렇게 바이오 기술로 미생물 발효를 통해 생산된 2,3-부탄다이올은 인체 친화적인 화장품 원료로서 기존 석유화학으로 생산된 화학물질을 대체하여 국내외 화장품 회사에 판매되고 있으며, 농업 분야에서 환경친화적인 생육촉진제, 바이러스 및 세균 저항제로도 활용되고 있다.

고부가가치의 바이오 기반 화학물질 생산으로의 전환은 탄소중립을 실현하는 동시에 경제적 부가가치를 창출할 수 있는 전략으로, 환경과 경제 두 가지 목표를 동시에 달성하는 길이라 할 수 있다. 이러한 이유로, 전통적인 석유화학 기업들도 친환경 바이오 화학으로의 전환을 적극적으로 추진하고 있다.

한화솔루션은 태양광 분야에서 세계적인 성과를 거둔 데 이어, 친환경 바이오 화학을 새로운 비전으로 삼아 탄소중립 목표를 향해 나아가고 있다. 또한, 2024년 효성티앤씨는 1조 원을 투자해 스판덱스 원료인 1,4-부탄다이올을 바이오 기반 방식으로 연간 20만 톤 규모로 생산하는 공장을 베트남에 건설하기로 했다. 이 공정에는 미국 기업 제노마티카Genomatica의 기술이 적용되는데, 대사공학적으로 개발된 대장균을 이용해 포도당 등 당류를 발효시켜 1,4-부탄다이올을 생산하는 방식이다.

우리나라 경제 발전에 큰 역할을 해온 석유화학 기업들은 이처럼 탄소중립 목표를 실현하기 위해 다양한 노력을 기울이고 있다. 정부는 이러한 기업들이 겪는 어려움을 적극 해결해야 할 것이다. 특히, 기업들이 독자적으로 개발하기 어려운 시스템대사공학, 바이오 화학 소재의 분리·정제 기술 등 기초 및 원천 기술의 연구개발을 적극 지원해야 한다. 또한, 탄소중립 산업으로 원활하게 전환하기 위해 제도적 뒷받침과 정책 자금 지원을 강화하고, 기업들의 실질적인 필요에 맞춘 맞춤형 지원을 제공해야 한다.

정부가 2050년 탄소중립 선언과 그린뉴딜 정책을 차질 없이 추진한다면, 완전한 탄소중립에는 도달하지 못하더라도 충분히 의미 있는 '탄소 거의 중립' 수준에는 이를 수 있을 것이다.

5

이산화탄소를 자원으로 바꾸는 기술

"정부는 국가 온실가스 배출량을 2030년까지 2018년의 국가 온실가스 배출량 대비 35퍼센트 이상의 범위에서 대통령령으로 정하는 비율만큼 감축하는 것을 중장기 국가 온실가스 감축 목표(이하 "중장기감축목표"라 한다)로 한다."

우리나라의 '기후위기 대응을 위한 탄소중립·녹색성장 기본법' 제8조 1항이다. 그런데 2024년 8월 29일 헌법재판소는 이 조항이 헌법에 합치하지 않는다고 판결했다. 2030년 이후 감축 목표에 관해서는 아무런 정량적인 기준을 제시하지 않아 2050년 탄소중립 목표 달성을 위한 지속적인 감축을 담보할 장치가 없다는 이유였다. 2024년 여름 폭염과 폭우에서 경험했듯 나날이 심각해지는 기후위기 상황에서 후손들을 위한 노력을 더 절실하게 요구하는 판결이라 하겠다.

바다와 땅, 식물과 광합성 미생물들이 열심히 이산화탄소를 흡수해 활용하고 있지만, 우리가 화석연료를 사용하며 대기로 방출한 막대한 양의 이산화탄소를 줄이기에는 역부족이다. 이를 해결하려면 훨씬 더 빠른 속도로 배출량을 감소시켜야 한다. 대표적인 온실가스인 이산화탄소를 줄이기 위한 노력은 포집 및 저장, 활용이라는 두 가지 방향으로 진행되고 있다. 이 중 화석연료 사용을 줄이는 동시에 이산화탄소를 활용해 탄소 기반 화학물질을 생산하는 기술에 대해 살펴보자.

 탄소 활용이란 대기 중에 존재하거나 다양한 경로로 배출된 이산화탄소를 포집해 이를 가치 있는 제품으로 전환하는 것을 말한다. 온실가스 감축 효과뿐 아니라 화석연료 대신에 이산화탄소를 원료로 연료, 화학물질, 건축자재 등 다양한 제품을 생산할 수 있는 것이다. 예를 들어, 가장 직접적인 방법 중 하나는 이산화탄소를 화학적으로 환원하여 탄소나노튜브, 그래핀, 탄소섬유와 같은 탄소 물질을 만드는 것이다. 이 물질들은 높은 강도와 전도성이 있어 다양한 소재로 응용이 가능하지만, 제조 공정에 많은 에너지가 필요하다는 점은 아직까지 한계로 지적되고 있다.

 이산화탄소는 매우 안정적인 물질이기 때문에, 그냥 두면 화학적으로 변하지 않는다. 이를 다른 화학물질로 전환하려면 에너지와 전자를 공급하고 촉매를 이용해 반응을 일으켜야 한다. 이런 과정을 통해 메탄올(알코올의 한 종류), 메탄(천연가스의 주성분), 탄화수소(연료와 플라스틱의 원료가 되는 물질)뿐만 아니라, 개미산이라고도 하는 포름산(산업용 화학물질), 카르복실산(각종 유기화합물의 원료), 요소(비료의 주성분), 카보네이트(플라스틱과 접착제 원료), 고분자(플라스틱이나 합성섬유처럼 분자구조가 큰 물질) 등을 만들 수 있다.

 현재 이러한 기술이 활발히 개발 중인데, 미국의 화학기업 앨버말Albemarle과 노보머Novomer가 개발한 폴리프로필렌카보네이트라는 고분자도 그중 하나로, 전체 무게의 40퍼센트가 이산화탄소로 이루어져 있다. 또한, 이러한 화학 반응을 일으키는 데 필요한 에너지를 태양광 같은 재생에너지를 이용해 공급하는 기술도 함께 발전하고 있다.

이산화탄소를 광물과 반응시켜 탄산염으로 변환하는 광물화 기술도 오랫동안 연구되어왔다. 이 기술은 이산화탄소를 고체 형태로 바꿔 안정적으로 저장할 수 있어, 장기간 격리하는 데 효과적이다. 특히, 건설 산업에도 활용될 수 있는데, 콘크리트가 굳는 과정에서 이산화탄소가 칼슘 실리케이트와 반응하여 탄산칼슘을 형성하면, 이산화탄소를 영구적으로 저장할 수 있다. 이 과정은 콘크리트 생산으로 인한 탄소 배출을 줄이는 데 도움을 줄 뿐만 아니라, 콘크리트의 강도와 내구성을 높이는 장점도 있다.

이산화탄소를 화학 원료로 변환하는 기술도 활발히 개발되고 있으며, 일부는 이미 대규모로 상용화되었다. 대표적으로, 이산화탄소를 합성가스(일산화탄소와 수소의 혼합물)나 메탄올 같은 중간 원료로 전환한 후, 이를 다양한 연료나 화학물질로 가공하는 기술이 있다. 특히 촉매를 이용해 이산화탄소를 수소와 반응시켜 메탄올을 만드는 공정은 오래전부터 확립된 기술이다. 또한 이산화탄소를 포름산으로 변환하는 기술도 안정적인 공정으로 자리잡고 있다.

약 100년 전 개발된 피셔-트롭쉬Fischer-Tropsch 공정도 최근 다시 주목받고 있다. 이 공정은 합성가스를 액체 탄화수소(연료나 화학물질의 원료)로 변환하는 화학 반응 과정인데, 과거에는 경제성이 낮아 널리 활용되지 못했다. 그러나 탄소중립을 실현하기 위한 대안으로 떠오르면서, 이산화탄소에서 합성가스를 만들어 탄화수소를 생산하는 방식이 연구되고 있다.

  이산화탄소를 활용하는 또 다른 방법으로 생명공학 기술이 주목받고 있다. 광합성 박테리아나 미세조류는 이산화탄소를 탄소원으로 사용해 자라며, 이를 통해 지방산이나 바이오디젤 같은 유용한 물질을 생산할 수 있다. 하지만 이러한 미생물은 성장 속도가 느려 생산성이 낮다는 한계가 있다. 이를 해결하기 위해 대사공학을 이용해 미생물의 대사경로를 조작하고 개량하는 연구가 진행 중이다. 예를 들어 원래는 이산화탄소를 이용할 수 없는 박테리아를 개량해 이산화탄소를 탄소원으로 활용하도록 만들고, 동시에 우리가 원하는 화학물질을 생산하도록 설계하는 기술이 개발되고 있다. 또 이산화탄소를 먼저 포름산으로 변환한 뒤, 미생물이 이를 보다 효율적으로 이용하도록 하는 방법도 연구 중이다.

  2019년, KAIST에 있는 내 연구실에서는 이산화탄소와 포름산만을 탄소원으로 사용해 성장을 유지할 수 있는 대장균을 세계 최초로 개발했다. 이는 대장균 내에 테트라하이드로폴레이트THF를 활용하는 대사회로를 다른 미생물로부터 도입해 재구축하고, 대장균 고유의 대사회로를 조작 및 최적화한 결과로 이루어낸 성과다.

  2020년에는 이스라엘의 연구팀이 또 다른 대사경로를 도입하고, 실험실 적응진화를 통해 이산화탄소를 탄소원으로 활용해 성장할 수 있는 대장균을 개발했다. 비록 현재는 포도당을 이용한 성장에 비해 속도가 훨씬 느리지만, 대사공학을 통해 성장 속도와 대사 효율을 개선한다면 미래에는 이산화탄소를 섭취해 유용한 화학물질을 생산하는 미생물 개발이 가능할 것으로 기대된다.

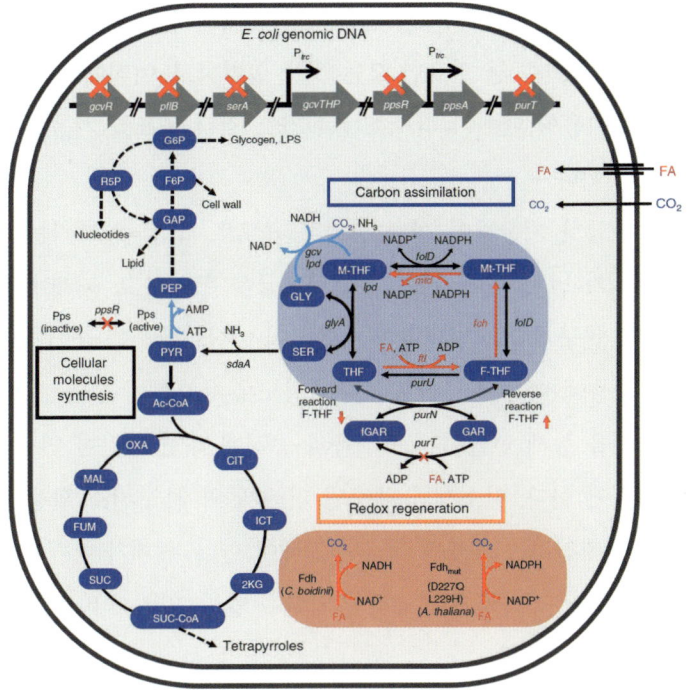

△ 이산화탄소와 포름산을 탄소원으로 활용해 성장할 수 있도록 대사공학적으로 개량된 대장균의 핵심 대사회로. (출처: Bang, J., Hwang, C.H., Ahn, J.H., Lee, J.A., and Lee, S.Y., 2020)

KAIST의 자회사인 카이스트 홀딩스는 하나은행과 협력하여 ESG 목표를 달성하기 위해 인공광합성연구소 주식회사를 설립했다. 이 회사에서는 화학촉매 기반, 바이오 기술 기반 등 다양한 방식으로 이산화탄소를 저감하고, 이를 유용한 화학물질로 전환하는 기술들이 개발되고 있다.

그런데 이산화탄소를 포함한 온실가스 저감 노력은 이런 몇 개의 기술만을 적용한다고 해결될 문제가 아니다. 온실가스가 적게 나오거나 나오지 않는 에너지로의 전환, 산업계에서의 감축 노력, 시민들의 소비 행태 변화 등 필요한 모든 것을 실천하고, 여기에 더해 이런 기술들을 적용할 때에야 비로소 온실가스 저감 목표를 겨우 달성할 수 있을 것이다.

앞서 언급한 기술들이 실제 상업적 규모로 확장되기까지는 많은 도전 과제가 남아 있다. 정부는 정책자금을 투입하고, 세제 혜택을 제공하며, 연구개발을 지원하여 기업들이 이산화탄소를 줄이거나 활용하는 기술에 더욱 적극적으로 투자하도록 유도해야 한다. 또한 이러한 과정을 통해 만들어지는 제품과 공정에 대한 다양한 인센티브를 제공해야 한다. 탄소세나 배출권 거래제 외에도, 탄소 활용 기술의 채택을 촉진하는 규제를 적극 추진해야 한다. 세계가 함께 이뤄야 할 탄소중립, 우리나라가 선도적인 역할을 할 수 있기를 바란다.

6

친환경으로 진화하는 화학 산업

지난 반세기 우리나라의 빠른 경제성장에 큰 역할을 해온 석유화학 산업은 오늘날 중국과 중동의 저가·물량 공세에 못 견디고 매우 어려운 상황에 처해 있다. 그럼에도 불구하고 2018년에는 수출액만 501억 달러에 달해, 그해 우리나라 총 수출액이 사상 최초로 6000억 달러를 돌파하는 데 크게 기여했다. 하지만 2021년 수출액이 551억 달러로 정점을 찍은 이후에는 2022년 543억 달러, 2023년 457억 달러로 2년 연속 감소세를 보였다.

 석유화학 산업은 거의 모든 산업의 기초가 되는 국가 기간산업이자 전략산업이지만, 그 원료가 되는 원유, 천연가스 등 화석연료의 고갈 문제가 지속적으로 제기되어왔다. 지금과 같은 속도로 사용하면 원유는 약 51년, 천연가스는 약 53년 정도 사용할 양이 매장되어 있는 것으로 확인된다. 물론 탐사 기술의 발전으로 채굴 가능한 원유와 천연가스가 늘어나면서, 현재 예측되는 사용 연한도 달라질 수는 있다. 하지만 확실한 것은 우리가 꺼내서 쓰는 속도가 생성 속도보다 엄청나게 빠르기 때문에 언젠가는 고갈된다는 사실이다. 어쨌거나 내가 죽을 때까지는 고갈되지 않을 테니 괜찮다고 생각하는 이기적

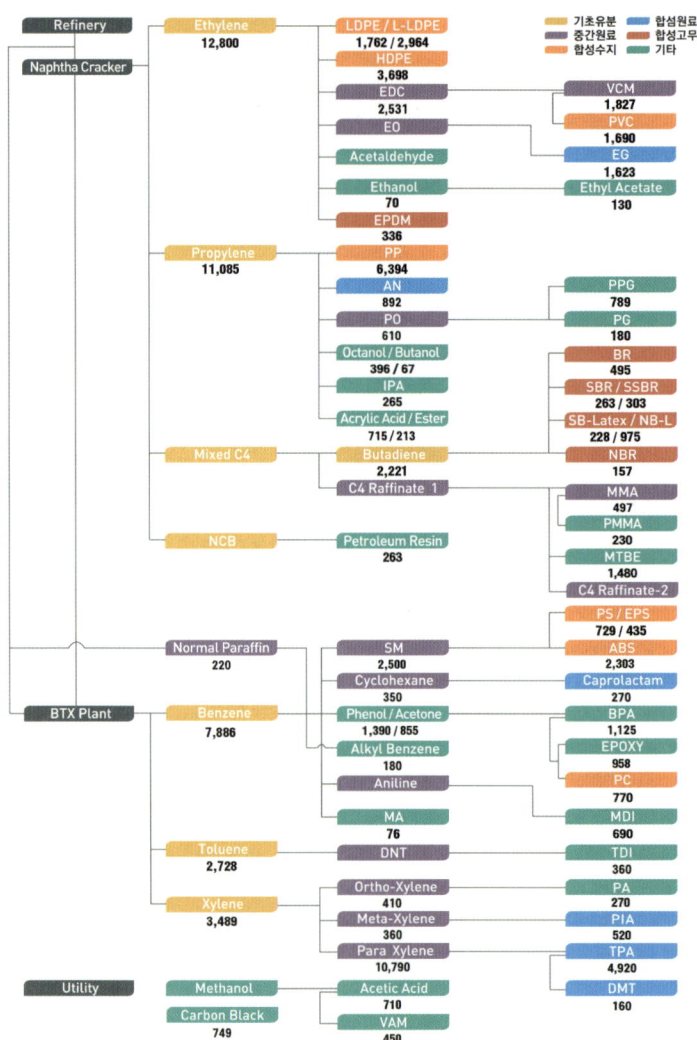

△ 우리나라 석유화학 산업의 제품 계통도. 원유로부터 나프타 크래킹을 거쳐 생산되는 다양한 화학물질들의 2024년 6월 기준 생산량(MTA: metric tons per annum)을 보여주고 있다. (출처: 한국화학산업협회 홈페이지)

인 사람은 없을 것이다. 더 큰 문제는 땅이나 바닷속에 오랜 기간 잘 묻혀 있던 원유와 천연가스를 꺼내 사용하면서, 기후변화의 주범으로 지목되는 이산화탄소를 급격하게 많이 발생시켰다는 것이다. 이런 문제들로 인해 전 세계가 바이오 화학 산업에 주목하고 있다.

바이오 화학 산업은 원유나 천연가스 대신 자연계에서 매년 재생 가능한 형태로 자라고 번식하는 식물이나 미세조류와 같은 바이오매스를 원료로 사용해서 우리가 필요한 화학물질들을 생산하는 산업이다. 다만, 바이오 화학 산업을 발전시킨다고 식량 자원을 원료로 사용할 수는 없으니 비식용 바이오매스를 사용해야 한다. 원료가 확보되었다면 석유화학 공장에 해당하는 바이오 화학 공장이 필요하다. 미생물은 윤리적인 문제와 안전 문제에서 자유로우니 이 공장 역할로 적격이다. 즉, 바이오매스에서 유래한 포도당이나 설탕 등을 미생물 먹이로 주고, 미생물이 대사활동을 통해 우리가 원하는 화학물질들을 생산하게 만드는 것이다. 하지만 자연계에서 분리한 미생물들은 생산 효율이 낮기 때문에, 이를 개선하기 위한 기술이 바로 대사공학이다.

대사공학은 화학물질의 효율적 생산 등의 뚜렷한 목적을 가지고 생명체(바이오 화학 산업의 경우에는 미생물)의 대사회로를 인위적으로 조작하여 그 목적을 달성하는 학문과 행위 전체를 통칭한다. 미생물의 대사회로도 여느 생명체처럼 자신에게 꼭 필요한 양만큼의 대사산물들만 만들어서 활용하도록 되어 있으니, 우리가 원하는 제품(화학물질)을 미생물들이 효율적으로 생산해줄 리는 없다. 이를 해결하기 위하여 대사공학을 통해 해당 미생물의 전체 대사회로를 이해하고, 원하는 제품을 생산하도록 대사회로를 만들어 넣거나 최적화하기도 하고, 세포에게는 필요해도 우리에게는 필요없는 대사회로가 있다면 없애버리거나 약화시키는 등 일련의 작업을 수행한다.

최근 큰 문제로 떠오른 미세플라스틱을 예로 들어보자. 미세플라스틱이 자연계에서 생분해되도록 할 수는 없을까? 미생물 중에는 천연 폴리에스터를 합성, 축적하는 것들이 있다. 자연계에 포도당과 같은 탄소원은 풍부하고 질소나 인과 같이 필수 성장인자가 부족한 경우, 미생물 입장에서는 소중한 탄소원을 다른 미생물들에게 빼앗기고 싶지 않아 자신의 세포 안으로 얼른 들여와서 보관하고 싶어한다. 세포가 탄소원을 계속 내부로 들여오면 삼투압 균형이 깨질 수 있기 때문에, 자연적으로 이를 해결하는 방식이 진화해왔다. 즉, 들여온 탄소원을 세포 내부에서 고분자로 변환해 저장하는 대사 과정이 발달한 것이다. 대표적인 예가 폴리하이드록시알카노에이트PHA라는 천연 폴리에스터다. PHA는 필요할 때 분해하여 에너지원으로 사용할 수 있으며, 자연에서 완전히 분해되는 친환경 고분자다.

우리 몸속 장내 세균인 대장균은 원래 PHA를 만들지 못하지만, 대사공학 기술을 활용하면 가능하게 만들 수 있다. 즉, PHA를 합성하는 데 필요한 세 가지 효소를 대장균이 생산하도록 조작하고, 그 효소들이 원활하게 작용하도록 대사경로를 최적화하면 대장균이 PHA를 효율적으로 생산할 수 있다. 그 세 가지 효소는 각각 다음과 같은 역할을 한다.

- 베타-케토타이올레이스beta-ketothiolase: 세포 내 핵심 대사

물질인 아세틸-CoA 두 분자를 결합해 아세토아세틸-CoA를 만든다.
- 리덕테이스reductase: 아세토아세틸-CoA를 변형해 베타-하이드록시부티릴-CoA로 바꾼다.
- PHA 신테이스PHA synthase: 변환된 분자를 이어 붙여 긴 PHA 고분자 사슬을 형성한다. 즉, 단량체monomer를 하나씩 추가해 PHA를 점점 더 길게 만든다.

이렇게 유전자 조작을 거친 대장균을 발효하면, 우리가 원하는 생분해성 플라스틱인 PHA를 생산할 수 있다. 이는 석유 기반 플라스틱을 대체할 수 있는 친환경적인 대안으로 주목받고 있다.

강철보다 강한 엔지니어링 플라스틱도 바이오 화학 공정을 이용해 만들 수 있다. 이 플라스틱을 만드는 중요한 원료 중 하나가 다이아민diamine이라는 화합물인데, 이는 분자의 양쪽 끝에 아민기($-NH_2$)라는 특정한 화학구조를 가진다. 다이아민은 다양한 고강도 플라스틱의 핵심 원료로 사용될 수 있지만, 자연계의 미생물들은 다이아민을 생존에 필요한 만큼만 생산하기 때문에 이를 그대로 이용해서 우리가 필요한 만큼의 다이아민을 얻기는 어렵다. 하지만 대사공학을 활용해 미생물의 내부 대사 과정을 조작하면 생산량을 크게 늘릴 수 있다.

우선 미생물 내에서 대사회로를 조절하여 다이아민 생산을 제한하는 조절인자들을 제거한 후, 다이아민을 생성하는 반응들을 강화하고 다이아민 생성과 경쟁하는 대사회로들을 제거하면, 인간의 필요에 맞춰 다이아민을 생산할 수 있다. 또한 양쪽 끝에 카르복실기

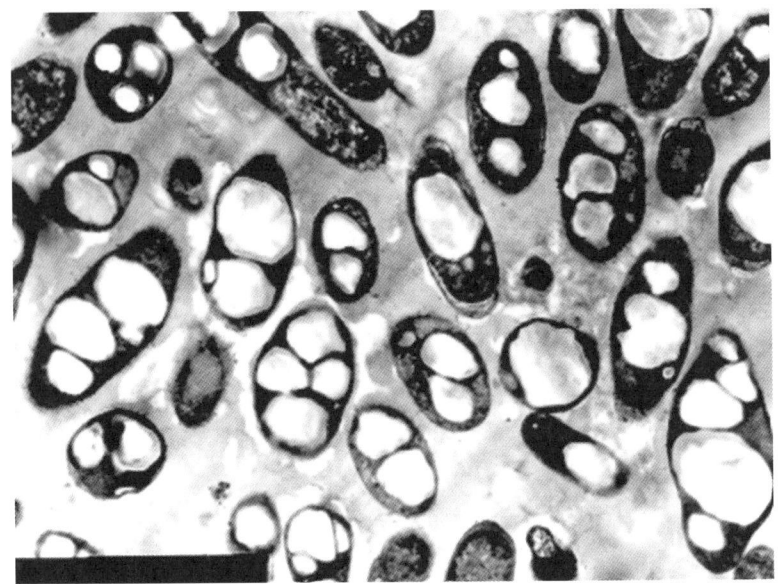

△ 대사공학으로 개량된 대장균이 세포 내에 PHA를 꽉 채운 전자현미경 사진. KAIST 대사공학 연구실에서 개발한 균주로, 사진 내 흰색으로 보이는 것이 폴리에스터인 PHA 입자이다.

(-COOH)가 붙은 다이카복실산(다이애시드)도 유사한 방식으로 대사공학을 통해 미생물에서 생산할 수 있다. 미생물 발효로 생산한 다이아민과 다이카복실산을 화학 공정을 통해 중합하면, 100퍼센트 바이오 기반의 엔지니어링 플라스틱을 생산할 수 있는 것이다.

6,200,000,000,000. 이 어마어마하게 큰 숫자 뒤에 '달러'만 붙이면 미국 시장조사 기업 마케츠앤마케츠가 발표한 2023년도 전 세계 연간 화학 산업의 시장 규모가 된다. 우리나라 돈으로 무려 8500조 원 가까이 된다. 화석연료의 고갈과 기후변화에 대응하기 위하여 바이오화학 산업은 필수적이다. 에너지는 태양광, 풍력, 조력 등 재생

가능한 다양한 형태가 있지만, 화학물질은 태양과 바람, 물을 아무리 쳐다본들 나오지 않는다. 게다가 '산업의 쌀'을 제공하는 국가 기간산업인 석유화학 산업은 중국의 생산 규모가 엄청나게 커져 경쟁력이 크게 떨어진 상황이다.

석유화학 제품들의 가장 기초가 되는 에틸렌의 생산 능력을 보자. 우리나라가 2020년 982만 톤에서 2023년 1280만 톤으로 늘어난 데 비해 중국은 같은 기간에 3227만 톤에서 무려 5274만 톤으로 늘어나며 글로벌 공급 과잉을 초래했다. 게다가 미국발 셰일가스 기반의 화학 산업과 원유만 공급하던 중동의 석유화학 산업이 그 영역을 확장함에 따라 경쟁은 날로 심화되고 있다. 특히 사우디아라비아의 국영 석유 및 석유화학 회사 사우디 아람코Saudi Aramco가 전 세계 일곱 곳에 구축 중인 정유·석유화학 통합 공정 설비는 원유에서 직접 에틸렌 등 기초유분을 뽑아내기에, 우리나라 석유화학 기업처럼 원유에서 나프타를 분해한 뒤 기초유분을 생산하는 기업은 더욱 경쟁력이 떨어지게 된다.

당장은 바이오 화학 산업이 석유화학 산업에 비해 경쟁력이 낮을지 모르나, 다른 나라도 기술 개발 완성도가 낮은 지금 핵심 기술력을 확보한다면 미래 화학 산업의 경쟁력을 높이는 계기가 될 수 있다. 미래를 보고 지금 준비하지 않으면 우리 '산업의 쌀'을 모두 수입에 의존하게 될지도 모른다.

2021년과 2023년, 우리는 요소수 사태를 겪었다. 석유화학 산업은 요소수와는 비교도 할 수 없을 정도로 산업 전반에 미치는 영향이 막대하다. 국가 기간산업으로서 석유화학 산업은 국가 차원에서 구조조정 및 인수합병, 기술 고도화를 통한 경쟁력 있는 제품 집중, 친환경 화학 산업으로의 재편 등 모든 방법을 강구해 생존과 발전을 도모해야 한다.

  다소 늦은 감이 있지만 2024년 12월 23일 정부는 '산업경쟁력강화 관계장관회의'에서 석유화학 산업 경쟁력 제고 방안을 관계부처 합동으로 발표했다. 석유화학 산업의 현재 상황에서 사업 재편이 신속히 이뤄지지 않으면 업계가 공멸할 수 있다는 우려 속에서, 정부는 가용 수단을 최대한 활용해 사업 재편과 친환경 고부가가치 전환을 지원하겠다고 밝혔다. 우선, 기업들이 인수합병 등의 재편 과정을 신속하고 원활하게 진행할 수 있도록 정부가 조정 역할을 수행하며 이해관계의 균형을 맞추는 것이 중요하다. 또한, 기업들이 기존의 범용 화학물질 생산에서 벗어나 친환경, 고부가가치 화학 산업으로 혁신적으로 전환할 수 있도록 정책적·재정적 지원을 아끼지 말아야 한다. 이를 통해 석유화학 산업이 단순한 생존을 넘어, 미래 경쟁력을 확보할 수 있도록 해야겠다.

7

플라스틱은 과연 환경의 적일까?

우리 몸의 70퍼센트는 물이고, 우리 주변의 물건들은 70퍼센트가 플라스틱이라는 말이 있을 정도로, 플라스틱 없는 세상을 생각하기는 힘들다. 가볍고 물성이 뛰어나며 상대적으로 값이 싸서 널리 쓰이는 플라스틱은, 그 어원이 '빚어내다, 주조하다'라는 뜻의 그리스어 플라스티코스plastikós라는 데서 알 수 있듯 원하는 형태로 가공이 용이하다는 특징이 있다. 플라스틱의 또 한 가지 중요한 특징은 썩지 않는다는 것이다. 즉, 자연계에 플라스틱을 분해하는 미생물들이 없다는 뜻이다. 바로 이 특성 때문에 사용 후 폐기된 플라스틱이 오랜 기간 분해되지 않고 남아 있는 것이다.

2017년 〈사이언스 어드밴시스〉에 발표된 바에 따르면 인류는 1950년부터 2015년까지 약 83억 톤의 플라스틱을 생산한 것으로 추산되며, 이 중 약 63억 톤이 폐기되었다. 지금까지 만들어진 플라스틱 중 9퍼센트만이 재활용, 12퍼센트는 소각, 79퍼센트는 매립되거나 자연 환경에 방치된 것으로 보고되었다. 또한 유엔환경계획에 따르면 2022년 기준, 전 세계 연간 플라스틱 생산량은 약 4억 3000만 톤에 달하며, 인구 증가와 산업화로 인해 그 수요는 계속 증가하는

△ 사용 후 마구 버려진 플라스틱들이 강을 따라 바다로 흘러들어가 섬을 이루고 있는 모습.

추세이다. 이처럼 버려진 플라스틱 폐기물 중 일부는 하수와 하천을 따라 바다로 흘러 들어가며, 해류의 순환으로 특정 지역에 모여 플라스틱 쓰레기 섬garbage patch을 형성한다. 특히 북태평양에 형성된 '태평양 거대 쓰레기 지대Great Pacific Garbage Patch'는 한반도의 7배에서 많게는 15배에 이르는 면적으로 추정되며, 부유성 플라스틱 입자가 높은 밀도로 집중되어 있는 것으로 조사되었다.

다양한 형태의 버려진 플라스틱은 해양과 육상 생물들의 생존도 위협하고 있다. 해상 쓰레기의 80퍼센트가 플라스틱이고 바닷새들의 90퍼센트가 뱃속에 플라스틱을 품고 있다고 한다. 더욱이 최근에는 일반적으로 크기가 5밀리미터보다 작은 것으로 정의되는 미세플라스틱이 인류의 건강을 위협하고 있다. 미세플라스틱은 공업용 연마제나 치약이나 각질 제거를 위한 세안제 등에 포함된 것뿐 아니라, 버려진 폐플라스틱이 햇빛에 닳고 서서히 마모되어 생기기도 한다. 이 미세플라스틱을 물고기가 먹고, 그 물고기를 우리가 먹으니 몸속에 축적될 수 있는 것이다. 걱정을 아니할 수 없다.

그렇다면 플라스틱은 인류와 환경의 적일까? 답은 '아니다'이다. 플라스틱은 우리가 입고 신는 옷과 신발, 칫솔 등 개인위생용품, 페트병과 플라스틱 용기, 포장지, 휴대폰, 컴퓨터, TV, 전자기기들의 외부 물질과 부품들, 자동차의 내외장재, 건축 내외장재 등에 널리 쓰이니, 정말 플라스틱 없이 이 세상이 돌아갈까 싶은 생각이 들 정도이다. 플라스틱 없는 현대사회는 상상할 수가 없다. 우리가 사용하는 플라스틱의 대부분은 석유화학 공정을 통해 생산되는데, 석유화학 산업은 우리나라 경제에 있어서도 국가 기간산업으로서 매우 중요하다. 그래서 플라스틱, 더 정확하게는 석유화학 제품들을 '산업의 쌀'이라고 부르는 것이다.

그 많은 물건들을 철이나 나무로 대체한다고 생각해보라. 아마도 대체가 불가능할 것이다. 당장 자동차만 보더라도 경량화 추세에 맞추어 금속 부품들을 엔지니어링 플라스틱으로 대체하는 추세이다. 이렇게 쓰인 플라스틱 부품들이 분해가 안 된다고 불평을 하는 것이 옳을까? 만일 자동차 범퍼가 시간이 지나면서 분해된다면 당신은 그 자동차를 구입하겠는가? 가볍고, 물성이 뛰어나고, 원하는 모양으로 만들 수 있고, 썩지 않는다는 바로 그 특징들로 인해 자동차에는 물론이고 많은 산업 분야에서 플라스틱이 지속적으로 사용되어온 것이다. 그리고 앞으로도 계속 그럴 것이다.

일회용 포장재와 용기들 또한 가격 경쟁력과 편의성 때문에 지속 사용의 유혹을 벗어나기가 힘들다. 그래서 큰 환경 문제를 일으키는 일회용 플라스틱 물품들의 사용에 대해서는 세계 각국에서 사용제한 규제를 하고 있다. 유럽공동체의 경우 2018년 초부터 일회용 플라스틱 제품의 사용에 대한 규제 논의가 본격적으로 이루어지더니, 같은 해 12월 20일, 사용금지에 대한 합의에 이르렀다. 우리나라도 2018년부터 대형마트를 중심으로 일부 식품에 쓰는 것 외에는 일회용 플라스틱의 사용을 금지했다가, 여러 이유로 지금은 시행되고 있지 않다.

지금 우리가 직면한 플라스틱 문제는 어디서 비롯된 것일까? 플라스틱 자체의 특성 때문이 아니라 마구 사용하고 아무 데나 버려온 우리의 행동이 문제가 아닐까? 사실 썩지 않는 물질은 금속과 돌 등 많이 있고, 우리는 각각을 그 용도에 맞게 잘 사용해왔다. 플라스틱이 없었다면 무분별한 벌목 등 천연자원들이 엄청나게 사용되어 환경에 더 크고 나쁜 영향을 주었을지도 모른다. 산업이 급속도로 발전하면서 더 편하고 잘살기 위해 너무 많은 양의 화석연료를 써서 각종 석유화학 제품을 만들어내게 되었다. 그러다 보니 석유화학 제품은 산업 발전에는 크게 기여했지만 기후변화와 환경오염의 주범으로 인식되고 있는 것이다. 꼭 필요한 만큼 만들어서 사용 후에 재활용이라도 잘했다면 오늘날의 플라스틱 문제는 없었을 수도 있다. 오히려 플라스틱이야말로 천연자원의 고갈을 막고 환경보호에 중요한 역할을 해왔다고 평가되고 있을지도 모른다.

플라스틱이 환경을 오염시키는 문제를 해결하기 위하여 우리가 취

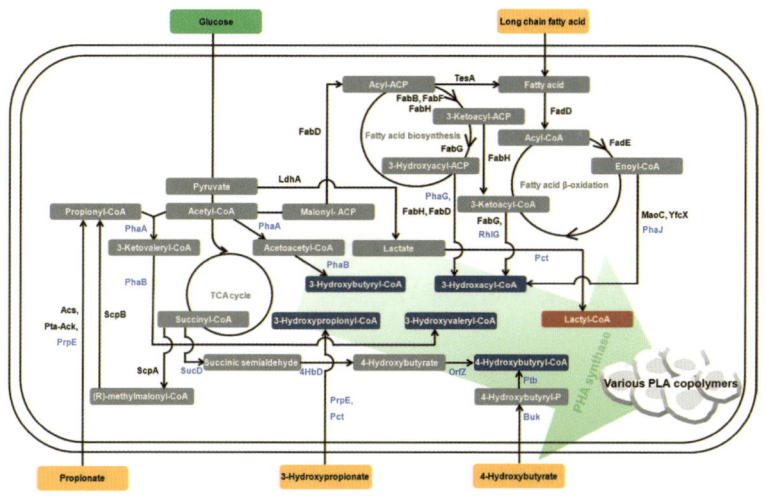

△ 다양한 플라스틱을 미생물로 생산하기 위해 내 연구실에서 디자인한 대사회로. 미생물의 대사회로를 조작하여 원하는 플라스틱 단량체를 생산하게 하고, 이를 중합하는 효소를 이용하여 미생물 세포 내에 플라스틱을 축적시킬 수 있다. 또한 다양한 대사회로를 설계함으로써 서로 다른 단량체 조성을 갖는 여러 종류의 플라스틱들을 생산할 수 있다. 특히 이 그림은 기존에는 미생물로 생산이 불가능했던 젖산 함유 고분자인 PLA(폴리락트산)와 그 공중합체들을 생산할 수 있도록 하는 대사회로 디자인을 보여준다. (출처: Park et al., 2012)

해야 할 조치들은 모두가 잘 알고 있다. 우선 편리성 위주의 생활 습관을 바꾸어 일회용 플라스틱 제품의 사용을 자제하고, 폐기되는 플라스틱은 최대한 재활용될 수 있도록 하는 것이다. 하지만 일부 일회용 제품들과 미세플라스틱 같은 경우 아무리 노력해도 우리 생활 습관상 버려지는 것들이 있을 수 있다. 이 경우에는 기존의 석유화학 공정에서 유래한 플라스틱을 대체할 수 있는, 생분해성 바이오 기반 플라스틱 등을 생산하여 활용할 수도 있다. 미래 화학 산업은 기존 석유화학 공정을 통해 생산되는 많은 화학물질과 고분자들을 친환경 바이오 기술로 생산하게 될 것이다.

　플라스틱 자체가 환경오염의 주범인 것은 아니다. 우리가 생산과 관리, 사용, 폐기, 재활용을 제대로 잘하지 못한 탓에 플라스틱을 환경오염 물질로 만든 것이다. 플라스틱을 친환경적으로 생산하고, 올바른 사용과 재활용을 통해 인류의 삶을 편리하게 하고 환경보호에도 기여할 수 있도록 우리 모두가 노력을 기울여야 할 때이다.

8

다시 쓰는 자원, 4R 전략의 진화

전 세계가 환경 문제와 자원의 효율적인 활용에 높은 관심을 보이면서, 버려지던 제품이나 물질들을 다시 활용하기 위한 전략들이 큰 주목을 받고 있다. 우리에게 익숙한 재활용recycling은 분리배출 및 분리수거 등의 활동을 통해 이미 익숙하다. 약 20년 전 제시된 개념인 업사이클링upcycling은 지난 수년간 매우 빠른 속도로 전 세계의 주목을 받고 있다. 업사이클링은 버려지는 제품에 새로운 가치와 용도를 부여하여 새 제품으로 재탄생시키는 것을 말한다. 국립국어원에서는 업사이클링에 해당하는 우리말로 '새활용'을 선정했다. 재활용과 새활용은 무엇이 같고 무엇이 다를까?

이미 사용해 버려지게 된 것을 원료로 쓴다는 점은 같다. 버려지는 페트병을 예로 들어보자. 재활용의 경우에는 페트병이 수거되어 다시 미세하게 쪼개져서 다시 플라스틱으로 가공될 수 있는 원료인 칩으로 바뀌고, 이후 또 다른 형태의 플라스틱 용기 등으로 탄생한다. 이에 반해 새활용은 페트병을 조각내는 대신, 원하는 형태로 예쁘게 잘라서 화병, 장난감, 어항, 화분 등을 만드는 식으로 직접 새로운 용도로 활용하는 것이다. 다시 말해 재활용은 버려지는 제품을 분해하여 원료 물질로 먼저 바꿔야 하니 다른 물질들과의 분리 및 분해가 필수적이며, 그런 후에 에너지를 투입하여 새로운 물질과 제품을 만드는 것이다. 반면, 새활용은 버려지는 제품을 분해하지 않고 가공 및 변형을 통해 새 제품을 만들게 되므로 새로운 사용을 위한 강도와 물성을 유지하고 있어야 한다.

후손들로부터 빌려 쓰고 있는 지구 환경을 보전하기 위해서는 생산-소비-회수-재활용 및 새활용으로 이어지는 순환경제로의 전환이 필수적이다. 이와 연계하여 소위 3R이 중요한데 그 중요한 순서대로 보면 줄이고reduce, 재사용하고reuse, 재활용해야recycle 한다. 즉, 환경보호를 위해서는 꼭 필요한 만큼만을 생산하고 소비하는 검소한 활동이 기본이 되어야 한다. 새활용은 재활용에 비해 에너지 투입이 더 적으므로 가능하다면 최대한 많이 하는 것이 환경보호에 유리하다. 더 이상 새활용으로도 재탄생이 불가능한 것들만을 회수, 분해, 재가공하여 재활용해야 한다.

새활용을 통해 만들어지는 제품들은 공장형으로 대량생산하는 것부터 독특하고 유일한 제품으로 만들어지는 것까지 다양하다. 예를 들어 독일 회사 브레이스넷Bracenet은 버려진 어망을 이용하여 다양한 팔찌를 만들어 판다. 매년 전 세계적으로 버려지는 어망은 약 64만 톤에 이른다. 이렇게 버려진 어망을 회수하여 다양한 색상의 팔찌를 대량으로 만드는 것이다. 팔찌 하나에 우리 돈으로 약 3만 5000원 정도에 판매하고 있으며, 하나를 팔 때마다 9000원 정도를 해양보호기금으로 기부한다.

또한, 소위 명품을 만드는 회사들에서도 버려진 가방이나 옷을 이용하여 새로운 옷이나 신발, 가방 등을 만들고 있다. 각 디자인별로 단 하나씩만 만들어지는데 이러한 제품들은 개당 수백만 원 이상의 가격에 팔리고 있다. 고가의 명품을 구입하는 데서도 환경을 중시하는 소비 행태가 나타나고 있는 것이다. 소비자들은 이제 새활용, 재활용된 제품들을 살 때 더 높은 가치까지 소비한다는 인식을 갖게 되었으며, 이러한 변화를 따라가지 않는 기업들은 점점 더 큰 어려움을 겪게 될 것이다.

줄이고, 재사용하고, 재활용하는 3R에 더해, 앞 장에서 다룬 것처럼 기존 석유화학 제품을 재생 가능한 바이오매스나 이산화탄소 기반 제품으로 대체하는 replace 전략까지 포함한 것이 4R 전략이다. 이런 변화를 따르는 것은 모든 기업 활동의 필수적인 고려 사항이 된 ESG의 E(환경)와 S(사회)에 기여하는 일이기도 하다.

우리나라에서도 온라인 플랫폼 기반으로 중고 상거래가 많이 이루어지고 있다. 사용하지 않는 옷이나 제품은 필요한 사람에게 기부하거나 중고장터에서 저렴하게 판매하며, 더 이상 사용할 사람이 없을 때에만 회수, 분해, 재활용하는 문화가 미덕으로 여겨지고, 결국에는 당연한 일로 받아들여질 것이다. 이런 시스템이 자리잡으면 환경을 보호하는 데 큰 도움이 될 것이다. 공학은 이러한 생산과 소비의 최적화, 새활용을 위한 물류, 재활용을 위한 신기술 개발 등 전체 시스템을 구축하는 데 큰 역할을 할 수 있다. 전자제품의 순환경제를 다룬 다음 장에서 이런 부분을 더 살펴보자.

9

순환하는 디지털, 전자제품의 두 번째 삶

지난 수십 년간 전자 및 정보통신 산업의 눈부신 발전은 우리의 일상생활에도 큰 변화를 가져왔다. 지하철을 타면 책이나 신문을 보는 사람보다 휴대폰을 보는 사람들이 많아진 지는 이미 오래되었고, 밤 늦게까지 휴대폰이나 태블릿을 보느라 잠을 설치기도 한다. 초등학생부터 노인까지 모두 휴대폰 중독이라고 해도 과언이 아닐 만큼 우리는 전자기기와 함께 생활하고 있다.

이러한 상황 속에서 전자폐기물 문제도 심각해지고 있다. 유엔 국제전기통신연합ITU이 2024년 발표한 〈세계 전자폐기물 실태 보고서 GEM〉에 따르면 2022년 한 해 동안 전 세계에서 발생한 전자폐기물은 6200만 톤에 달한다. 세계 인구 1인당 7.8킬로그램의 전자제품을 버리고 있는 셈이다. 한편 국내 민간 사회적가치 플랫폼인 소셜밸류커넥트에 따르면 2021년 우리나라의 전자폐기물 배출량은 약 81만 톤으로, 국민 한 명당 약 15.8킬로그램을 배출했다. 세계 1인당 평균과 비교해보면 두 배가 넘는 것으로, IT 강국이기 때문에 그렇다는 말로만 표현하고 넘어가기에는 너무 무책임한 상황이라 하겠다.

폐휴대폰으로 좁혀서 봐도 문제는 심각하다. 글로벌 비영리단체

△ 2021년 G7 정상회의에 맞춰 전자폐기물 문제를 알리기 위해 조각가 조 러시와 그의 팀이 폐전자기기로 만든 마운트 리사이클 모어Mount Recyclemore. (출처: Bill Boaden, CC BY-SA 2.0, via Wikimedia Commons)

전자전기폐기물포럼WEEE Forum에 따르면, 2022년 한 해 동안 약 53억 대의 휴대폰이 버려지거나 방치될 것으로 추정된다. 이를 휴대폰 평균 두께인 9밀리미터로 쌓으면 높이가 5만 킬로미터에 달하는데, 이는 국제우주정거장이 위치한 고도보다 약 120배 높으며, 지구에서 달까지 거리의 8분의 1에 해당한다. 이처럼 엄청난 양의 폐휴대폰은 생산-소비-폐기로 이어지는 전형적인 선형경제의 산물이다. 이를 생산-소비-회수-재활용으로 이어지는 순환경제로 전환할 수는 없을까?

폐휴대폰 하나에서 회수할 수 있는 부품과 금속 등의 값어치는 최소 10만 원이 넘는다. 금속만 해도 금, 은, 팔라듐, 니켈 등 다양한 것들이 있다. 그럼에도 불구하고 전 세계적으로 불과 20퍼센트 남짓한 폐휴대폰만 수집, 재활용되고 있다는 통계는 자원이 한정된 지구에서 정상적인 경제활동이라 볼 수 없다. 전 세계 스마트폰 출하량은 2013년에 처음으로 10억 대를 넘어섰다. 이후 2010년대 중반에는 15억 대에 달했다가 점차 감소하여 2024년에는 약 12억 대로 줄어들었다.

15억 대를 기준으로 할 경우, 한 해 동안 생산된 휴대폰의 폐기 후 재활용 가치만 해도 이론적으로 약 150조 원에 달한다. 우리나라에서는 매년 약 2000만 대의 휴대폰이 폐기되는 것으로 추정되며, 이들만 제대로 회수하고 재활용해도 연간 2조 원 이상의 가치를 창출할 수 있다. 다행인 것은 우리나라의 경우 '전기·전자제품 및 자동차의 자원순환에 관한 법률'도 있고, 전자정보통신 강국답게 재활용률도 높은 편이다. 제대로 된 재활용은 단지 자원 순환에만 좋은 것이 아니다. 대부분의 폐전자제품은 유해화학물질을 다수 포함하고 있어, 이를 적절히 재활용하지 않으면 건강과 환경에 심각한 영향을 미칠 수 있다. 따라서 올바른 재활용을 통해 이러한 위험을 예방해야 한다.

전자제품이 비싸고 귀했던 예전에는, 마을에 한 대 있는 흑백 텔레비전 앞에 동네 사람들이 모여 뉴스나 드라마를 함께 시청하곤 했다. 그 귀한 텔레비전이 고장이라도 나면 수리하는 사람을 불러 부품을 교체하여 고쳐서 사용했다. 그러나 시간이 지나면서 우리는 고치는 것보다 새로 사는 것이 더 저렴하다는 말을 하게 되었고, 그로 인해 엄청난 양의 전자폐기물이 쌓이기 시작했다. 지구의 자원은 한정되어 있으므로 자원을 아껴 쓰고, 버려지는 것들은 철저히 회수하고 재활용하는 것이 당연한 일이다.

신기술이 집약된 새 전자제품을 보면 그걸 사야만 직성이 풀리는 사람도 있을 것이고, 혹 구형을 가지고 다니면 체면이 안 서서 신제품으로 바꾸는 사람도 있을 것이다. 고장이 났는데 고칠 수가 없거나, 고치는 비용보다 새로 사는 것이 경제적으로 더 좋은 선택인 경우도 있을 것이다. 더 많은 기능이 추가되고 속도도 빨라지고 디자인도 더 세련된 휴대폰을 갖고 싶은 욕구를 나쁘다고 할 수만은 없다. 그렇다면 지금 사용하고 있는 구형 휴대폰을 버리지 않고 신형 휴대폰처럼 좋게 할 수는 없을까?

초기 휴대폰은 대부분 배터리 분리형이었기 때문에 배터리 성능이 저하되거나 문제가 생기면 배터리만 교체하면 되었다. 그러나 지금은 대부분 일체형이다 보니 배터리 문제로 멀쩡한 휴대폰을 통째로 바꿔야 하는 경우가 많다. 만약 소비자가 원한다면 5년, 10년 전에 판매된 휴대폰이라도 회수하여 부품 교체 등을 통해 기능과 성능을 업그레이드할 수 있다면 어떨까? 또한 클라우드와 연계해 다양한 프로그램의 구동 속도를 향상시키고, 단말기 성능에만 의존하지 않고 고성능을 낼 수 있는 방법도 고려할 수 있을 것이다. 재활용 측면에서도, 만들 때부터 나중에 폐휴대폰에서 어떤 부속과 부품들을 재활용할 것인지를 염두에 두고 디자인하고 제조하면, 재활용률을 훨씬 더 높일 수 있을 것이다.

한편 휴대폰 제조사가 이러한 시스템을 도입한다면 매출은 감소할 수밖에 없다. 그러나 제조사가 비즈니스 모델을 제품 판매에서 서비스 제공 형태로 전환한다면 어떨까? 제품을 판매한 후 소비자가 원할 경우, 가능한 범위 내에서 비용을 받고 지속적인 서비스를 제공하는 방식이다. 이 방식은 환경에 미치는 영향을 최소화하면서도 소비자의 기능과 성능 향상 욕구를 어느 정도 충족시킬 수 있을 것이다. 마찬가지로, 1년에서 3년마다 교체하는 휴대폰 외에도 세탁기나 냉장고와 같은 가전제품도 순환경제를 고려한 디자인, 제조, 소비, 재활용이 이루어져야 한다.

이런 전자제품들의 순환경제를 위해서는 어떤 것들이 고려되어야 할까? 우선은 디자인 전략이 바뀌어야 한다. 제품의 수리 및 업그레이드가 용이하도록 디자인하고 제조해야 한다. 더 나은 기능과 성능의 전자제품에 대한 욕구는 나날이 증대될 것이므로 클라우드컴퓨팅 기술과 서비스 향상도 필요하다. 수많은 휴대폰 하나하나의 성능만을 극대화할 것이 아니라 일정 성능 이상의 휴대폰만 있다면 클라우드컴퓨팅 기술로 성능과 기능을 개선할 수 있어야겠다.

제조사별로 다른 부품들의 표준화를 더욱 강화하여, 폐전자기기 부품 등의 재활용률을 높일 필요도 있다. 또 기술 개발을 통해 유용한 금속 자원, 예를 들어 리튬, 니켈, 코발트, 망간, 희토류 원소 등의 회수율도 높여야 한다. 국제에너지기구는 〈세계 에너지 전망 2023〉에서 현재 전 세계 청정에너지 시스템으로의 전환 과정에서 이러한 자원의 공급과 수요에 문제가 생기고 있다고 경고하며, 이들의 재활용을 극대화하는 전략을 추진해야 한다고 제언했다. 그러지 않으면 새로운 공급망 및 안보 문제가 발생할 수 있기 때문이다. 이는 배터리와 같은 에너지 분야뿐 아니라 모든 전자제품에도 적용될 수 있다.

제조사가 서비스를 중심으로 한 비즈니스 모델로 전환하는 것도 심각하게 고려할 필요가 있다. 공유경제의 틀 안에서, 전자제품을 회사가 소유하고 제품의 질에 대한 책임을 지며, 소비자는 제품을 소유하는 대신 비용을 지불하고 빌려 쓰는 모델이 가능할 수 있다. 현 세대뿐만 아니라 미래 세대가 살아갈 환경과 지속 가능성을 고려한 순환경제로의 빠른 전환을 기대해본다.

10

제조업의 새 물결

독일의 스포츠 용품 제조사 아디다스는 다른 많은 제조사와 마찬가지로 인건비가 저렴한 아시아에서 신발을 생산해왔다. 그런 아디다스가 2016년 독일의 안스바흐 소재 스피드팩토리를 통해 아디다스 퓨처크래프트 MFG Made for Germany라는 운동화를 출시하며 독일로의 복귀를 알렸다. 이 스피드팩토리에서 신발이 제조되는 과정은 기존 공장에서의 그것과 완전히 다르다.

기존 공장에서는 대량생산을 통해 생산 단가를 낮추기 위해 같은 디자인의 신발을 다량으로 만들었다. 반면 스피드팩토리에서는 홈페이지를 통해 고객이 신발을 주문하면 맞춤형으로 제작한다. 주문 후 제조 완료까지 걸리는 시간은 단 5시간으로, 아시아에서 위탁 생산할 때 소요되던 2~3주보다 훨씬 빠르다. 이러한 제조 방식의 혁신을 가능하게 한 주요 요인들을 살펴보자.

우선은 좋은 문제들을 정의했다. 어떻게 하면 개성 있는 자신만의 신발을 신고 싶은 고객의 요구를 맞출 수 있을까? 어떻게 하면 재고를 쌓아두지 않을 수 있을까? 패션과 유행은 예전보다 더 빠르게 변하는데 어떻게 하면 더 빠르게 제조할 수 있을까? 이 문제들을 해결하면서도 가격 경쟁력을 갖출 수 있을까?

아디다스는 4차 산업혁명 핵심 기술들로 일컬어지는 3D 프린팅 및 정보통신 기술과 연결된 첨단 제조로봇으로 인건비 걱정 없이 가격 경쟁력 있는 제품을 자동 제조할 수 있는 스피드팩토리를 통해 이 문제들을 모두 해결했다. 홈페이지를 통해 고객이 신발 스타일, 디자인, 소재, 색상, 깔창, 신발끈 등을 선택하면 그에 맞추어 로봇이 신속하게 제조한다. 이 로봇들은 잠도 안 자고 24시간 신발을 제조한다. 주문을 받고 5시간 만에 제조하여 24시간 내에 배송까지 할 수 있으니 출시까지의 기간 단축은 물론 재고도 쌓이지 않는다. 소위 주문형 대량생산custom mass production이라 하는 이 제조 방식은 몇 가지 선택 사항들의 조합을 통해 많은 종류를 맞춤형으로 제조하지만 대량생산이 가능하다. 아디다스는 2018년 미국 애틀랜타에 독일보다 더 큰 규모의 스피드팩토리를 운영하기 시작했다. 이뿐이 아니다. 최근 전 세계적으로 부각된 플라스틱 문제 해결에 기여하고자 2019년에는 폐 플라스틱을 원료로 1100만 켤레의 신발을 만들었고, 2024년부터는 모든 옷과 신발을 재활용 플라스틱으로 만들 계획이라고 선언했다.

하지만 아디다스의 스피드팩토리는 1차적으로는 실패로 끝났다. 2019년 11월, 아디다스는 보도자료를 통해 2020년 4월까지 독일과 미국의 스피드팩토리를 폐쇄한다고 발표한 것이다. 전 세계가 주목했던 아디다스의 시도는 왜 실패했을까? 아디다스는 90퍼센트 이상의 신발을 만들고 있는 아시아가 생산 노하우와 공급망이 잘 구축되어 있기 때문에 스피드팩토리 기술 역시 아시아에서의 운영이 더 적합하다고 판단했다 밝혔다. 다양한 개성이 요구되는 소재와 디자인을 완전히 자동화하는 것도 쉽지 않았던 것으로 보인다. 그럼에도 불구하고 자동화의 도움을 받으면서 사람이 일정 부분 참여하는 제조업의 변화는 미래 산업의 중요한 방향임이 분명하다.

빠르게 변화하는 정도를 넘어 변혁의 시대를 맞고 있는 제조업에서 우리는 무엇을 고려해야 할까? 아디다스의 사례는 변혁의 좋은 예이지만, 주목해야 할 여러 과제도 남겼다. 무엇보다도 먼저, 가치의 변화를 읽어야 한다. 제조업에서 안전, 건강, 환경은 이제 바꿀 수 없는 가치로 자리잡았다. 고객들은 단순히 고품질을 넘어서 자신만의 제품, 특별한 경험과 즐거움을 원하며, 애프터서비스 강화도 요구하고 있다. 더불어 하나뿐인 지구를 지키기 위한 지속 가능성과 환경친화성 역시 사회적으로 강력히 요구되는 시대가 되었다.

세계경제포럼은 2012~2013년 내가 의장을 맡았던 '생명공학 글로벌 어젠다 위원회'를 포함해 2025년 현재 각 분야별 전문가들로 구성된 36개의 위원회를 운영하고 있다. 2017년, 그중 하나인 '첨단 제조 및 생산 글로벌 미래 위원회'는 수년간 전문가 토론과 기업 CEO 및 정부 의사결정자들의 검증을 거쳐 제조기술에서 반드시 고려해야 할 기술과 시스템을 일곱 개의 카테고리로 정리해 발표했다.

첫째는 생산 철학이다. 순환경제를 위해 재활용된 소재 활용, 앞서 언급한 주문형 대량생산, 제품의 평생 서비스, 유연하고 모듈화된 제조 시스템, 에너지 및 원료 절약형 제조 시스템, 친환경 생산 등이 고려해야 할 생산 철학에 포함되었다. 둘째는 첨단 소재로서, 초경량 소재, 차세대 반도체, 바이오 기반 소재, 유연한 전자제품, 메타물질, 나노엔지니어링 기반 소재 등이 포함되었다. 셋째는 첨단 생산 공정으로 연속제조 공정이나 잉크젯 기반 적층제조 기술 등이 포함되었다. 넷째는 인간-기계 인터페이스로서 증강현실, 가상현실, 대화 시스템, 사회망, 상황 인식 시스템, 다차원 상호작용, 웨어러블 로봇 등이다. 다섯째로 연결과 계산인데, 모바일 인터넷, 클라우드 컴퓨팅, 디지털 트윈, 기계와 기계의 연결성, 모델링과 시뮬레이션, 블록체인, 양자컴퓨팅 등이 포함되었다. 여섯째로는 분석과 지능이다. 빅데이터, 데이터마이닝, 지식 기반 시스템, 지능형 시스템, 원격 유지보수 시스템, 인공지능, 생물정보학, 인지계산이 포함된다. 마지막으로는 디지털-물리 시스템으로, 3D 프린팅, 광학, 메카트로닉스, 자율로봇, 협동로봇, 유연하고 조정이 용이한 기계와 로봇이 포함되었다.

이러한 기술들만 조합해도 이미 나타나기 시작한 미래의 공장 모습을 그려볼 수 있다. 예를 들면 고객은 원하는 제품을 온라인으로 주문한다. 공장에서는 나노 및 바이오 기술로 새롭게 만들어진 소재들을 스마트 물류 시스템으로 공급받아, 인공지능으로 최적화된 첨단로봇과 3D 프린터가 제품을 만든다. 예전처럼 큰 공장에서 생산하는 것이 아니라 각 지역별로 들어선 소형 공장들이 생산하는데, 이 모든 소형 공장들은 사물인터넷으로 연결되며 본사에서는 주문-생산-판매-배송-애프터서비스-재활용까지 전 과정의 데이터를 수집, 분석하고 그 정보를 각 소형 공장에서의 생산 관리 등에 활용한다.

앞으로의 제조업은 큰 문제들, 즉 기후변화 대응, 지속 가능성 추구, 인구 고령화 및 건강 문제, 물·에너지·자원 부족 문제들뿐 아니라 각 제조업에서 예상되는 문제들까지 고려하여 이런 신기술들을 조합, 각 제조업에 맞게 적용해서 빠르고 과감하게 변혁해야 할 것이다. 여기서 속도는 가장 중요한 요소이다. 뒤늦게 변화하는 기업들은 먼저 변화한 기업을 따라갈 수가 없는 시대가 오고 있다.

  기업의 CEO들은 기술을 깊이 이해해야 한다. 변혁의 시대에는 기술을 CTO에게만 맡겨놓고는 생존할 수가 없다. 모든 기술을 한 기업이 섭렵할 수 없으므로 대학, 연구소, 그리고 다른 기업들과의 협력도 더욱 강화해야 한다. 한편 제조업의 변혁 과정에서 많은 작업이 자동화되면서 기존의 일자리는 줄어들고 새로운 일자리가 생겨날 것이다. 국가와 사회는 구성원들이 지속적으로 지식과 기술을 업그레이드할 수 있도록 지원하며, 새롭게 생겨나는 일자리에 적합한 인재를 양성해 제조업의 변화에 대비해야겠다.

11

미세먼지와의 전쟁

코로나19라는 전례 없는 위기에 잠시 가려졌었지만, 미세먼지는 여전히 인류 건강에 심각한 위협이다. 공기 중에 떠다니는 크기 10마이크로미터(1마이크로미터는 1000분의 1밀리미터) 이하의 입자를 PM10이라 하는데, 워낙 작아서 호흡 통로에서 잘 걸러지지 않고 호흡기 깊숙이 침투한다. 이는 호흡기질환뿐 아니라 심혈관질환, 뇌질환의 원인이 될 수 있다. 특히 PM10 중에서도 크기가 2.5마이크로미터 이하인 PM2.5는 초미세먼지라 불리며, 폐의 더 깊은 곳까지 도달해 건강에 더 위협적이다.

정부는 2020~2024년 미세먼지 관리 종합계획을 확정하여 2016년 대비 초미세먼지 연평균 농도를 1세제곱미터당 26마이크로그램에서 16마이크로그램으로 낮추겠다는 목표를 수립했다. 2022년 연평균 초미세먼지 농도가 1세제곱미터당 18.3마이크로그램까지 줄어든 것은 긍정적이지만, 2023년에는 오히려 19.2마이크로그램까지 늘었다. 목표치인 16마이크로그램이나 그 이하로 낮추기 위해서는 더 많은 노력이 필요하다.

미세먼지 문제 해결을 위한 사전 예방 정책으로 수송 분야에서는

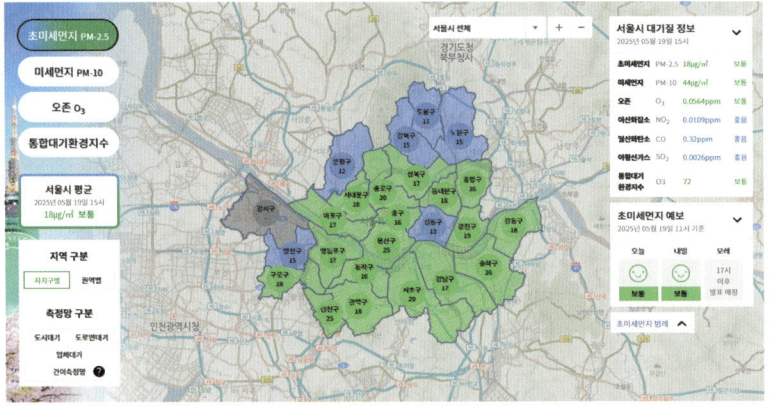

△ 서울특별시의 2025년 5월 19일 15시 미세먼지 농도 등 대기환경 정보. 우리나라는 지역별 초미세먼지, 미세먼지, 오존 등의 대기질과 관련된 정보들을 실시간으로 제공하여 국민들이 대비할 수 있도록 하고 있다. (출처: 서울특별시 대기환경정보 홈페이지)

    노후 경유차 감축과 저공해차 보급 확대, 발전 분야에서는 노후 석탄 발전소 폐지 등이 추진되어왔다. 산업 생산 및 선박과 항만 관련 시설에서의 미세먼지 발생 저감, 농업 산림 분야에서의 미세먼지 발생 저감 등도 적극 추진되어야 한다. 후자의 경우 장작이나 화목보일러, 농업잔여물을 태우는 것뿐 아니라 지속적으로 발생하는 큰 산불 등이 미세먼지 발생에 큰 요인이므로 방지 대책이 필요하다.

    좀 더 자세히 보면, 미세먼지는 발생 방식에 따라 1차 미세먼지와 2차 미세먼지로 구분된다. 1차 미세먼지는 발전소, 산업 생산 시설, 폐기물 처리 시설 등 고정 배출원과 자동차, 비행기, 선박 등 이동 배출원에서 연소 과정 등을 통해 직접 배출되는 물질이다. 다양한 탄소화합물뿐 아니라 연료나 재료의 연소 과정에서 생기는 납, 니켈, 크롬 등의 금속 성분도 포함된다. 2차 미세먼지는 대기 중에 가스 상태로 배출된 질소산화물NOx, 황산화물SOx, 휘발성 유기화합물VOCs, 암모니아NH₃ 등이 햇빛, 수분 등과 반응하여 입자화되면서 형성된다. 이들 중 질소산화물은 고온의 연소 과정에서, 황산화물은 화석연료의 연소 과정에서, 휘발성 유기화합물은 연소 과정 및 산업 공정 등에서, 암모니아는 비료 등을 사용할 때 발생한다. 따라서 근본적으로는 화석연료 등의 연소 자체를 줄여나가는 것이 미세먼지 저감과 온실가스 감축에 중요한 해결책이며, 이를 위해 신재생에너지 확대, 전기차 등 친환경 자동차 보급 확대 등이 추진되고 있다.

하지만 전기차의 경우에도 전기가 어디서 생산되는지 잘 봐야 한다. 현재 세계적으로 전기의 3분의 2는 석탄, 가스, 원유 등 화석연료로 만들어지는데, 친환경이라는 전기차에 공급되는 전기가 석탄화력발전 등 화석연료 기반이나 우드펠릿 등의 목재를 태워 얻어진다면 말이 안 되기 때문이다. 다행히 기술 개발을 통해 신재생에너지 생산 단가는 지속적으로 낮아지고 있다. 국제재생에너지기구IRENA에 따르면 전 세계 평균적으로 태양광 발전의 경우 1MWh당 생산 단가가 2010년 약 420달러대였던 것이 2021년에는 48달러대로 많이 낮아졌고 앞으로도 낮아질 전망이다. 우리나라는 한국전력거래소에 따르면 2021년 기준 1MWh당 93,400원으로서 전 세계 평균보다는 조금 높은 편이다.

수송 분야뿐 아니라 다른 산업에서의 노력도 필요하다. 미세먼지만 문제가 아니라 2023년 427.6ppm으로 우리나라 사상 최고치를 경신한 대기 중 이산화탄소 농도가 말해주듯 온실가스 저감도 시급하기 때문이다. 예를 들어 다양한 화학물질들을 생산하는 석유화학 산업의 경우 바이오 기반 친환경 화학 산업으로의 재편을 통해 온실가스 감축과 미세먼지 저감에 기여할 수 있다.

미세먼지 발생을 차단하려면 생성 원리를 파악하고 관측 체계를 구축하는 것이 기본이다. 고정형 센서뿐만 아니라 이동식 센서를 도입하면 전국의 미세먼지 발생 현황과 원인을 더욱 정확히 분석할 수 있다. 또한, 많은 사람이 직장이나 집 등 실내에서 오랜 시간을 보내는 만큼, 실내외 환경을 구분하여 체계적으로 분석하는 것도 필요하다. 이와 같은 분석을 바탕으로 정밀한 예측 시스템을 마련하면, 미세먼지 대응의 효과를 더욱 높일 수 있다.

미세먼지를 줄이기 위해 오염 발생 원인 지역에서 질소산화물과 황산화물을 제거하는 다양한 기술이 개발되고 있다. 질소산화물은 선택적 촉매환원 반응을 통해 제거할 수 있지만, 황산화물이 함께 존재하면 반응 과정에서 황산암모늄이 형성되어 촉매 활성이 저하되는 문제가 발생한다. 따라서 일반적으로 황산화물을 먼저 제거한 후 질소산화물을 처리하는 방식이 사용된다. 이를 위해 중공사막中空絲膜과 같은 고면적 접촉 시스템을 활용하여 액상 흡수제와 반응시킴으로써 황산화물을 효과적으로 제거할 수 있다.

이미 발생하여 우리 대기를 뿌옇게 만든 1차 및 2차 미세먼지는 제거 방법이 마땅치 않다. 집 안을 비롯한 건물 내부에서 가동하는 공기청정기 같은 개념을 야외의 넓은 공간에 적용하기는 쉽지 않고, 인공강우를 이용하여 미세먼지를 씻어내리는 기술도 지구의 기후환경 차원에서 면밀한 검토가 필요하다. 대기는 전 지구적 차원에서 순환되고 있으므로 우리나라만 열심히 한다고 되는 것도 아니다. 우리나라에서는 중국에서 유입되는 미세먼지를 줄이기 위해 외교적 협력과 과학기술 협업이 필수적이다.

미세먼지 문제는 한 국가만의 노력으로는 해결될 수 없으며, 전 세계가 함께 나서야 한다. 발생 원인을 근본적으로 줄이고, 산업 활동에서 불가피하게 배출되는 경우에는 발생 지점에서 즉시 제거하며, 우리의 소비 방식도 미세먼지 저감을 위해 달라져야 한다. 또한, 미세먼지를 효과적으로 제거할 수 있는 신기술을 개발하고 적용하는 노력도 필요하다. 이러한 공동의 노력이 지속된다면, 자연 대기순환만으로도 미세먼지가 인체에 유해하지 않은 수준까지 줄어들 수 있을 것이다.

12

지속 가능한 하늘길을 위하여

2024년 11월 말, 아랍에미리트 두바이에서 열린 제28차 유엔기후변화협약 당사국총회COP28에서는 화석연료로부터의 전환과 재생에너지 확대에 대한 합의가 이루어졌다. 이번 회의는 2015년 파리협정에서 약 200개국이 합의한 '지구 평균 기온 상승을 산업화 이전 대비 1.5도 이내로 제한'하기 위한 노력이 현재 어느 수준에 도달했는지를 점검하는 자리이기도 했다.

항공 부문은 매년 전 세계 이산화탄소 배출량의 약 2~3퍼센트는 항공 부문에서 나오는데, 그 배출량이 무려 약 10억 톤에 달한다. 자동차 산업에서는 전기차 보급이 빠르게 확대되고 있지만, 항공기의 전기화는 가까운 미래에 실현되기 어려울 듯하다. 배터리의 에너지 밀도가 항공기 운항에 필요한 수준(약 12,000Wh/kg)에 미치지 못하며, 보잉 747 한 대의 가격이 약 5000억 원에 달하는 등 높은 비용으로 인해 기존 항공기를 최소 몇십 년 동안은 계속 운항해야 하기 때문이다.

항공기의 전기화가 어려운 만큼, 다른 친환경 에너지원도 고려할 수 있다. 그린 수소나 그린 암모니아는 항공 운송을 위한 유망한 에너지원이지만, 이를 활용하려면 새로운 엔진을 갖춘 항공기를 개발하고 생산해야 한다. 따라서 당장은 기존 석유 기반 항공유를 친환경적으로 대체하는 것이 현실적인 대안이다. 이러한 대안 중 하나가 지속 가능한 항공유Sustainable Aviation Fuel, SAF이다. SAF는 기존 항공유와 화학적으로 유사해 별도의 엔진 개조 없이 기존 항공기에서도 사용할 수 있는 드롭인drop-in 연료이다. 기존 공항 인프라를 변경할 필요가 없는 것이다. SAF는 바이오매스나 이산화탄소를 생물학적 또는 화학적 방법으로 변환해 생산하며 폐식용유, 농업 잔여물, 비식용 바이오매스, 이산화탄소 등을 원료로 활용할 수 있다. SAF는 최소 향후 10~50년 동안 항공 산업의 탄소 배출 저감을 위한 핵심 해결책이 될 것이다.

실제로, 재생에너지를 사용하여 생물학적 원료에서 화학적인 방법으로 생산된 SAF는 지난 몇 년 동안 지속적으로 증가되었다. 국제항공운송협회IATA에 따르면, 2022년에 최소 3억(낙관적으로는 4.5억) 리터의 SAF가 생산되었으며, 이는 1년 전에 생산된 1억 리터의 3~4.5배에 달한다. 2023년에는 약 6억 리터, 2024년에는 약 13억 리터가 생산되어 매년 2배 이상씩 증가하고 있음을 알 수 있다.

미국 재료시험협회ASTM는 SAF를 기존 항공유와 혼합해 사용할 수 있도록, 혼합비가 5퍼센트에서 50퍼센트 사이인 몇 가지 SAF를 승인해왔다. SAF는 다양한 원료와 공정을 통해 생상되며, 대표적인 생산 방식은 다음과 같다.

- FT-SPK(Fischer-Tropsch Synthesized Paraffinic Kerosene): 바이

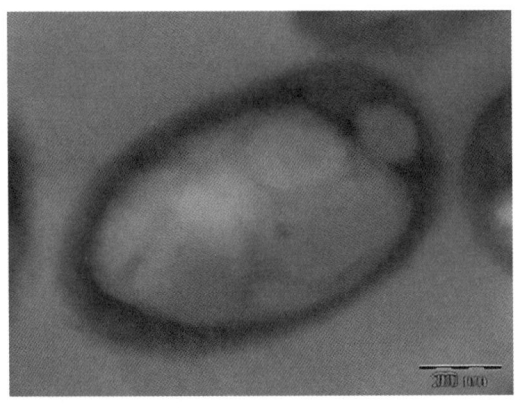

△ 대사공학적으로 개량된 로도코커스 균주의 전자현미경 사진. 이 균주는 폐목재나 비식용 바이오매스에서 얻은 포도당을 이용해 배양할 수 있으며, 디젤이나 항공유로 사용이 가능한 기름을 다량 생산하도록 설계되었다. (출처: KAIST 생명화학공학과 대사 및 분자생물공학 연구실)

오매스나 폐기물을 가스화하여 생성된 합성가스를 피셔-트롭쉬 변환 공정을 통해 제트 연료로 전환하는 방식이다.

- HEFA(Hydroprocessed Esters and Fatty Acids): 식물성 오일, 동물성 지방, 폐식용유, 잔여 지방 등을 원료로 하여 수소 처리 공정을 통해 합성 파라핀 케로신을 생산한다. 현재 SAF 중 가장 상용화가 많이 된 경로다.
- ATJ(Alcohol-to-Jet): 효모나 박테리아의 발효로 생산된 에탄올, 부탄올 등 알코올을 합성 제트 연료로 전환하는 방식이다.
- HFS-SIP(Hydroprocessed Fermented Sugars-Synthetic Iso-Paraffin): 발효당을 수소 처리하여 합성된 이소파라핀을 활용하는 SAF 기술이다.
- CHJ(Catalytic Hydrothermolysis Jet): 촉매 열수분해 공정을 통해

△ 미생물 발효로 만든 항공유. 특정 미생물을 대사공학적으로 개량하여 포도당을 원료로 발효시키면 항공유를 직접 생산할 수 있다. 기존에 식물성 기름이나 동물성 기름을 원료로 삼아 트랜스에스테르화 반응을 통해 연료를 생산하던 기술과는 완전히 다른 접근법이다. (출처: KAIST 생명화학공학과 대사 및 분자생물공학 연구실)

생산되는 SAF로, 상대적으로 새로운 기술이다.
- HC-HEFA-SPK: HEFA 공정에서 생성된 파라핀류를 포함하여 다양한 탄화수소를 합성하여 만드는 SAF 유형이다.

이 중 FT-SPK와 HEFA는 기존 항공유와 최대 50퍼센트까지 혼합해 사용할 수 있다. 그러나 SAF의 생산 및 활용을 확대하기 위해서는 원료의 안정적인 공급과 수집, 식량 생산과의 경쟁 문제 해결, 그리고 HEFA 공정에서 지속 가능하게 생산된 그린 수소를 활용하는 방안 마련이 중요한 과제로 남아 있다.

이 외에도 대사공학을 이용한 미생물 배양을 통해 항공유나 첨가제를 생산하는 연구도 활발히 진행되고 있다. 내 연구실에서는 과학기술정보통신부의 '석유대체 친환경 화학기술개발 사업'을 통해 비식용 바이오매스에서 유래한 당을 원료로 사용하여 지방 축적과 지방산 전환 과정을 거친 후, 이를 세포 내 반응을 통해 SAF로 변환시키는 미생물을 개발하고, 이를 배양하여 직접 SAF를 생산하는 연구를 진행하고 있다.

2022년, 전 세계에서 탄소 배출량이 가장 많은 산업 및 운송 부문의 탈탄소화를 가속하기 위해 설립된 기후 리더들의 연합체 미션 파서블 파트너십MPP은 2050년 탄소중립 목표를 달성하기 위해서 2030년까지 SAF가 전체 항공 연료 수요의 10~15퍼센트를 차지해야 한다고 발표했는데, 2024년 생산된 SAF 13억 리터는 전 세계 항공 연료 소비량의 약 0.3퍼센트 수준으로 아직 갈 길이 멀다. 항공 산업의 기후위기 대응을 위해서는 우수한 SAF 생산 기술 개발과 생산 규모 확대가 시급히 필요하다.

13

전기를 먹는 괴물, 데이터센터를 말하다

우리 일상에서 많은 것이 디지털화되고 AI가 널리 사용되면서 데이터센터가 지속적으로 확장, 구축되고 있다. 데이터센터는 클라우드 컴퓨팅, 인터넷 서비스, AI 등 다양한 디지털 서비스를 지원하는 데 필수적이지만, 그 운영에는 막대한 전력이 필요하다. 특히 디지털 서비스와 AI 응용 프로그램 사용이 폭발적으로 증가함에 따라 에너지 수요는 더욱 급격히 늘어나고 있으며, 이는 이미 심각한 기후위기 상황에서 현대 디지털 인프라와 디지털 산업의 주요한 문제로 대두되고 있다.

미국 에너지관리청EIA에 따르면 2022년 세계 전력 소비량은 약 2만 7000TWh였는데, 그중 중국이 8540TWh, 미국이 4128TWh를 소비해 1, 2위를 차지했다. 2024년 7월 말, 데이터 저널리스트 플로리안 잔트가 국제에너지기구의 자료에 기반하여 스태티스타Statista에 정리한 데이터에 따르면 데이터센터, AI 서비스, 가상화폐 채굴에 들어간 에너지 소비는 2022년에 415TWh로, 영국의 전력 소비량보다 높고 프랑스와 유사한 수준이다. 문제는 2026년까지 이 수치가 620~1050TWh 사이로 증가할 것으로 예상된다는 점이다. 이는 데이터센터의 전력 소비가 2022년 기준으로 세계 5위를 기록한 일본의 전력 수요(1020TWh)와 비슷한 수준에 이를 것이라는 의미이다.

AI 기술의 확산은 데이터센터의 전력 소비를 더욱 가속시키고 있다. 네덜란드 암스테르담 자유대학교의 연구원 알렉스 드브리스가 발표한 자료에 따르면 AI 서버는 2027년까지 연간 85~134TWh의 전력을 소비할 것으로 예상되며, 이는 아르헨티나(121TWh), 네덜란드(112TWh), 스웨덴(134TWh)과 같은 국가의 연간 소비 전력과 맞먹는 수준이다. 2022년 기준으로 데이터센터는 전 세계 전력 소비의 약 1퍼센트를 차지했다.

데이터센터에서 에너지 소비가 증가하는 주된 원인은 AI 응용 프로그램과 클라우드 서비스의 폭발적인 증가, AI 모델의 훈련과 실행, 빅데이터 분석 등의 컴퓨팅 집약적 작업들 때문이다. 또한 AI 사용자가 기하급수적으로 늘어나는 것도 큰 요인이다. 데이터센터에서 사용되는 에너지는 실제 컴퓨팅 작업뿐만 아니라 냉각 시스템, 전력 공급 장치, 조명 등에 사용되는 에너지도 포함된다. 실제로 데이터센터 내 에너지 소비 중 냉방에 소모되는 에너지의 비중이 50퍼센트에 달할 정도이다.

2025년 3월에는 전 세계적으로 챗GPT에 사진을 올리고 이것을 지브리스튜디오의 그림체로 바꾸는 열풍이 불었다. 전 세계 사용자들이 자신, 가족, 친구, 반려동물의 사진을 너도나도 지브리풍 그림으로 바꾸는 데 참여하면서 챗GPT 사용자가 시간당 100만 명씩 늘어나는 현상까지 나타났고, 급기야 오픈AI의 CEO인 샘 올트먼은 "챗GPT 이미지를 좋아하는 건 정말 신나는 일이지만 우리의 그래픽처리장치는 녹아내리고 있다"라고까지 말했다. 그 후 "이 사진을 고흐의 그림체로 바꿔줘", "이 그림 속 인물을 바비 인형처럼 바꿔줘" 등등 수많은 챗GPT 이미지 생성이 이루어졌다. 실제 챗GPT를 통해 2025년 3월 말에서 4월 초 일주일간 생성된 이미지 수는 7억 장에 달했는데, 이에 사용된 전력은 미국의 6만 7000가구가 하루에 쓰는 전력과 맞먹는다. AI 이미지 생성에 필요한 전력은 짧은 문장에 대한 텍스트 응답에 사용되는 전력보다 약 5~20배 많다.

데이터센터의 막대한 에너지 소비를 줄이기 위해서는 에너지 효율을 높이는 다양한 기술들이 필요하다. 예를 들어 에너지 절감 AI 반도체 개발과 사용, 냉각 시스템 최적화 및 액체 냉각 같은 효율적인 냉각 기술 개발이 중요하다. 또한 컴퓨팅 인프라의 최적화를 통해 자원 활용도를 높이고, 데이터센터에서 발생하는 폐열을 다른 용도로 재활용하여 전체 에너지 효율성을 향상시키는 것도 필수적이다.

그리고 물론 화석연료 대신 재생에너지를 사용하는 것이 기후위기 대응에 핵심적이다. 마이크로소프트, 아마존 등 글로벌 기업들이 재생에너지와 청정에너지에 투자하는 이유도 바로 여기에 있다. 최근 데이터센터를 재생에너지원이 풍부한 지역에 건설하려는 움직임이 주목받고 있는데, 클라우드 인프라스트럭처 소프트웨어 기업 틸론과 제주도가 추진하는 40MW 규모의 넷제로 데이터센터 구축은 이러한 흐름을 대표하는 사례이다.

AI가 필수가 된 시대에 데이터센터는 핵심 인프라로 자리잡았다. 우리나라에서는 데이터센터 설립을 원하는 기업들과 정부가 전력 공급 문제를 놓고 논의 중인 상황이다. 2024년 6월부터 시행된 '분산

에너지 활성화 특별법'의 영향으로 신재생에너지 기반의 지역 단위 전력 생산과 소비를 장려하는 새로운 전력 체계가 도입되면서, 일부 기업들은 향후 안정적인 전력 확보 여부에 대한 불확실성을 인식하고 있다. 이러한 제도 변화 속에서 기업들은 전력 수급이 불투명한 상태로 중장기 사업 계획을 세우고 투자 결정을 내려야 하는 상황에 부담을 느끼고 있으며, 이에 따른 우려의 목소리도 커지고 있다. 관련 산업계와 정부가 협력하여 에너지 절약 데이터센터 기술 개발과 최적의 재생에너지 제공 방안을 포함한 전력 공급 해결책을 마련해야겠다.

한편 2025년 4월 말 스페인과 포르투갈에서 발생한 대규모 정전 사태는 전력 인프라가 기후변화에 얼마나 민감한지를 보여주었고, 동시에 재생에너지 비중 증가가 전력망의 불안정성을 키울 수 있음을 여실히 드러냈다. 이는 제조업 중심의 우리나라에도 분명한 경고로 작용하며, 특히 AI 산업의 급속한 확장으로 인해 예상되는 대규모 전력 수요는 전력 수급의 안정성에 새로운 리스크를 더하고 있다. 블랙아웃 위험은 점점 현실적인 위협이 되고 있는 것이다. 앞으로 전력 수요가 급증할 것으로 전망되는 이 시점에, 정부는 AI 산업에 대한 투자와 더불어 대규모 정전 예방을 위한 안정적인 전력 확보 전략과 위기 대응 체계를 조속히 마련해야 한다. 이를 통해 우리나라가 AI 경쟁에서 뒤처지지 않고, 에너지 리스크를 넘어서는 지속 가능한 산업 성장을 이어갈 수 있어야겠다.

2부

더 오래, 더 건강하게: 공학이 여는 미래 의료

WORLD-CHANGING
ENGINEERING TECHNOLOGIES

1

질병 X와의 전쟁, 미래 감염병에 대비하라

2019년 1월 말, 예년과 같이 스위스 다보스에서 개최된 세계경제포럼에 참석했다. 다보스포럼 직전에 발표된 2019년 전 세계 위험 요인들에는 기후변화, 자연재해, 데이터 사기, 사이버 공격 등이 포함되었는데, 특이하게도 가능성은 낮지만 큰 위협이 될 수 있는 것으로 감염질환의 전파가 거론되었다. 내가 토론자로 참여했던 여러 세션 중에도 '질병 X'가 있었다. 세계보건기구에서 정의한 질병 X는 현재는 사람에게 감염이 안 되거나 거의 안 되는 질병 요인인데, 만약 이들이 변이를 일으켜 사람을 감염시킨다면 예방 백신이나 치료제가 없어서 심각한 위기를 불러일으킬 수 있는 질병을 말한다.

지금으로부터 100여 년 전인 1918년, 스페인독감은 인류의 3분의 1에 해당하는 약 5억 명을 감염시키고, 최소 5000만 명을 사망에 이르게 했다. 예방이나 치료 방법이 없는 상황에서 감염질환이 발생하고 확산될 경우 얼마나 위험한지를 여실히 보여준 사례다. 2015년 메르스 사태를 겪었던 우리나라에게는 먼 나라 이야기가 아니다. 메르스로 당시 180여 명이 감염되어 38명이 사망했으며 1만 6000명 이상이 격리되기도 했다. 그보다 12년 전인 2003년 사스 사태도 기

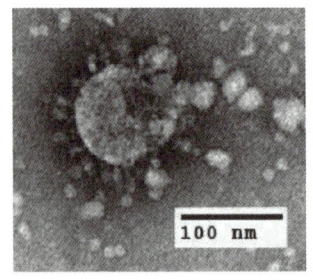 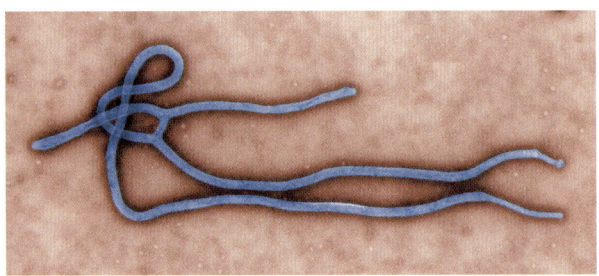

△ 사스 코로나바이러스(왼쪽)와 에볼라바이러스(오른쪽)의 전자현미경 사진.

억해야 한다. 전 세계적으로 약 8000명을 감염시키고 774명을 사망에 이르게 하여 지구촌을 공포에 몰아넣었다. 이 외에도 주기적으로 발생하는 에볼라바이러스는 전파 속도가 비교적 느리지만, 감염 시 치명적인 결과를 초래한다. 임신부 감염 시 태아에게 심각한 영향을 미쳐 우려를 낳았던 지카바이러스 역시 여전히 인류를 위협하고 있다. 최근에는 이러한 감염병의 발생 빈도가 증가하고, 전파 속도와 범위도 더욱 확대되고 있다.

질병 X 세션에서는 최근 감염병이 더 빠르고 광범위하게 확산되는 이유를 세 가지로 분석해 논의했다. 첫째, 여행과 무역을 비롯한 글로벌 연결망이 지나치게 촘촘해졌다는 점이다. 둘째, 과거보다 인구가 도시를 중심으로 고밀도로 밀집해 있어 전파가 더욱 용이해졌다는 점이다. 셋째, 기후변화로 인해 모기와 같은 바이러스 매개체의 활동 범위가 확대되었으며, 지카바이러스나 에볼라바이러스의 경우 무분별한 벌목이 확산을 촉진하는 요인으로 지목되었다.

그렇다면 해결책은 무엇일까? 현대사회에서 여행과 무역을 줄이는 것은 현실적으로 어렵고, 도시로 몰려드는 인구 흐름을 막을 수도 없다. 기후변화 문제 역시 전 세계가 공감하고 대응하고 있지만, 단기간에 해결하기는 쉽지 않다. 결국, 당장 실현 가능한 대응책은 위생과 청결 관리를 통해 감염 확률을 낮추고, 백신 개발 및 접종으로 예방을 강화하며, 감염 발생 시 신속한 차단과 항바이러스제를 활용한 빠른 치료를 통해 피해를 최소화하는 것이다.

우선 백신에 대해 살펴보자. 세계보건기구는 감염병 대비와 연구개발의 중요성을 강조하며 2015년 '우선순위 질병priority diseases' 리스트를 발표했다. 이후 2018년에는 예측할 수 없는 새로운 감염병을 대비하기 위해 이 리스트에 '질병 X'가 추가되었다. 일반적으로 바이러스 백신 개발에는 5~10년이 걸리지만, 우선순위 질병 개념이 도입된 후 에볼라 백신은 단 1년 만에 개발되었다. 또한, 2017년 전 세계 공동 대응체인 감염병대비혁신연합CEPI이 출범하면서 향후 백신 개발과 감염병 대응이 더욱 신속하고 효과적으로 이루어질 것으로 기대된다. 바이러스성 감염질환에 대응하기 위해서는 백신과 항바이러스제의 '신속 제조' 기술 개발이 필수적인데, 이는 감염병 대응뿐만 아니라 바이오테러 대비 차원에서도 중요하다.

세계보건기구는 질병 X 대응 전략의 하나로 신속 제조 기술을 제시한 바 있으며, 미국에서는 변종 바이러스 출현 시 3개월 내에 백신 후보를 개발해 임상시험에 돌입할 수 있도록 준비하고 있다. 그러나 임상시험만 해도 최소 6개월 이상 걸린다는 점을 고려하면, 3개월이라는 준비 기간조차 길게 느껴진다. 궁극적으로는 새로운 바이러스가 등장한 후 하루 안에 유전체 정보를 분석하고 특성을 파악한 뒤,

3~4일 내에 백신 후보를 설계하고 치료제 가능성을 검토하여, 12주 내에 신속히 제조하여 빠른 임상 단계로 진입하는 것을 목표로 해야 한다. 이를 위해 전체 염기서열 정보를 활용한 유사 바이러스와의 DNA·RNA 비교 분석, 단백질 및 바이러스 구조 연구, 숙주세포와의 상호작용 분석, 기존 임상 데이터 통합 등을 기반으로 백신 및 치료제 후보를 신속히 발굴하는 기술이 필요하다.

백신 개발만큼이나 중요한 것이 접종이다. 비용 문제도 있지만, 감염 가능성이 극히 낮은 바이러스를 포함하여 모든 바이러스에 대해 백신을 맞는 것은 현실적으로 불가능하다. 그러나 반드시 접종해야 할 백신을 맞지 않았을 때 발생하는 위험성에 대해서는 강조할 필요가 있다. 예를 들어, 영유아에게 특히 치명적인 홍역은 전염력이 매우 높은 홍역바이러스에 의해 발생한다. 이를 예방하기 위해 생후 12~15개월과 만 4~6세에 백신을 접종하는 것이 일반적이다. 하지만 해외 여행 등을 통해 동남아나 유럽에서 감염되어 귀국하는 사례가 꾸준히 보고되고 있다. 2019년에는 공중보건 수준이 높은 일본과 미국에서도 수십 명의 홍역 감염 사례가 발생했으며, 미국 워싱턴주는 비상사태까지 선포한 바 있다. 특히 주목할 점은, 감염자 대부분이 홍역 백신을 접종하지 않았다는 사실이다. 백신을 맞지 않으면 감염 위험이 높아질 뿐만 아니라, 본인은 물론 타인에게도 심각한 피해를 줄 수 있다. 국가에서 정하거나 권장하는 백신은 반드시 접종해야 한다.

정보통신 기술을 적극 활용하면 감염병의 전파와 확산을 효과적으로 막을 수 있다. 예를 들어, 구글은 2008년부터 2015년까지 독감트렌드Flu Trends 서비스를 운영하며 독감 발병을 예측하려 했다. 이는 사람들이 독감에 걸렸을 때 자주 검색하는 약 40여 개의 단어를 분석해 독감 유행을 예측하는 기술이었다. 비록 자체 정확도가 높지는 않았지만, 현재도 연구 및 보완적인 용도로 데이터가 활용되고 있다. 우리나라에서는 KT가 글로벌 감염병 확산 방지 프로젝트를 추진한 바 있다. 이는 휴대폰 위치 정보를 기반으로 감염국을 방문한 이력을 확인하고, 해당 정보를 질병관리본부 등에 통보해 감염병에 보다 철저히 대응하자는 개념이다. 앞으로는 이러한 빅데이터를 더욱 정교하게 활용한 감염병 대응 시스템이 개발될 것으로 기대된다.

우리는 이미 알려진 바이러스뿐만 아니라, 질병 X로 분류되는 새로운 바이러스에도 대비해야 한다. 이를 위해 과학, 공학, 의학 기술이 융합된 효과적인 백신과 치료제의 신속한 개발, 개인 위생과 생활 환경의 청결 유지, 권장 백신 접종, 정보통신 기술을 활용한 감염 관리 및 확산 방지 등 다각적인 대응이 필요하다. 이러한 노력이 함께 이루어질 때, 점점 더 위협적으로 변하는 바이러스 감염병과의 싸움에서 살아남을 수 있을 것이다.

물론 개개인의 역할도 중요하다. 스스로 감염을 예방하기 위해 평소 주의를 기울이는 것은 기본이며, 감기나 독감에 걸렸을 때 기침 예절을 지키는 것은 선택이 아니라 공동체 구성원으로서의 의무이다.

2

코로나19 팬데믹이 남긴 과학기술적 교훈

2019년 12월 중국 후베이성 우한시에서 처음 확인되어 전 세계를 마비시킨 코로나바이러스감염증-19(코로나19)는 2020년 초부터 급속히 확산되어 불과 석 달 만에 전 세계를 감염시켰다. 세계보건기구는 2020년 1월에 국제적 공중보건 비상사태PHEIC를 선언하였고, 같은 해 3월에는 팬데믹을 공식 선언했다. 이후 약 3년 4개월이 지난 2023년 5월 5일이 되어서야, 세계보건기구는 코로나19에 대한 국제적 공중보건 비상사태를 해제했다. 이 기간 동안 우리는 바이러스 하나가 전 세계의 사회, 경제뿐 아니라 일상생활에 얼마나 큰 영향을 미칠 수 있는지 직접 경험했다.

코로나19는 사스 코로나바이러스-2(SARS-CoV-2)에 감염되어 발생하는 질병으로, 기존 바이러스들보다 전파 속도가 빠르고 무증상 상태에서도 전파를 하며 면역력이 약한 사람들에게 치명적일 수 있다. 코로나바이러스는 원래 감기를 유발하는 흔한 바이러스로 알려져 있었지만, 2002~2003년 사스 유행을 계기로 심각한 감염질환의 원인으로 주목받았다. 우리나라는 2015년 메르스 사태를 겪으며 이미 변종 코로나바이러스의 위협을 겪은 바 있다. 감기를 일으키는 바이러스는 약 200종에 달하는데, 그중 라이노바이러스가 가장 흔하고 코로나바이러스는 약 10퍼센트를 차지한다.

한편, 우리가 '독감'이라고 부르는 유행성 바이러스 질환은 인플루엔자바이러스가 원인이다. 역사적으로도 인플루엔자바이러스는 큰 피해를 남겼다. 1918년 발생한 스페인독감은 전 세계에서 5억 명을 감염시키고 최소 5000만 명의 목숨을 앗아갔다. 이후에도 1968년 홍콩독감H3N2 등 다양한 변종 바이러스가 유행을 반복하며, 현재에도 매년 300만~500만 명이 심한 독감에 걸리고, 30만~65만 명이 사망하고 있다. 다행히 인플루엔자바이러스에 대해서는 백신과 일부 치료제가 개발되어 있어 예방과 치료가 가능하다.

바이러스는 유전물질의 종류에 따라 DNA 바이러스와 RNA 바이러스로 구분된다. 예를 들어 헤르페스바이러스는 대표적인 DNA 바이러스에 속한다. 코로나바이러스는 인플루엔자바이러스와 함께 RNA 바이러스에 속하며, RNA 바이러스는 구조적 특성상 변이가 쉽게 일어난다. 이러한 변이 특성은 코로나바이러스의 감염 방식과 진화에도 큰 영향을 미친다.

코로나바이러스의 표면에는 스파이크 단백질이 존재한다. 이 단백질은 숙주 세포의 특정 수용체와 결합해 바이러스가 세포 안으로 침투하는 데 중요한 역할을 한다. 원래 코로나바이러스는 박쥐 세포의 표면 단백질에 결합하도록 특화되어 있었지만, 유전물질 복제 과정에서 돌연변이나 유전자 재조합이 일어나면서 인간 세포에 결합할 수 있는 변종이 발생하게 된 것이다. 바이러스는 복제될 때마다 변이를 일으키며, 이 과정에서 인간을 감염시킬 수 있는 새로운 변종 바이러스가 앞으로도 얼마든지 등장할 수 있다.

　코로나바이러스는 원래 인간을 포함한 포유류를 감염시키는 종류와 조류를 감염시키는 종류로 나뉘었지만, 이 경계가 점점 허물어지고 있다. 코로나19의 원인인 사스 코로나바이러스-2는 박쥐에서 유래해 또 다른 포유류를 중간 숙주로 거쳐 인간에게 전파된 것으로 추정된다. 이는 사향고양이를 거쳐 인간을 감염시킨 사스바이러스나, 낙타를 통해 전파된 메르스바이러스와 유사한 경로를 따른 것으로 볼 수 있는 대목이다.

　그러나 2024년 12월, 미국 하원의 코로나바이러스 팬데믹 특별소위원회는 520페이지에 달하는 팬데믹 사후 조치 보고서를 공개하며, 기존의 '연구소 유출설'을 음모론으로 치부할 수 없다고 밝혔다. 보고서는 "코로나19를 일으킨 사스 코로나바이러스-2가 실험실이나 연구와 관련된 사고로 발생했을 가능성이 크다"고 명시하며, 그 원인으로 '기능획득gain-of-function 연구'를 지목했다. 기능획득 연구란 병원체에 변이를 주어 전염성이나 치명성 같은 성질이 더 강해지도록 만드는 실험을 말한다. 쉽게 말해, 병원체가 어떤 식으로 더 위험해질 수 있는지를 미리 연구해서 대비책을 세우기 위한 목적이다. 하지만 이런 연구는 잘못 관리되면 위험한 바이러스가 유출될 수 있다는 우려도 함께 따른다.

　반면, 같은 달 6일 〈네이처〉에 게재된 우한연구소 연구원의 발표에 따르면, 연구소에서 분석한 다수의 박쥐 유래 코로나바이러스 게놈에서 사스 코로나바이러스-2와의 직접적인 유사성은 발견되지 않았다. 즉, 사스 코로나바이러스-2의 정확한 기원은 여전히 불확실한 상태다.

코로나19가 어느 정도 위협적인지 코로나19가 한창이었던 2020~2021년 당시의 감염 상황을 기준으로 사스와 메르스와 비교해보자. 먼저 감염 속도는 1000명을 감염시키는 데 걸린 시간으로 비교할 수 있다. 사스는 130일이 걸렸고 메르스는 903일이 걸렸는데, 코로나19는 48일이 걸렸으니 전파 속도가 매우 빠르다는 것을 알 수 있다. 물론 얼마나 접촉 인구밀도가 높았는지 등에 따라 다를 것이므로 이를 정확한 속도 비교로 볼 수는 없지만, 우리가 체감한 전파 속도는 분명히 더 빨랐다. 환자 한 명이 직접 감염시키는 평균 인원수를 말하는 재생산지수(R0)를 보면 코로나19는 1.4~2.5로, 메르스(0.4~1)보다는 높고 사스(4)보다는 낮다.

미국 존스홉킨스대학교 코로나바이러스 리소스 센터는 전 세계 코로나19 감염상황 통계를 실시간으로 취합하여 보여주었다. 정보 취합 마지막 날인 2023년 3월 10일 오후 10시 21분 기준으로 데이터

△ 미국 존스홉킨스대학교 코로나바이러스 리소스 센터에서 실시간으로 취합하여 제공한 전 세계 코로나19 감염 상황 통계. 사진은 센터에서의 정보 취합 마지막 날인 2023년 3월 10일 데이터. (출처: 존스홉킨스대학교 코로나바이러스 리소스 센터)

를 살펴보면, 전 세계적으로 6억 7660만 9955명이 감염되었고, 그중 688만 1955명이 사망하여 치명률은 1.02퍼센트였다. 우리나라 질병관리청의 감염병포털에 따르면 2020년 1월 5일부터 2024년 5월 19일까지 전 세계 총 확진자 수는 7억 7552만 2404명이고 사망자는 704만 9617명으로 집계되었다. 우리나라의 경우, 2020년 1월 20일에 해외 유입으로 첫 확진자가 발생한 이후 2023년 8월 30일까지 총 확진자 수는 3457만 2554명이었고 사망자는 3만 5605명으로 보고되어 치명률이 0.1퍼센트에 머물렀다. 메르스 때의 치명률 역시 약 21퍼센트로, 세계 평균 34.4퍼센트보다 낮았다. 우리나라의 훌륭한 의료진과 의료시스템 덕분이라고 생각한다.

3

감염병의 다음 위기를 막는 기술의 힘

전 세계적인 대유행을 일으켜 우리의 삶과 일상, 학습과 여가 방식까지 모두 바꿔놓았던 코로나19는 현재 사실상 종식된 상태다. 하지만 앞으로 어떤 일이 벌어질지는 아무도 알 수 없다. 만약 또 다른 팬데믹이 찾아온다면 그 피해는 막대할 것이다. 코로나19뿐만 아니라 앞으로 등장할 가능성이 있는 감염병에도 대비해야 한다. 많은 사람이 바이러스에 감염되었다가 면역을 획득하며 집단 면역이 형성되기를 기대할 수도 있지만, 이는 너무 큰 위험을 감수하는 방법이다. 그 과정에서 수많은 생명이 희생될 가능성이 있기 때문이다. 그렇다면 우리는 이러한 감염병의 위협으로부터 어떻게 스스로를 보호할 수 있을까?

우선 가장 중요한 대응책은 백신 개발이다. 그러나 문제는 백신 개발이 쉽지 않다는 점이다. 새로운 바이러스가 출현하면 백신을 개발하는 데 평균 3~5년이 걸리며, 미국의 신속 제조 및 임상 전략을 적용하더라도 최소 6개월은 소요된다. 이를 단축하기 위한 대안으로 유전물질을 이용한 백신이 연구되었으며, 코로나19 초기에는 예방 효과가 다소 낮았던 단백질 기반 백신이 사용되었다. 이후, 미국 모더나와 화이자-바이오엔테크가 개발한 mRNA 백신이 본격적으로 보급되면서 전 세계적으로 대량 접종이 이루어졌다. 존스홉킨스대학교 코로나바이러스 리소스 센터에 따르면, 2023년 3월 10일까지 전 세계적으로 133억 도즈(정확히는 13,338,833,198회분)의 백신이 접종되었다.

그러나 더 큰 문제는 바이러스의 잦은 변이다. 우리가 이미 경험했듯이, 바이러스의 유전체(DNA 또는 RNA)는 복제 과정에서 오류가 발생하며 변이가 생긴다. 이로 인해 백신이 개발되더라도 바이러스가 변이를 일으키면 기존 백신이 충분한 효과를 발휘하지 못할 수 있다. 이를 극복하기 위해, 바이러스가 변이를 일으킬 수 없는 영역을 표적으로 삼는 백신, 혹은 여러 변이를 고려한 백신 라이브러리 개발 등의 전략이 연구되고 있다. 현재 이러한 방법을 실현할 수 있는 각 바이러스별 범용 백신이나 여러 변이에 대응할 수 있는 멀티 백신 등도 개발되고 있다. 특히 mRNA 백신은 변이가 발생하더라도 기존 단백질 기반 백신보다 빠르게 새로운 변이에 대응할 수 있는 백신을 개발할 수 있다는 장점이 있어 전 세계적으로 활발히 연구되는 추세이다.

이처럼 감염 예방을 위한 백신 개발은 필수적이다. 하지만 백신의 효능과 안전성을 검증하는 데는 시간이 필요하며, 볼거리라고도 하는 유행성이하선염 백신처럼 한두 차례 접종으로 평생 면역이 가능한지, 혹은 정기적인 추가 접종이 필요한지는 병원체의 특성과 백신 유형에 따라 달라진다. 코로나19 백신의 경우, 2025년 현재 고위험군을 중심으로 주기적인 추가 접종이 권장되고 있으며, 변이 바이러스에 대응하기 위한 개량 백신도 계속해서 연구되고 있다.

백신과 함께 바이러스와 싸우는 또 하나의 중요한 무기인 치료제 개발도 필수적이다. 치료제가 중요한 이유는 감염자의 증상을 완화하고 회복을 돕는 것뿐만 아니라, 전파를 막거나 줄일 수 있기 때문이다. 또 치료제가 존재하면 사람들의 불안감이 줄어 사회, 경제 활동이 위축되는 것을 방지할 수 있어 일상 회복에도 큰 역할을 한다.

세균 감염에는 항생제, 곰팡이 감염에는 항진균제를 사용하듯이, 바이러스 감염에는 항바이러스제가 필요하다. 현재 항체 치료제 같은 바이오 기반 치료제 개발이 활발하게 진행되고 있지만, 경구 투여가 가능한 소분자 화합물 치료제 개발도 중요하다.

하지만 새로운 항바이러스 치료제를 개발하려면 독성과 안전성, 내약성, 용법·용량, 유효성을 검증하는 1, 2, 3상 임상시험을 거쳐야 하는데, 이 과정에는 오랜 시간이 소요된다. 이를 단축하기 위해, 기존에 다른 질환 치료제로 개발되어 임상시험을 마쳤거나 상당 부분 진행된 약물들을 코로나19 치료에 활용하려는 약물 재창출drug repurposing 연구도 활발히 이루어졌다.

코로나19 치료제를 개발하려면 바이러스가 우리 몸에 침투하고 증식하는 과정을 이해하는 것이 중요하다. 코로나바이러스는 표면에 있는 '스파이크 단백질'을 이용해 우리 몸의 호흡기 세포에 달라붙는데, 세포 표면의 'ACE2 리셉터'라는 단백질과 결합하면서 세포 안으로 들어간다. 바이러스가 세포 안으로 들어가면, 우리 몸의 세포를 이용해 자기 복제에 필요한 유전물질과 단백질을 만든다. 이렇게 증식한 바이러스는 다시 세포 밖으로 빠져나와 주변의 다른 세포를 감염시킨다. 다시 말하면 코로나19 바이러스가 우리 세포에 달라붙는 과정, 유전물질을 복제하는 과정, 바이러스를 구성하는 단백질 합성 과정, 바이러스가 세포를 빠져나가는 과정 중 하나를 방해하는 물질들이 치료제로 개발될 수 있는 것이다.

미국 제약사 길리어드 사이언스가 개발한 렘데시비르는 원래 에볼라바이러스의 치료제로서 개발된 것이었다. 렘데시비르는 4개의 핵산 중 아데노신과 유사한 화학구조를 가진 물질로, 바이러스 유전물질 복제 과정에 끼어들어 복제를 중단시키는 작용을 한다. 초기 미국에서 진행된 소규모 임상시험에서는 효과가 있는 것으로 보였지만, 사망률은 그다지 낮추지 못했고 회복 기간을 약 5일 정도 단축하는 수준에 그쳤다. 게다가 렘데시비르는 정맥 주사로 투여해야 하므로, 입원 후 수일간 주사 치료를 받아야 한다는 단점이 있었다. 이후 경구 투여가 가능하고 치료 효과가 더 좋은 것으로 알려진 화이자의 팍스로비드가 등장했지만, 환자의 다양한 상태에 따라 렘데시비르가 계속 사용되기도 했다. 이는 나중에 언급할 약물 부작용과 관련이 있다.

코로나19 팬데믹이 종식되었다고 선언될 때까지 사용된 치료제 중 하나인 팍스로비드에 대해 살펴보자. 팍스로비드는 에이즈 치료제인 칼레트라와 유사한 구성을 가지고 있다. 칼레트라는 로피나비르와 소량의 리토나비르가 포함된 복합 약물로, HIV 바이러스의 단백질 분해효소를 억제하는 치료제이다. 하지만 칼레트라는 코로나19 치료제로서 임상 결과가 좋지 않아 대체약물로 사용되지 않았다.

이런 가운데 화이자는 코로나19 바이러스의 복제 과정에서 필요한 단백질 분해효소를 억제하는 니르마트렐비르와 이 약물이 분해되

니르마트렐비르   리토나비르

△ 팍스로비드의 약 성분들. 바이러스 복제 증식 시에 필요한 단백질 분해효소를 억제하는 니르마트렐비르(왼쪽)와 니르마트렐비르가 분해되어 약효가 없어지는 것을 막아주는 리토나비르(오른쪽)의 화학구조.

면 약효가 상실되는 것을 방지하는 리토나비르를 경구로 복합 투여하는 팍스로비드를 개발했다. 팍스로비드는 코로나19 치료 임상 결과 다른 약물들에 비해 상대적으로 뛰어난 효과를 보였으며, 미국 식품의약국FDA과 우리나라 식품의약품안전처에서 2021년 12월 긴급사용 승인을 받았다.

팍스로비드는 니르마트렐비르 150밀리그램 두 알과 리토나비르 100밀리그램 한 알, 총 세 알을 아침, 저녁 1일 2회씩 5일간 복용하는 방식이다. 하지만 팬데믹 초기에는 약의 수급이 어려워 65세 이상 고령자와 기저질환자를 우선으로 투여했다. 흥미로운 점은, 이스라엘과 미국 공동연구진이 2022년 여름에 〈뉴잉글랜드 저널 오브 메디슨〉에 발표한 연구에 따르면, 40~65세 성인들에게는 팍스로비드가 큰 효과를 보이지 않았지만 65세 이상의 코로나19 환자들의 입원률은 팍스로비드를 투약하지 않은 환자들보다 약 75퍼센트 감소

2부 — 더 오래, 더 건강하게: 공학이 여는 미래 의료

한 것으로 나타났다.

팍스로비드와 같은 신약이 급하게 출시될 경우, 약물 상호작용으로 인한 부작용에 주의해야 한다. 내 연구실에서는 이러한 문제를 해결하기 위해 2018년에 개발한 인공지능 기반 약물 상호작용 예측 모델 딥DDI를 고도화해 2023년 딥DDI2를 개발했다. 기존 딥DDI가 86개 약물 상호작용을 예측했던 것과 달리, 딥DDI2는 113개의 약물 상호작용을 예측할 수 있다.

특히 코로나19 고위험군인 고혈압, 당뇨병 등 만성질환자들은 이미 여러 약물을 복용하고 있기 때문에, 충분한 검토 없이 팍스로비드를 복용할 경우 약물 상호작용으로 인한 부작용이 발생할 위험이 있었다. 이에 내 연구실에서는 딥DDI2를 활용해 팍스로비드의 주성분인 니르마트렐비르와 리토나비르가 기존 승인된 약물들과 어떤 상호작용을 일으킬 수 있는지 분석했다.

예측 결과, 리토나비르는 1403개, 니르마트렐비르는 673개의 승인된 약물과 상호작용 가능성이 있는 것으로 나타났다. 이를 바탕으로, 약물 상호작용 위험이 높은 약물 대신 대체할 수 있는 약물을 제안했다. 리토나비르와의 상호작용 가능성을 줄일 수 있는 약물 124개, 니르마트렐비르와의 상호작용 가능성을 줄일 수 있는 약물 239개를 도출한 것이다.

이러한 연구는 신약 개발 및 약물 처방 과정에서 인공지능을 활용하면 약물 상호작용을 보다 정확하게 예측할 수 있다는 사실을 보여준다. 특히, 코로나19 팬데믹과 같이 신속한 치료제가 필요한 상황에서 약물 상호작용으로 인한 부작용을 최소화해 대응할 수 있다는 점

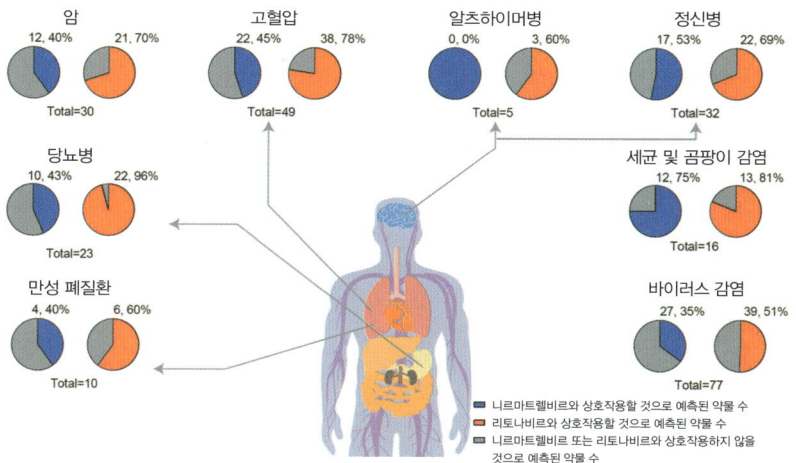

△ 약물 간 상호작용을 예측하는 인공지능 알고리듬인 딥DDI2를 이용하여 예측한 각 주요 질병별 치료 약물과의 상호작용에 의한 부작용 개수. 이 결과는 내 연구실에서 〈미국국립과학원회보〉에 발표한 논문(Kim et al., 2023)의 내용을 정리한 것이다. 예를 들어 니르마트렐비르는 23종의 당뇨 치료약 중 10종(43퍼센트), 리토나비르는 22종(96퍼센트)과 상호작용이 나타날 수 있고, 49종의 고혈압약 중 니르마트렐비르는 22종(45퍼센트), 리토나비르는 38종(78퍼센트)와 상호작용이 나타날 수 있다고 예측되었다. 예측된 상세한 부작용은 논문을 참고하라.

에서 중요한 의미가 있다. 이는 디지털 헬스케어, 정밀의료, 제약 산업에서 인공지능의 역할을 더욱 확대할 수 있는 계기가 될 것이다.

신약을 개발하고 임상까지 마치는 데는 막대한 시간, 비용, 노력이 필요하다. 이에 따라 긴급한 상황에서는 기존 약물을 활용하는 '약물 재창출' 연구가 활발히 진행된다. 이미 승인된 약물이나 개발 완료가 임박한 약물을 대상으로 한 이러한 연구는 우리나라뿐만 아니라 전 세계적으로 이루어졌다.

특히, 유럽에서는 미국 국방고등연구계획국DARPA을 벤치마킹해 만든 유럽공동혁신이니셔티브JEDI가 '코로나19 치료제 개발을 위한

10억 개 분자 챌린지'를 진행했다. 이 프로젝트는 전 세계 학계와 산업 연구자들이 협력해 코로나19 바이러스의 부착, 복제, 증식, 분비 및 재부착 과정에 관여하는 단백질을 표적으로 삼아, 컴퓨터 시뮬레이션과 인공지능을 활용해 10억 개의 화합물을 탐색하고 가장 유망한 약물 후보를 찾는 프로젝트였다. 이후, 선별된 화합물은 실험을 통해 실제 효과를 검증하는 단계로 이어졌다.

총 130개 팀이 이 챌린지에 참여했으며, 그중 31개 팀이 제출 기한을 맞췄다. 참가 팀들은 화합물 목록뿐만 아니라 사용된 연구 방법을 설명하는 보고서도 제출해야 했다. 이 프로젝트의 리더는 프랑스 스트라스부르대학교의 토마스 헤르만스 교수였으며, 나를 포함해 2019년 노벨생리의학상 수상자인 피터 랫클리프 등 10여 명이 자문위원으로 참여해 20개 팀을 최종 승인했다.

비록 최종 임상 단계까지 도달한 후보물질은 없었지만, 이 연구는 코로나19 치료제 개발을 위한 국제적 협력의 가능성을 보여준 중요한 사례로 평가된다. 긴급한 팬데믹 상황에서 과학자들이 협력해 신속하게 치료제 후보를 발굴하는 방식의 좋은 모델을 제시했다고 할 수 있다.

내 연구실에서도 한국파스퇴르연구소 김승택 박사 연구팀과 협력해 약물 재창출 방식으로 코로나19 치료제 개발을 시도했다. 신약 개발이 내 주요 연구 분야는 아니지만, 팬데믹이라는 긴급한 상황과 앞으로도 신종 바이러스 감염병이 등장할 가능성을 고려해 참여했다. 기존 연구에서 사용하던 '단백질 도킹 시뮬레이션'이라는 컴퓨터 모의실험 기법을 활용해, 바이러스와 약물이 어떻게 결합하는지 예측하고 분석하는 방식으로 연구를 진행했다.

우리는 먼저 미국 식품의약국에서 승인받았거나 임상시험 중인 약물들을 데이터베이스에서 모아 총 6218종의 약물로 구성된 '가상 약물 라이브러리'를 만들었다. 하지만 이 많은 약물을 하나하나 실험으로 검증하려면 시간도 오래 걸리고 비용도 많이 들기 때문에, 컴퓨터를 이용한 '가상 스크리닝' 기법을 활용해 효과가 있을 가능성이 높은 약물을 빠르게 골라내고자 했다.

기존의 도킹 시뮬레이션 방식은 컴퓨터가 약물과 단백질의 결합을 예측해주는 유용한 방법이지만, 실제로 효과가 없는 약물도 효과가 있을 것처럼 보이게 하는 경우가 많아(이를 '위양성'이라고 한다), 진짜로 효과 있는 약물을 골라낼 확률이 낮다는 한계가 있었다.

이 문제를 해결하기 위해, 우리는 약물을 골라내는 과정 앞뒤에 두 가지 분석 단계를 추가했다. 하나는 구조적으로 비슷한 약물들을 비교하는 '구조 유사도 분석'이고, 다른 하나는 약물이 단백질과 상호작용하는 방식을 비교하는 '상호작용 유사도 분석'이다. 이 두 분석을 함께 적용하자 보다 정확하고 빠르게 유망한 약물을 선별할 수 있는 가상 스크리닝 시스템을 구축할 수 있었다.

이 플랫폼을 이용해 코로나19 바이러스가 우리 몸 안에서 복제하고 증식하는 데 꼭 필요한 단백질들을 표적으로 삼아 분석을 진행했다. 그 결과, 바이러스의 '단백질 분해 효소3CL hydrolase, Mpro'를 억제할 가능성이 있는 약물 15종과, 바이러스의 유전물질 복제에 관여하는 'RNA 중합효소RNA-dependent RNA polymerase, RdRp'를 억제할 가능성이 있는 약물 23종을 찾아냈다. 가상 스크리닝을 통해 선별한 이

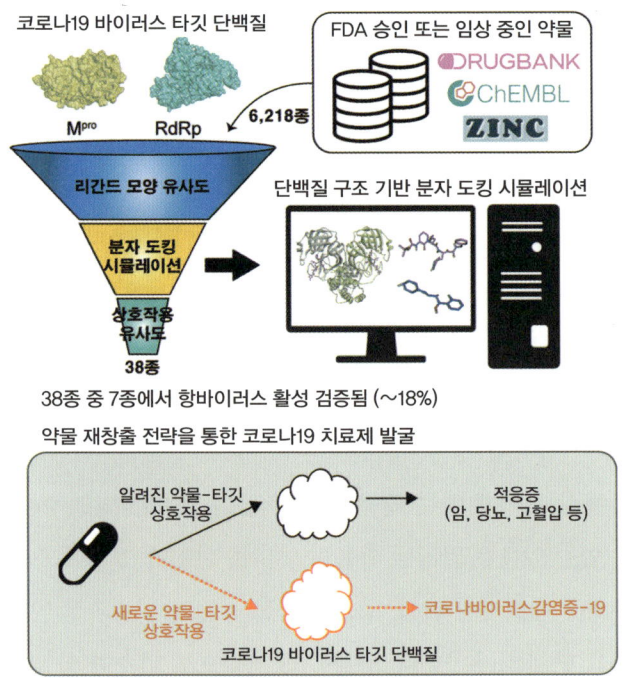

△ 약물 가상 스크리닝 기술을 이용한 코로나19 치료제 개발 전략. (출처: KAIST)

38종의 약물이 실제로 코로나19 바이러스를 억제하는지 확인하기 위해, 한국파스퇴르연구소의 생물안전 3등급$_{BSL-3}$ 실험실에서 실험을 진행했다. 연구팀은 바이러스에 감염된 세포의 이미지를 분석해 약효를 평가하는 방식으로 검증을 진행했다.

먼저, 코로나19 바이러스에 감염된 원숭이 신장세포$_{Vero\ cell}$를 이용해 실험한 결과, 38종의 약물 중 7종에서 바이러스를 억제하는 효과가 확인되었다. 이어서, 이 7종을 대상으로 인간 폐세포$_{Calu-3\ cell}$에서 추가 실험을 진행한 결과, 최종적으로 3종의 약물이 항바이러스

활성을 보였다.

이 후보 약물에는 암과 특발성 폐섬유증(원인을 알 수 없는 폐 조직 손상) 치료제로 임상시험이 진행 중인 오미팔리십omipalisib, 암과 조로증(노화가 비정상적으로 빠르게 진행되는 희귀 질환) 치료제로 임상 중인 티피파닙tipifarnib, 식물에서 유래한 항암제 후보물질인 에모딘emodin이 포함됐다. 특히 오미팔리십은 현재 코로나19 치료제로 쓰이는 렘데시비르보다 항바이러스 효과가 약 200배 높았으며, 티피파닙은 렘데시비르와 비슷한 수준의 효과를 보였다.

연구팀은 가상 스크리닝 알고리듬을 활용해 약 30만 종의 천연물 화합물도 분석했다. 그 결과, 코로나19에 치료 효과를 보일 가능성이 있는 천연물 후보물질도 일부 찾아냈다. 다만, 세포 실험에서 효과가 확인된 약물이라도 동물 실험(전임상)과 사람을 대상으로 한 임상시험을 거쳐야 실제 치료제로 개발될 수 있다. 하지만 연구 및 임상 지원이 충분히 이루어지지 않아, 이 연구는 실험실 수준에서 마무리될 수밖에 없었다.

그럼에도 이번 연구를 통해 정확도가 높은 약물 가상 스크리닝 플랫폼을 구축할 수 있었다. 이 플랫폼을 활용하면, 앞으로 코로나19와 같은 새로운 감염병이 발생했을 때도 빠르게 치료제 후보물질을 찾아낼 수 있을 것으로 기대된다.

치료제와 백신 이외에도 감염질환의 신속한 진단 역시 팬데믹 대응에서 매우 중요한 요소다. 특히 팬데믹 발생 초기에 신속한 진단을 통해 감염자를 빠르게 확인하고 적절한 조치와 격리를 시행하는 것은 확산을 막는 핵심 전략 중 하나다. 코로나19 팬데믹 당시, 우리나라는 신속 진단 분야에서 세계적으로 뛰어난 대응을 보였다. 진단 시약, 진단 키트, 진단 시스템을 신속하게 개발하고 공급했으며, 이를 해외에 수출하여 글로벌 팬데믹 대응에도 큰 기여를 했다.

그러나 무엇보다 중요한 것은 각 개인이 추가 전파를 하지 않는 것이다. 이를 위해 면역력을 높이고 개인 위생을 철저히 준수하는 것이 사회 구성원으로서 지켜야 할 기본적인 의무라 하겠다. 이 외에도 다양한 공학적 접근을 활용해 팬데믹에 대응할 수 있는데, 이들에 대해서도 살펴보자.

4

감염병 시대에 공학이 해야 할 일

우리가 바이러스를 쉽게 정복하지 못하는 이유는 바이러스가 끊임없이 모습을 바꾸기 때문이다. 변이가 일어나면, 기존의 백신이나 치료제가 제대로 효과를 내지 못할 수 있다. 실제로 코로나19 팬데믹 당시에도 비슷한 일이 벌어졌다. 2020년 11월 9일, 화이자-바이오엔테크가 개발한 백신이 임상시험에서 90퍼센트의 예방 효과를 보였다는 소식이 전해졌다. 일주일 뒤에는 모더나 백신이 94.5퍼센트의 유효성을 보였다는 발표도 이어졌다. 전 세계가 환호했지만, 그와 동시에 우려되는 소식도 나왔다. 여러 나라에서 발견된 N439K 변이 바이러스가 완치자의 혈액 속 항체나 개발 중인 중화항체를 피해갈 수 있다는 연구 결과가 발표된 것이다.

이처럼 계속 변하는 바이러스에 맞서려면, 빠르고 정확한 진단은 물론이고, 그에 맞춘 백신과 항체, 치료제의 개발이 필수적이다. 그리고 이것이 가능하려면 의학, 생물학뿐 아니라 공학기술이 함께 작동해야 한다.

2020년부터 3년 동안 과학기술정보통신부가 지원한 'KAIST 코로나 대응 과학기술 뉴딜사업'도 이러한 배경에서 시작됐다. 감염병 같은 국가적 재난 상황에 대응할 수 있는 기술을 개발하는 것이 목표였으며, 백신과 치료제 개발뿐 아니라 새로운 변종 바이러스나 미래 감염병까지 염두에 둔 기초 기술 확보에도 중점을 두었다.

바이러스의 핵심 단백질 구조를 분석하고, 컴퓨터 시뮬레이션을 통해 이 단백질과 후보 약물이 어떻게 상호작용하는지를 정밀하게 예측했다. 동시에 수많은 합성 화합물과 천연물 후보물질을 인공지능으로 분석해 유망한 후보물질을 빠르게 선별하는 기술도 개발했다. 이처럼 다양한 공학기술을 동원해, 감염병 유행 초기에 신속하게 치료제를 개발할 수 있는 기반을 마련한 것이다. 코로나19 이후에도 이 연구들은 계속 이어졌고, 여러 의미 있는 성과로 이어졌다.

백신의 보관과 유통 역시 공학적 접근이 필요한 분야다. 2020년 9월, 국내에서 독감 백신이 일부 지역에 공급되는 과정에서 상온에 노출되는 일이 있었고, 이로 인해 약효와 안전성 문제가 제기되기도 했다. 더욱이, 화이자의 mRNA 백신은 섭씨 영하 80도에서 영하 70도 사이의 초저온 상태로 보관·운반해야 했는데, 기존에는 이런 수준의 냉장 시스템이 필요했던 백신이 없었다. 연구실에서는 미생물을 보관할 때 사용하는 딥프리저가 있지만, 백신을 대량으로 전국에 유통하려면 훨씬 더 복잡하고 정교한 시스템이 필요하다. 이 문제를 해결하기 위해 화이자는 백신을 가루 형태로 바꾸는 방법도 연구한 바 있다. 백신이나 치료제가 아무리 효과적이어도 안전하게 보관하고 널리 보급하지 못하면 실제로 사람들을 보호할 수 없다.

우리나라의 바이오의약품 생산 능력은 뛰어나다. 전 세계 바이오시밀러(특허가 만료된 바이오의약품의 복제약) 시장의 4분의 1을 차지할 만큼, 약을 생산하고 정제하는 기술에서 세계적인 경쟁력을 갖고 있다. 이러한 기술을 바탕으로 코로나바이러스와 그 변이, 앞으로 등장할 새로운 감염병에 대응하기 위해서는 백신과 치료제를 개발하고 생산하는 것은 물론, 약의 형태를 설계하고 유통 및 보관까지 아우르는 종합적인 기술 개발이 중요하다.

KAIST 코로나 대응 과학기술 뉴딜사업단은 3년이라는 짧은 시간 안에 백신과 치료제뿐 아니라, 감염병으로 인해 병원이 마비되는 상황을 막기 위한 이동형 음압 병동도 개발했다. 당시 전 세계가 병상 부족에 시달렸던 상황을 떠올리면, 이런 기술의 필요성이 쉽게 이해된다. KAIST 산업디자인학과 남택진 교수 연구팀이 개발한 '이동형 음압병동Mobile Clinic Module, MCM'은 고급 의료 장비가 탑재된 임시 병동이다. 필요에 따라 구조를 바꾸거나 기능을 추가할 수 있고, 진단 검사와 의료 물품 공급 등 기존 병원의 인프라와 연계하여 운영할 수 있도록 설계되었다.

MCM의 크기는 약 450제곱미터로, 가로 15미터, 세로 30미터에 달한다. 내부에는 중환자 치료 구역, 4개의 병실, 간호 스테이션, 의료 장비 보관 공간, 탈의실 등이 갖춰져 있으며, 모든 병실은 바이러스가 밖으로 새어 나가지 않도록 병실 내부의 압력을 대기압보다 낮게 유지하는 음압 시설을 갖추고 있다. 이런 모듈형 병동은 앞으로도 감염병 비상 상황에서 빠르게 대응할 수 있는 수단이 될 수 있다.

진단 장비뿐만 아니라, 평상시에도 감염병에 대비할 수 있는 방역 제품들도 개발되었다. 예를 들어, KAIST 나노융합연구소에서 개발한 마스크는 기존의 정전기 필터 대신 '나노필터'를 활용한 것이 특

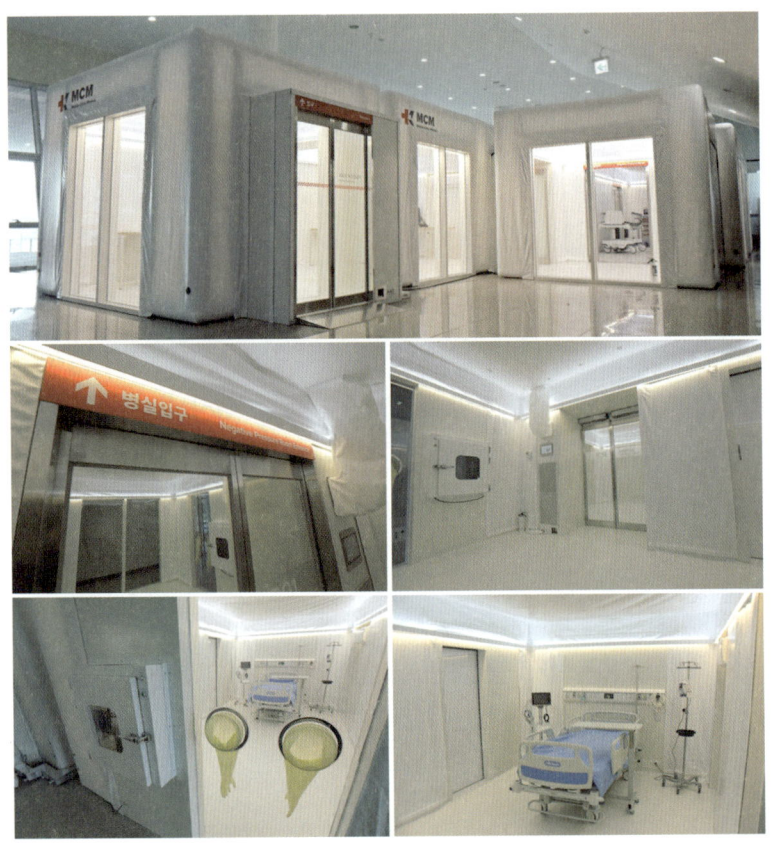

△ KAIST에서 개발한 이동형 음압병동의 전체 모습(위)와 내부 모습(아래). 향후 또 다른 팬데믹 긴급상황 시 병상 부족 문제를 해결하는 데 도움을 줄 수 있을 것으로 기대된다. (출처: KAIST 코로나 대응 과학기술 뉴딜사업단)

징이다. 이 마스크는 세탁 후에도 사용할 수 있어, 마스크 품귀 현상이 심했던 당시 상황에서 큰 주목을 받았다. 코로나19가 절정이던 시기, 전 세계에서 한 달에 약 1290억 개의 일회용 마스크가 버려졌다고 한다. 대부분 분해되지 않는 플라스틱 소재였기 때문에 환경 문제를 더욱 악화시켰다. 하지만 생명공학 기술을 활용하면 자연에서 분해되는 미생물 플라스틱으로 마스크를 만들 수 있다. 이런 기술은 감염병 대응과 환경 보호를 동시에 이뤄낼 수 있는 지속 가능한 해법이 된다.

한편, 미국 MIT 연구팀은 바이러스를 걸러내는 데서 더 나아가 직접 죽이는 마스크를 개발하기도 했다. 이 마스크는 0.1밀리미터 두께의 구리선으로 짜인 망사에 9볼트 배터리를 연결해 약 90도까지 가열하는 방식으로 작동한다. 뜨거운 금속이 얼굴에 닿는 것을 방지하기 위해 구리 망사를 네오프렌 소재로 감쌌으며, 숨을 들이쉬고 내쉴 때 공기 흐름을 조절하는 기술을 적용해 바이러스가 반복적으로 고온의 구리 망사와 접촉하며 사멸하도록 설계되었다. 착용감이나 무게는 개선이 필요하지만, 이 마스크는 여러 번 사용할 수 있어 새로운 방식의 방역 도구로 주목받고 있다.

이처럼 감염병 대응은 단순히 의료의 영역에 국한되지 않는다. 공학기술이 융합되어야 하고, 그 융합이야말로 인류의 건강을 지키는 데 핵심적인 역할을 할 것이다.

5

항생제의 탄생과 미생물 통제의 시대

미생물은 지구상에서 가장 오래된 생명체 중 하나로, 다양한 생태계에서 핵심적인 역할을 한다. 사람의 몸에도 수많은 미생물이 공생하고 있으며, 이들은 소화, 면역, 피부 건강 등 여러 방면에서 중요한 기능을 수행한다. 미생물에는 일반적으로 세균(박테리아), 진균(곰팡이), 바이러스 등이 포함되는데, 일부 미생물은 병원체로 작용해 심각한 질병을 유발할 수 있다. 세균에 의한 감염은 항생제로, 곰팡이 감염은 진균제로, 바이러스 감염은 항바이러스제로 치료한다.

우리 몸 곳곳에는 다양한 미생물이 존재한다. 입속에는 약 700여 종의 세균이 있으며, 치태 1그램에는 1억 마리의 세균이 살고 있다. 침 한 방울에도 수백만 마리의 세균이 포함되어 있으며, 이 중 일부는 충치를 유발한다. 피부 또한 미생물이 서식하기 좋은 환경인데, 체온과 땀으로 인해 적절한 온도와 습기가 유지되기 때문이다. 특히 장내 세균은 특히 중요한 역할을 하는데, 이들은 몸에 이로운 기능을 수행하며 '제3의 장기'로 불리기도 한다. 유익한 장내 세균은 소화관 벽을 두껍게 해 면역 기능을 강화하고, 혈중 콜레스테롤 수치를 낮추며, 독성 물질과 발암 물질을 분해하거나 생성을 억제한다. 유산균은 대표적인 유익한 장내 세균으로, 해로운 미생물의 번식을 억제하는 데 도움을 준다. 예를 들어, 식중독으로 배가 아플 때 고용량 유산균 캡슐을 섭취하면 나쁜 균을 몰아내는 데 효과적일 수 있다. 그러나 모든 장내 세균이 유익한 것은 아니다. 헬리코박터 파일로리 같은 세균은 위암을 유발하는 것으로 잘 알려져 있다.

사람을 감염시키는 병원균은 다양한 경로를 통해 몸속으로 침투한다. 공기를 통해 퍼지는 바이러스가 대표적인 예다. 코로나바이러스나 인플루엔자바이러스처럼 호흡기를 통해 감염되는 병원체는 전염력이 특히 강하다. 살모넬라균처럼 오염된 음식이나 물을 통해 들어오는 경우도 있다. 또 병원균에 오염된 물건이나 사람과의 접촉으로 결막염이나 피부 감염이 생기기도 하며, 모기나 진드기 같은 곤충이 병을 옮겨 말라리아나 라임병 같은 병을 전파시키기도 한다. 상처를 통해 세균이 직접 침투하는 경우도 있다. 이처럼 감염 경로가 다양한 만큼, 그에 맞는 예방이 중요하다. 특히 공기 전파를 막기 위해 마스크를 착용하고 손을 자주 씻는 것만으로도 많은 감염병을 예방할 수 있다.

항생제는 세균 감염을 치료할 때 꼭 필요한 약이다. 이 약은 세균의 성장을 막거나 세균을 죽여서 몸속 감염을 없앤다. 대표적인 항생제로는 페니실린, 이미페넴, 테트라사이클린, 에리트로마이신, 반코마이신, 메로페넴 등이 있다. 페니실린은 1928년 알렉산더 플레밍이라는 과학자가 처음 발견한 항생제로, 수많은 생명을 구했다. 그러나 현재는 많은 세균이 페니실린에 내성을 가지게 되었다. 이미페넴은 병원에서 자주 쓰이는 강력한 항생제로, 다양한 세균에 효과가 있지

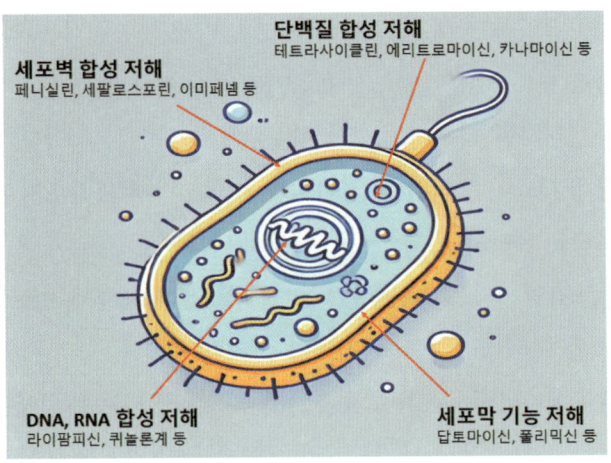

△ 항생제들이 세균을 죽이거나 성장을 억제하는 몇 가지 대표적 기작과 대표적인 항생제.

만, 이미페넴 내성균도 점점 늘어나고 있어 우려를 낳고 있다. 반코마이신은 메티실린 내성 황색포도상구균MRSA과 같은 내성 세균 치료에 사용되며, 메로페넴은 여러 항생제가 듣지 않는 세균에 마지막으로 쓰이는 약이다.

항생제가 세균을 없애는 방식은 다양하다. 미생물의 mRNA나 단백질 합성을 저해하기도 하고, 특정 생리적 과정을 방해하는가 하면 세포벽을 파괴하기도 한다. 예를 들어 페니실린은 세균 껍질이 제대로 만들어지지 못하게 막고, 메로페넴은 세균 껍질을 이루는 중요한 물질을 직접 파괴해 세균을 죽인다.

그런데 왜 항생제가 점점 효과가 없어지는 걸까? 이것이 바로 '항생제 내성antimicrobial resistance, AMR' 문제다. 항생제를 자주 혹은 잘못 쓰면, 세균이 살아남기 위해 변하기 시작한다. 이렇게 바뀐 세균은 항생제가 들어와도 죽지 않게 되고, 그 결과 감염이 치료되지 않거나 점점 더 치료가 어려워진다. 세균은 돌연변이를 일으키거나, 다른 세균과 유전정보를 교환하면서 내성을 얻게 된다.

세균이 항생제에 저항하는 방식도 여러 가지다. 예를 들어 세균이 자신에게 작용하는 항생제의 '표적'을 바꿔버리거나 항생제를 분해하는 효소를 만들어 약의 효과를 없애기도 하고, 항생제가 세균 안으로 들어오지 못하게 막거나 들어온 약을 밖으로 쫓아내는 펌프를 만들어 약이 제대로 작용하지 못하게 한다. 일례로 메티실린 내성 황색포도상구균이라는 세균은 자기 세포벽을 만드는 데 필요한 단백질 구조를 바꿔서 페니실린 같은 항생제가 제대로 작동하지 못하게 한다. 어떤 세균은 베타-락타마제라는 효소를 만들어 페니실린 같은 약을 아예 분해해버린다.

또한, 세균 한 마리가 내성 유전자를 가지게 되면, 그 유전자를 다른 세균에게도 전달할 수 있다. 이것을 '수평적 유전자 이동'이라고 하는데, 이 과정에서 플라스미드, 트랜스포존, 박테리오파지 같은 유전자 전달 도구가 쓰인다. 이로 인해 병원처럼 여러 세균이 함께 있는 환경에서는 내성 유전자가 빠르게 퍼질 수 있다. 그래서 병원 내 감염이 특히 무서운 것이다.

세균 감염으로 병원을 찾았을 때 의사가 항생제를 사흘 또는 닷새간 빼먹지 말고 복용하라는 지침을 주는 이유도 여기에 있다. 항생제를 중간에 끊거나 불규칙하게 먹으면 세균이 완전히 죽지 않고, 살아남은 세균이 변이해 더 강해질 수 있다. 항생제를 제대로 사용하는 것은 내성 문제를 막는 첫걸음이다. 의료 현장에서는 항생제를 꼭 필요할 때만 쓰려는 노력이 이어지고 있고, 환자에게 맞는 약을 정확히 골라 쓰는 '처방 가이드라인'도 점점 더 중요해지고 있다.

이 문제는 일반 사람들의 인식도 매우 중요하다. 일반인들이 항생제의 올바른 사용법을 이해하고 꼭 필요할 때만 사용하도록 공공 캠페인과 학교 교육 프로그램 등을 통해 교육하는 것이 필요하다. 마지막으로 국제적인 협력도 중요하다. 항생제 내성은 국경을 초월하는 문제이므로, 국가 간 정보 공유, 연구 협력, 정책 조율이 요구된다. 일례로 세계보건기구와 같은 국제 기구는 항생제 내성 대응을 위한 글로벌 전략을 수립하고 각국의 노력을 조율하는 역할을 맡고 있다.

이처럼 미생물은 우리에게 유익하기도 하지만, 때로는 치명적인 질병을 일으킬 수 있다. 미생물과 인간이 어떤 방식으로 상호작용하는지 잘 이해하고, 감염을 예방하고 치료할 수 있는 방법을 끊임없이 연구하는 것이 인류 건강을 지키는 핵심이다. 각 나라 정부는 항생제 연구개발에 더 많은 예산을 투자하고, 제약회사들도 연구를 바탕으로 새로운 항생제 개발에 적극적으로 나설 필요가 있다.

6

내성균 시대, 새로운 항생제를 찾아서

항생제 내성은 현대 의학에서 가장 큰 도전 과제 중 하나로, 전 세계적인 건강 위협을 초래하고 있다. 항생제 내성균은 기존의 치료법으로 감염을 치료할 수 없게 되어 의료 시스템에 큰 부담을 주고, 환자의 예후를 악화시킨다. 이로 인해 암과 같은 큰 병으로 입원한 환자들이 감염으로 인해 결국 사망하는 경우가 많다.

항생제 내성은 여러 요인에 의해 확산하며, 이를 해결하기 위해서는 종합적이고 다각적인 접근이 필요하다. 항생제 내성균의 출현과 확산은 우리가 과거에 경험하지 못한 새로운 종류의 팬데믹을 초래할 수 있다. 예를 들어, 다제내성 결핵MDR-TB과 광범위 약제내성 결핵XDR-TB은 전 세계적으로 중요한 공중 보건 문제로 대두되고 있으며, 이러한 내성 결핵균은 기존 항결핵제에 내성을 보여 치료가 매우 어렵다. 새로운 항결핵제 개발과 결핵 예방 및 관리 프로그램 강화가 시급한 실정이다.

ESKAPE라고 불리는 여섯 가지 세균들은 특히 걱정되는 존재들이다. 이들은 병원에서 자주 감염을 일으키는 내성균들로, 다양한 기전을 통해 널리 사용되는 항생제들의 약효를 무력화하거나 회피한다.

- 엔테로코커스 패시움Enterococcus faecium: 인간 장내 세균의 일부로 존재하지만, 의료 환경에서는 심각한 감염을 일으킬 수 있다.
- 황색포도상구균Staphylococcus aureus: 일반적으로 피부와 호흡기에 존재하지만, 체내로 침투하면 심각한 감염을 유발할 수 있다.
- 폐렴막대균Klebsiella pneumoniae: 폐렴, 혈류 감염, 상처 감염 및 요로 감염을 일으킬 수 있는 악명 높은 그람 음성 박테리아다.
- 아시네토박터 바우마니Acinetobacter baumannii: 최근에 위협적인 균으로 등장했으며, 특히 중환자실에서 주요 병원균으로 자리잡고 있고, 다양한 항생제에 내성을 보인다.
- 슈도모나스 에루지노사Pseudomonas aeruginosa: 기회감염 병원체로 알려져 있으며, 면역 체계가 약화된 사람들에게 질병을 일으킬 수 있다.
- 엔테로박터 종Enterobacter spp.: 정상적으로는 장내에 존재하지만, 평소에 균이 없던 부위에 침입하면 감염을 일으킬 수 있다.

기존 항생제에 내성을 가진 세균이 늘어남에 따라 이에 대응하기 위한 새로운 항생제 개발이 요구되고 있다. 그러나 새로운 항생제를 발견하는 과정은 시간과 비용이 많이 들고, 실질적인 성과를 내는 것도 쉽지 않다. 이로 인해 이익을 내지 못하거나 심지어 개발 비용을 회수하지 못하는 상황까지 발생하면서, 글로벌 제약사들을 포함한 제약업계는 항생제 개발에 소홀했던 것이 사실이다.

그런데 최근 들어 인공지능의 발전이 이 분야에 큰 희망을 주고 있다. AI는 수많은 화합물을 빠르게 분석해서 항생제로 쓸 수 있는 후보물질을 고르는 데 도움을 준다. 또한 AI는 전혀 새로운 분자를 처음부터 설계해서, 기존에 없던 항생제 후보를 만들어내기도 한다. 2024년 3월에는 스탠퍼드대학교의 제임스 조우 교수팀과 캐나다 맥매스터대학교의 조너선 스토크스 교수팀이 신더몰SyntheMol이라는 생성형 AI를 이용해 아시네토박터 바우마니를 치료할 수 있는 항생 물질을 가진 분자를 설계하는 데 성공했다.

이와 같이 화합물의 화학구조를 기반으로 생물학적 활성을 예측하도록 훈련된 AI 특성 예측 모델을 이용하면 항생 활성을 가진 화합물을 식별할 수 있다. 연구자들은 이런 AI 모델을 이용해 약 1억 700만 개에 달하는 화합물 데이터베이스를 조사했고, 그중 대장균에 효과가 있는 항생 물질을 찾아내는 데 성공했다. 기존에는 수많은 화합물을 하나하나 실험해보며 항생 효과가 있는지를 확인해야 했기 때문에 시간과 비용이 많이 들었다. 하지만 지금은 AI가 분자의 구조를 처음부터 설계해 기존에 없던 전혀 새로운 화합물을 만들어낼 수도 있다. 그 덕분에 이전에는 발견할 수 없었던 항생 물질도 찾을 수 있게 된 것이다.

앞서 언급한 신더몰 같은 생성형 AI는 약 300억 개에 이르는 분자 조합을 빠르게 탐색할 수 있다. 이 AI는 실제로 실험실에서 합성 가능한 화합물만 골라내기 때문에, 실용적인 후보물질을 더 빨리 찾아

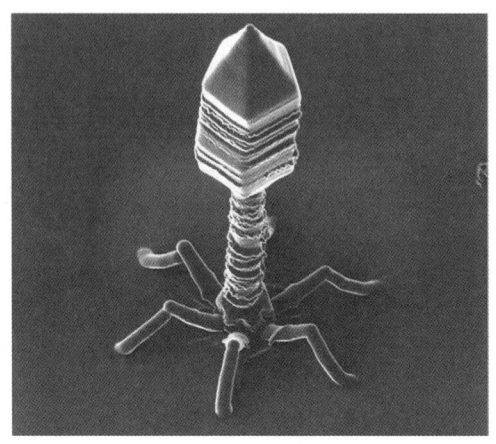

△ 박테리오파지 중 한 종류(T4)의 전자현미경 사진. 박테리오파지는 박테리아 표면의 특정 수용체에 붙은 뒤, 자신의 유전물질을 박테리아 내부로 주입한다. 그 후 숙주 세포 안에서 자신의 유전자를 복제하고 단백질을 합성해 다수의 새로운 파지를 만들어낸다. 이 과정이 완료되면 박테리아는 파지에 의해 파괴되며(세포 용해), 새로 만들어진 파지들이 밖으로 나와 주변의 다른 박테리아를 감염시키는 과정을 반복한다. (출처: Reo Kometani and Sunao Ishihara, CC BY 4.0, via Wikimedia Commons)

낼 수 있다. 이처럼 AI를 활용한 신약 개발 방식은 전통적인 방법에 비해 훨씬 빠르고 효율적이며, 새로운 항생제 개발의 가능성을 크게 넓혀주고 있다.

하지만 이렇게 새로 만든 항생제에도 언젠가는 세균이 내성을 갖게 될 수 있다는 우려가 있다. 그래서 최근에는 아예 항생제 없이 세균을 죽일 수 있는 새로운 치료법에도 관심이 높아지고 있다. 그중 하나가 바로 '박테리오파지 요법'이다. 박테리오파지는 일종의 바이러스다. 사람에게 감기를 일으키는 바이러스처럼, 박테리오파지는 세균에만 감염되어 그 안에서 증식한 뒤 세균을 죽인다. 중요한 점은, 박테리오파지는 특정 세균에만 감염되기 때문에 표적 치료가 가능하다는 것이다. 즉 몸에 좋은 유익균은 해치지 않고, 문제를 일으키는 세균만 골라 없앨 수 있다. 반면 항생제는 몸 안의 모든 세균에 작용하므로 유익균까지 함께 죽이는 부작용이 있다. 게다가 항생제를 남용하면 내성균이 생길 위험도 커진다. 이런 면에서 박테리오파지 요법은 세균을 선택적으로 제거하면서도 내성균의 발생 가능성을 줄일 수 있는 대안으로 주목받고 있다.

박테리오파지 요법은 항생제로 치료가 어려운 다제내성 병원균에 효과적이며, 미래에는 항생제가 실패할 경우 최후의 치료 수단이 될 수도 있을 것이다. 이 기술은 사람의 감염 치료뿐 아니라, 농축산업에서도 활용될 수 있다. 현재 축산 현장에서는 가축의 성장 촉진이나 질병 예방을 위해 항생제를 대량으로 사용하고 있다. 이로 인해 내성균이 생기고, 이 유전자가 사람에게까지 전파될 수도 있는 것이다. 하지만 박테리오파지를 활용하면 가축의 병원균을 통제하면서도 항생제를 쓰지 않아도 되기 때문에, 항생제 내성 문제를 해결하는 데 큰 도움이 될 수 있다.

7

암과의 싸움, 끝은 있는가

우리 몸을 이루는 세포는 정해진 프로그램에 따라 자라고, 제 역할을 다하면 죽는 과정을 거친다. 그런데 이처럼 정교하게 조절되어야 할 과정이 고장나면서 세포가 비정상적으로 자라고, 멈추지 않고 계속 증식하게 되면 '종양tumor'이 된다. 종양은 크게 양성종양과 악성종양으로 나뉘는데, 악성종양이 바로 '암'이다. 암세포는 성장 조절이 되지 않아 주변 조직으로 침투하거나, 몸의 다른 부위로 퍼져 전이되기도 한다. 또한 자신의 성장을 돕기 위해 주변에 혈관이 생기도록 유도하기도 한다.

건강보험심사평가원 자료에 따르면, 2023년 한 해 동안 우리나라에서 암 진단을 받은 사람은 남성 82만 4965명, 여성 112만 5960명으로, 총 195만 925명에 달한다. 이는 5년 전보다 18퍼센트 이상 증가한 수치다. 남성의 경우 전립선암, 위암, 대장암 순으로 많았고, 여성은 갑상선암, 유방암, 자궁암 순이었다.

암은 유전적 요인과 환경적 요인으로 생길 수 있다. 특정 유전자에 변이가 생겨 암에 걸릴 확률이 높아지는 경우가 유전적 요인인데, 가족 중 암 환자가 있는지를 병원에서 묻는 것도 바로 이 때문이다. 반면 환경적 요인에는 흡연, 과도한 음주, 비만, 특정 화학물질이나 방사선 노출, 환경 오염 등이 포함된다. 환경적 요인으로 인한 암들 중 상당수는 생활 습관을 바꾸거나 근무 환경을 개선함으로써 어느 정도 예방이 가능하다.

암은 조기에 발견하면 치료가 상대적으로 쉬워지므로 정기적인 건강검진이 중요하다. 암에 걸리면 본격적인 치료가 필요하지만, 다행히도 의학과 과학기술의 발달 덕분에 암 치료 효과는 계속 좋아지고 있고, 생존율도 점점 높아지고 있다.

암 치료법은 크게 다섯 가지가 있으며, 이들을 병행해서 쓰기도 한다. 첫 번째는 화학요법이다. 이는 약물을 이용해 암세포의 성장을 막거나 암세포를 죽이는 치료법이다. 대표적인 약물로는 시스플라틴cisplatin, 독소루비신doxorubicin, 메토트렉세이트methotrexate가 있다. 시스플라틴은 다양한 암에 사용되는데, 암세포의 DNA를 손상시켜 분열을 막는다. 독소루비신은 유방암, 림프종, 백혈병 등에 쓰이며, 암세포의 DNA와 반응하여 세포를 죽인다. 메토트렉세이트는 유방암과 백혈병 치료에 사용되며, 암세포가 성장하는 데 필요한 효소의 작용을 막는다.

두 번째는 방사선 치료이다. 고에너지 방사선을 암 조직에 조사해 암세포를 죽이거나 성장하지 못하게 한다. 특히 고형암(덩어리 형태의 암)에 자주 쓰이며, 수술 전후의 보조 치료로도 활용된다. 방사선은 암세포의 DNA를 손상시켜 파괴하는데, 이 과정에서 정상세포도 어느 정도 영향을 받을 수 있다. 하지만 정상세포는 회복력이 높기 때문에 치료 효과를 기대할 수 있다.

방사선 치료의 방식은 다양한데, 외부 방사선 치료External Beam Radiation Therapy는 가장 널리 사용되는 방법으로, 위치를 정확히 조절하여 정상 조직의 손상을 최소화하면서 암 조직에 집중적으로 방사선을 조사한다. 근접 방사선 치료Brachytherapy는 방사성 물질을 암 조직 근처나 내부에 직접 삽입하여 치료하는 방법으로, 전립선암이나 자궁암과 같은 특정 유형의 암에 사용된다. 정위적 방사선 치료 Stereotactic Radiotherapy는 매우 정밀한 방사선을 이용하여 작고 잘 정의된 종양에 고용량의 방사선을 집중적으로 조사하여 치료하는 방법으로, 뇌종양이나 소규모 폐 종양에 사용된다. 환자의 암 위치, 크기, 종류, 건강 상태 등을 고려해 맞춤형 방사선 치료 계획이 수립되며, 다른 치료법과 함께 쓰일 때 효과가 더 클 수 있다.

세 번째는 면역요법이다. 암세포를 우리 몸의 면역 시스템이 스스로 공격하도록 유도하는 치료 방법이다. 대표적인 방법 중 하나는 면역관문 억제제를 사용하는 것이다. 이는 우리 몸의 면역 체계가 과도하게 활성화되는 것을 막는 PD-1, PD-L1, CTLA-4와 같은 면역관문 단백질의 작용을 억제하여 면역 반응을 활발하게 만든다. 펨브롤리주맙Pembrolizumab과 니볼루맙Nivolumab은 피부암(멜라노마), 폐암, 신장암 등에 쓰인다. 펨브롤리주맙은 미국 제약사 MSD가 개발한 면역항암제로, '키트루다Keytruda'라는 이름으로 판매되고 있다. 이 약은 면역세포인 T세포가 암세포를 제대로 인식하고 공격할 수 있도록 돕는 PD-1 억제제로, 면역 기능 자체를 회복시켜 암을 치료하는 방식이다. 기존의 세포독성 항암제(1세대)나 특정 유전자를 표적으로 하는 표적 항암제(2세대)와 달리, 환자의 면역 반응을 활성화시켜 암을 제거한다는 점에서 암 치료의 패러다임을 바꾼 혁신적 치료제로 평가받아왔다.

키트루다는 현재 폐암, 피부암(멜라노마), 신장암, 위암, 방광암 등 최소 13개 암종에 대해 치료 효과가 입증되어, 면역항암제 중에서도 대표적인 표준 치료제로 인정받고 있다. 특히 2015년에는 지미 카터 전 미국 대통령이 키트루다 치료 후 뇌 전이암에서 완치 판정을 받으며 전 세계적인 주목을 받기도 했다. 2024년 한 해 동안 키트루다는 전 세계에서 약 295억 달러의 매출을 기록하며, 단일 의약품 기준 글로벌 매출 1위에 올랐다. 이 매출은 MSD 전체 매출의 절반 가까이를 차지할 정도로 핵심 제품이며, 향후 적응증 확대와 병용 요법을 통한 시장 성장도 기대되고 있다.

최근 언론에서 "기적의 암 치료제"라고 불리는 CAR-T세포 치료는 환자의 면역세포인 T세포를 추출해 암세포를 인식하도록 유전자를 조작한 뒤 다시 체내에 주입해 암을 공격하게 만드는 치료법이다. 주로 백혈병, 림프종, 다발성 골수종 등 혈액암 치료에 사용된다. CAR-T 치료가 암세포를 정확하게 찾아내기 위해서는 표적이 필요한데, 대표적인 표적으로는 CD19와 BCMA가 있다. CD19는 B세포라는 면역세포의 표면에 있는 단백질인데, 백혈병이나 림프종 같은 암에서는 이 단백질이 암세포에 많이 나타난다. BCMA는 주로 다발성 골수종에서 나타나는 단백질로, CAR-T 치료는 이들을 표적으로 삼아 암세포를 공격하는 것이다. 지금 쓰이고 있는 CAR-T 치료제들 중에는 킴리아Kymriah, 예스카타Yescarta, 테카투스Tecartus가 CD19를 표적으로 하고, 아베크마Abecma, 카빅티Carvykti는 BCMA를 겨냥해 만

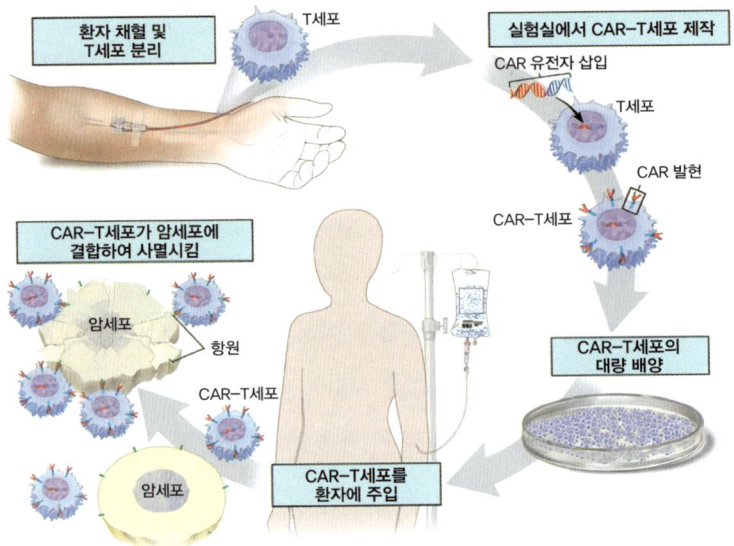

△ CAR-T세포 치료법의 개요도. CAR-T세포 치료법은 환자의 T세포(면역세포의 일종)를 실험실에서 변형시켜 암세포에 결합하고 이를 죽이도록 유도하는 치료 방법이다. 치료 과정은 환자의 팔 정맥에서 혈액을 채취하여 T세포를 포함한 백혈구를 분리한 후, 나머지 혈액을 환자에게 다시 주입한다. 그 후, 실험실에서 T세포에 특수 수용체 유전자인 키메라 항원 수용체(CAR)를 삽입한다. 수백만 개의 CAR-T세포가 배양되어 환자에게 주입되면, 이 세포들은 암세포의 항원에 결합하여 암세포를 파괴한다. (출처: 미국 국립암연구소, 2017)

들어졌다. 이 치료는 한 번 몸에 넣으면 T세포가 스스로 증식하면서 암세포를 계속 찾아내 공격하는 특징이 있어서, "암세포의 연쇄 살인마"라고 불리기도 한다.

혈액암 이외에 고형암의 경우에는 어떨까? 고형암의 경우, 혈액암과 달리 표적으로 삼을 수 있는 좋은 항원을 찾는 것이 어렵고, 종양세포의 이질성, CAR-T세포의 전달 및 지속적인 효과 등 여러 어려운 문제들이 존재한다. 이를 해결하기 위해 암세포 표면에서 균일하게 발현되며, 암세포에서 중요한 역할을 하고 정상세포에서는 발현되지 않는 항원을 찾기 위한 노력이 계속되고 있다. 예를 들어, 위암에서는 CD133, CD44v6, CEA 등의 항원이, 간암에서는 AFP/HLA-A2, CD147, GPC3 등의 항원이, 유방암에서는 CD44v6, CD70, CD133 등의 표적 항원들이 고려되고 있다.

현재 중국에서는 이러한 표적 항원을 기반으로 임상 1상이 활발하게 진행 중이며, 일부에서는 좋은 효과가 나타나고 있어 기대가 크다. 또한, CAR-T세포가 IL-12, IL-15, IL-7과 같은 면역 조절 단백질(사이토카인)을 분비하도록 유전자를 조작해 치료 효과를 높이려는 시도도 있다. 예를 들어 IL-7은 T세포의 생존을 도와준다.

하지만 CAR-T 치료는 가격이 매우 비싸다. 예를 들어 킴리아 1회 투여 비용은 약 3억 6000만 원이다. 현재 건강보험 급여가 적용돼 환자 부담금은 600만~700만 원 수준이지만, 보험 재정 부담도 크기 때문에 국산 CAR-T 치료제 개발이 시급하다. 2025년 현재 국내 바이오벤처 큐로셀은 국내 최초 CAR-T 치료제 안발셀 출시를 앞두고 있으며, 하반기 내에 신약 허가가 나오기를 기대하고 있다. 2030년까지 CAR-T 치료제 시장은 전 세계적으로 약 20조 원, 국내는 4500억 원 규모로 성장할 것으로 예측되며, 국내 기업들의 활약도 기대된다.

네 번째는 표적치료이다. 암세포가 가진 특정 유전적 돌연변이나 단백질을 직접 공격하는 약물을 사용한다. 대표적인 예로는 폐암에서 EGFR 변이를 표적으로 하는 게피티닙Gefitinib, 얼로티닙Erlotinib,

유방암의 HER2 단백질을 겨냥한 허셉틴Herceptin, 피부암(멜라노마) 치료에 쓰이는 베무라페닙Vemurafenib 등이 있다.

다섯 번째는 세포 신호 전달 경로 억제제를 사용하는 치료다. 이마티닙Imatinib은 만성 골수성 백혈병에서 BCR-ABL 융합 단백질의 티로신 키나제 활성을 억제함으로써 암세포 성장을 막는다.

이처럼 다양한 암 치료법은 암의 종류, 환자의 건강 상태, 유전자 정보 등에 따라 다르게 선택되며, 여러 방법을 함께 사용하는 경우도 많다. 특히 CAR-T세포 치료처럼 생명공학 기술이 융합된 치료법이 빠르게 발전하고 있어, 언젠가는 암을 완전히 정복할 날이 오지 않을까 기대해본다.

8

비만에 맞서는 과학적 해법

전 세계적으로 비만 치료제에 대한 관심이 뜨겁다. 세계보건기구는 비만을 '건강을 해칠 정도로 지방 조직에 비정상적으로 혹은 과도하게 지방이 축적된 상태'라고 정의한다. 비만한 사람은 정상 체중인 사람에 비해 여러 질병에 걸릴 확률이 훨씬 높다. 예를 들어 고혈압은 12배, 당뇨병과 뇌졸중은 6배, 관상동맥질환은 4배나 더 많이 발생한다. 게다가 비만은 암의 원인이 되기도 한다. 세계보건기구는 이처럼 다양한 질병의 원인이 되는 비만을 단순한 생활 습관의 문제가 아닌, 반드시 치료해야 할 '질병'이자 21세기 '신종 전염병'으로 규정하고 있다.

비만 치료의 기본은 식사 조절과 운동 등 생활 습관을 개선하는 것이다. 하지만 그것만으로는 충분하지 않은 경우가 많다. 비만 수술 같은 외과적 방법은 효과가 좋긴 하지만, 위험이 따르고 조건도 까다롭다. 그래서 많은 제약회사들이 약물로 비만을 치료할 수 있는 방법을 찾기 위해 오랫동안 연구개발을 계속해왔다.

최근 가장 큰 주목을 받은 비만 치료제는 덴마크 제약회사 노보노디스크가 만든 위고비Wegovy이다. 위고비는 원래 제2형 당뇨병 치료를 위해 개발한 약 세마글루타이드를 기반으로 만든 약이다. 이 약은 식욕을 조절하는 'GLP-1(글루카곤 유사 펩타이드-1)'이라는 호르몬을 모방해 작용한다. GLP-1은 식사 후 우리 몸에서 자연스럽게 분비되어 포만감을 주는 호르몬인데, 위고비는 이 작용을 흉내 내서 식욕을 줄인다. 임상시험 결과에 따르면, 비만 환자가 주 1회씩 68주 동안 위고비를 주사한 결과 평균 체중이 약 15퍼센트 줄었다.

이처럼 위고비가 큰 성공을 거두자, 노보노디스크의 기업 가치도 크게 올랐다. 위고비 출시 1년 만에 시가총액이 두 배로 증가했고, 최근에는 알약 형태의 비만 치료제 '아미크레틴'도 개발 중이라는 소식이 전해졌다. 2024년 3월 기준, 노보노디스크의 시가총액은 약 800조 원에 달하는데, 이는 한국 최대 기업인 삼성전자의 시가총액보다도 30퍼센트 이상 많은 수준이다.

위고비의 성공은 다른 제약회사들도 비만 치료제를 내놓게 만드는 계기가 됐다. 대표적인 예가 미국 제약사 일라이릴리의 '터제파타이드'이다. 원래는 당뇨병 치료제(제품명 마운자로)였던 이 약은 최근 미국 식품의약국으로부터 비만 치료제로도 승인을 받아 '젭바운드Zepbound'라는 이름으로 출시됐다. 임상시험 결과, 72주간 투여했을 때 평균 21퍼센트의 체중 감량 효과가 나타났다. 이 놀라운 효과 덕분에 일라이릴리의 주가는 1년 만에 두 배 이상 뛰었고, 시가총액도 700조 원을 넘었다.

이에 대응해 노보노디스크는 위고비가 단순히 체중 감량에만 효과가 있는 게 아니라, 제2형 당뇨병 환자의 심혈관 질환 위험도 낮춰준다는 임상 결과를 내놓았다. 위고비를 사용하면 심혈관 질환으로 인한 사망 위험이 15퍼센트, 심부전 발생 위험은 18퍼센트 줄어든다는 것이다. 이런 결과들은 위고비가 단지 살을 빼는 약이 아니라, 건강 전반을 개선하는 약일 수 있다는 점을 보여준다. 이처럼 비만 치료제의 의학적 효과가 속속 입증되면서, 세계적인 과학 학술지 〈사이언스〉는 비만 치료제를 2023년 '올해의 성과'로 선정했고, 〈MIT 테크놀로지 리뷰〉도 2024년 '10대 혁신 기술' 중 하나로 꼽았다.

물론 부작용이 없는 것은 아니다. 위고비나 젭바운드를 투여한 사람들 중 일부는 구토, 두통, 설사, 변비, 어지럼증 등의 부작용을 경험했다. 유럽의약품청은 한때 이 약들이 자해나 자살 충동과 관련이 있는지 조사했지만, 2024년 4월 관련이 없다는 결론을 내렸다. 또 다른 문제는 약값이다. 미국에서 위고비는 한 달에 약 175만 원, 젭바운드는 약 138만 원으로 매우 고가이다. 약을 중단하면 다시 살이 찌는 요요 현상이 생길 수도 있다. 그래서 식단 조절과 운동 같은 생활습관 개선이 가장 기본적이고 중요한 치료법이며, 약물 치료는 이러한 방법으로 효과가 없을 때 고려해야 한다.

비만 인구는 갈수록 늘고 있다. 세계비만연맹WOF은 2010년에 5억 명이었던 비만 인구가 2030년에는 10억 명을 넘을 것으로 예측했지만, 세계보건기구는 이미 2022년에 비만 인구가 10억 명을 넘었다고 발표했다. 이처럼 비만이 급속히 늘어남에 따라, 비만 치료제 시장도 급성장하고 있다. 미국 투자은행 골드만삭스에 따르면 2030년에는 전 세계 시장 규모가 약 130조 원에 이를 것으로 전망된다.

이런 흐름 속에서 노보노디스크, 일라이릴리, 로슈, MSD, 화이자 같은 세계적인 기업들은 위고비를 능가하는 차세대 치료제 개발에

△ 미국 제약사 일라이릴리가 개발한 경구용 비만 치료제 오포글리프론의 화학구조. 실제 최근 임상 3상에서 체중 감량에 효과가 있음이 입증되어 비만 치료제 시장이 주사형에서 경구형으로 급속히 바뀔 것으로 예상된다.

박차를 가하고 있다. 최근에는 주사로 맞는 약뿐 아니라 복용이 편리한 경구용 치료제도 활발히 개발 중이다. 예를 들어, 일라이릴리는 경구용 GLP-1 계열 비만 치료제 '오포글리프론Orforglipron'의 임상 3상 결과를 2025년 4월 발표하였는데 9개월 복용에 몸무게가 평균 7.3킬로그램 줄어드는 등 유의미한 체중 감량 효과를 보였다고 밝혔다. 이처럼 먹는 비만약이 강력한 효과를 입증하자, 일라이릴리의 주가는 급등한 반면, 기존 주사형 비만 치료제로 시장을 주도하던 노보노디스크의 주가는 고점 대비 절반 가까이 하락했다. 먹는 비만약은 하루 한 번 복용하는 알약 형태로, 복용 편의성과 가격 경쟁력 면에서 강점을 갖고 있어 수요 확대가 유력하게 점쳐지고 있다. 특히 일라이릴리가 경구용 비만 치료제 시장에서 빠르게 앞서 나갈 수 있었던 배경에는 AI의 적극적인 활용이 있다. 후보물질 탐색부터 임상시험 설계, 약물 개발의 전 단계에 걸쳐 인공지능 기술이 중요한 역할을 한 것으로 알려져 있다. 앞으로 한국 제약사들도 기술 혁신과 규제 완화를 바탕으로 글로벌 시장을 겨냥한 블록버스터 약물 개발에서 두각을 나타내길 기대해본다.

9

AI와 의학이 만났을 때

2016년 3월, 전 세계는 이세돌 9단과 알파고의 바둑 대결을 경이로운 눈으로 지켜보았다. 결과는 4승 1패. 딥러닝을 기반으로 한 알파고는 자기 자신과 하루 3만 판의 대국을 두며 학습했고, 7개월간 기보 데이터를 활용한 지도학습supervised learning을 통해 당대 최고의 바둑 기사를 넘어섰다. 인공지능의 놀라운 발전 속도를 온 세상에 각인시킨 순간이었다.

그러나 그 충격이 가라앉기도 전인 2017년 10월, 〈네이처〉에 발표된 '알파고 제로'는 다시 한번 세상을 놀라게 했다. '제로'라는 이름은 백지 상태에서 시작하는 학습 방식을 뜻한다. 기존 데이터를 전혀 사용하지 않고, 딥러닝과 몬테카를로 트리 탐색을 결합한 알고리듬을 통해 오직 강화학습reinforcement learning만으로 학습한 것이다. 알파고 제로는 기존 알파고를 100전 100승으로 완벽히 압도했다. 인간이 만든 데이터를 전혀 활용하지 않고도 최고 성능을 낼 수 있다는 점에서, 인공지능이 인간의 손을 떠나 스스로 진화할 수 있는 가능성을 보여주었다. 물론 여전히 인간이 설계한 프로그램이지만, '프로그램을 만드는 프로그램'이 등장한 지금, 자기 진화형 인공지능의 등장은

머지않아 현실이 될지도 모른다.

  그렇다고 지도학습의 가치가 줄어드는 것은 아니다. 충분히 크고 편향되지 않은 데이터가 확보된다면 지도학습은 여전히 매우 강력한 도구가 될 수 있다. 다만 이처럼 방대한 데이터를 수집하고 정제하는 데는 막대한 시간과 비용이 든다는 점에서 한계가 있다. 반면 초기 데이터가 부족하거나 편향의 우려가 있는 상황에서는 강화학습 기반 인공지능이 유용한 대안이 될 수 있다.

  오늘날 인공지능은 이미 다양한 분야에서 실질적인 영향을 미치고 있다. 자율주행차, 인간 펀드매니저보다 높은 수익률을 기록하는 AI 투자매니저, 개인 맞춤형 서비스를 제공하는 인공지능 비서 등은 그 대표적인 예다. 제조업에서는 생산과 물류를 최적화하고, 유통업에서는 소비자 데이터를 분석해 맞춤형 추천을 제공함으로써 매출을 극대화한다.

  특히 얼굴 인식 기술은 범죄자 검거 등 치안 유지에 활용되고 있다. 중국은 세계 최대 인구를 바탕으로 이 분야에서 선두를 달리고 있으며, 두바이에서는 수천 대의 CCTV와 얼굴 인식 시스템을 통해 주요 관광지와 대중교통을 모니터링한 결과, 2018년 한 해에만 319명의 범죄자를 검거하는 성과를 올렸다. 이러한 기술이 사회 안전에 기여하는 것은 분명하지만, 동시에 사생활 보호에 관한 우려와 논란도 끊이지 않는다.

  헬스케어 분야에서의 인공지능 활용도 주목할 만하다. IBM 왓슨이나 구글 딥마인드는 의료 영상 판독에서 점점 더 높은 정확도를 보이며 진단과 치료를 보조하고 있다. 미국에서만 매년 10만 명 이상

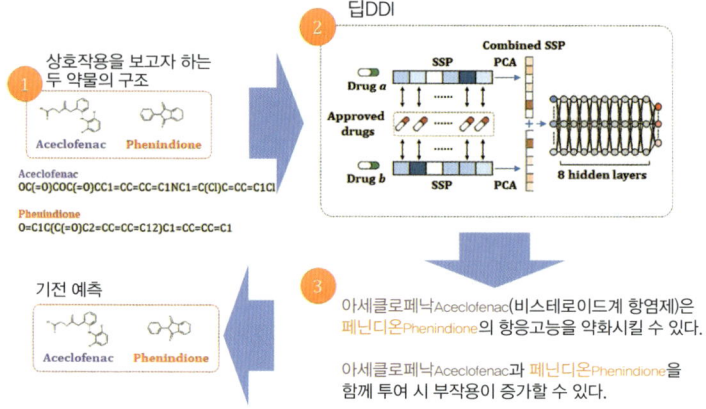

△ 약물과 약물 간의 상호작용에 의한 부작용을 86개의 부작용 타입으로 분류해주는 인공지능 알고리듬 딥DDI. 두 가지 약물의 이름을 넣으면, 그 구조를 SMILES로 바꾸어 전처리를 한 후 인공신경망을 통해 부작용 타입을 예측한다. (출처: KAIST)

이 약물 부작용으로 사망한다는 통계를 접하고 우리 연구실에서도 AI를 활용해 약물 간, 약물과 음식 간 상호작용을 예측하는 연구를 시작했다. 특히 한국의 경우, 65세 이상 고령층이 평균 5.3종의 약물을 동시에 복용하고 있다고 하니 약물 간 상호작용에 따른 부작용이 더욱 궁금해졌다.

우리는 먼저 국내외에서 허가된 2159종의 약물을 바탕으로 두 약물을 병용하는 조합을 계산했다. 그 경우의 수는 총 232만 9561가지. 이를 기반으로 문헌과 데이터베이스를 통해 19만 8284건의 부작용 데이터를 수집했고, 이를 다시 "A와 B를 함께 복용하면 심장에 악영향을 미친다" 또는 "C와 D를 함께 복용하면 C의 흡수가 감소한다"

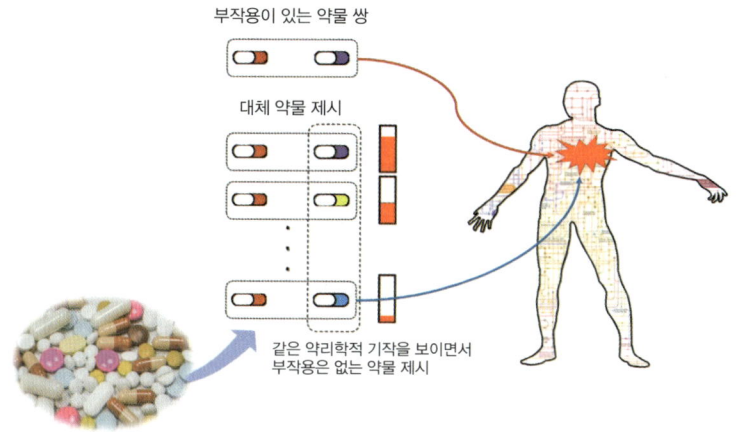

△ 딥DDI는 약물 간의 상호작용에 의한 부작용을 예측하는데 끝나지 않고, 작용 기작이 같은 약물들 중에서 상호작용에 의한 부작용이 없는 대체 약물을 제시해주기도 한다. (출처: KAIST)

와 같은 86개 유형으로 분류할 수 있었다. 그렇다면 나머지 213만 1277가지는 부작용이 없는 경우라고 볼 수 있을까?

우리는 약물의 화학구조를 바탕으로 구조 유사성 프로필을 만들고, 알려진 부작용 데이터를 활용해 신경망 기반의 지도학습을 진행했다. 그 결과, 기존에 보고되지 않았던 48만 7632건의 부작용을 예측할 수 있었다. 아직 실험적으로 검증된 것은 아니지만, 특정 조합의 약물이 부작용을 일으킬 가능성을 사전에 경고할 수 있다는 점에서 의미 있는 성과다.

우리는 종종 특정 약을 복용할 때 피해야 할 음식이 있다는 이야기를 듣는다. 음식 역시 몸속에서 소화되면 화학물질로 변환되므로, 약물과 음식 성분 간의 상호작용도 같은 방식으로 분석했다. 그 결과, 73종의 음식 성분이 357개 질병 치료에 사용되는 430종의 약물의 흡수, 생체이용률, 대사 과정 등에 영향을 미치는 것으로 나타났다. 현재는 더욱 다양한 약물-약물, 약물-음식 간 상호작용을 연구 중이며, 이를 통해 건강과 관련된 중요한 정보와 지식을 도출할 수 있을 것으로 기대된다.

이러한 기술은 신약 개발에도 활용될 수 있다. 신약 개발에는 막대한 비용이 들지만, 인공지능을 통해 전임상 및 임상 과정에서 생성된 데이터를 분석하면 심장 및 신장 독성과 같은 약물 독성, 투여 약물들이 체내 인자들에 의해 어떻게 움직이고 변화하는지를 나타내는 약동학적 특성을 예측할 수 있다. 정밀의학이 점차 미래 의료의 핵심으로 자리잡는 가운데, 인공지능의 역할은 더욱 확대될 것이다.

이처럼 인공지능은 산업, 의료, 교육, 연구, 엔터테인먼트 등 모든 영역에서 개인 맞춤형 정보 제공, 불가능했던 데이터 분석, 새로운 지식 창출, 더욱 편리한 서비스 실현 등 다양한 방식으로 혁신을 주도하고 있다. 세계경제포럼은 〈미래의 직업 보고서 2018〉에서 인공지능과 자동화 기술이 2022년까지 7500만 개의 일자리를 사라지게 할 것이라고 예측했다. 하지만 동시에, 1억 3300만 개의 새로운 일자리가 생겨날 것이라 전망했다. 이 격변의 시대에 살아남기 위해서는 분석적 사고, 혁신적 접근, 지속적인 학습, 기술 전문성, 비판적 사고, 문제 해결력, 리더십, 감성 지능, 시스템적 사고와 같은 역량이 무엇보다 중요하다.

10

인공지능이 설계한 신약

인공지능의 급속한 발전은 생명과학 분야에서도 혁신을 이끌고 있다. 지난 30여 년간 대사공학을 연구해온 내 연구실에서는 컴퓨터 기반 가상세포를 개발하는 과정에서 다양한 프로그래밍 및 시뮬레이션 기법을 구축해왔다. 이러한 기술들을 바탕으로 2018년에는 앞서 살펴본 것처럼 AI를 활용해 약물-약물 및 약물-음식 성분 간 상호작용에 따른 부작용을 예측할 수 있었다. 여기서 더 나아가 식품 성분 간 상호작용까지도 분석할 수 있는 가능성을 열었다.

그 후로도 AI 기술은 비약적으로 발전하며 신약 개발과 단백질 구조 예측 분야에서 중요한 역할을 하게 되었다. 신약 개발은 표적 탐색, 후보물질 발굴, 전임상 및 임상시험 등 여러 단계를 거치는 복잡한 과정으로, 막대한 시간과 비용, 노력이 요구된다. 이 과정에서 단백질 구조를 정확히 예측하는 것은 후보물질의 효능 평가와 약물 최적화에 필수적이다. 예전에는 이 구조를 밝혀내는 데 몇 년씩 걸리기도 했지만, AI 덕분에 이제는 단 몇 시간 만에도 가능해졌다.

단백질은 우리 몸의 거의 모든 기능을 담당하는 중요한 분자다. 단백질은 20종의 아미노산으로 구성된 폴리펩타이드로, 유전자의 정보는 전사와 번역 과정을 거쳐 단백질로 발현된다. 각 단백질은 아미노산 서열에 따라 고유한 3차원 구조로 접히는데, 이는 단백질의 기능을 결정하는 핵심 요소다. 즉, 단백질이 어떤 일을 하는지 알려면 그 모양을 먼저 알아야 하고, 이 구조를 바꾸면 전혀 다른 기능을 하게 만들 수도 있다.

전통적으로 단백질 구조를 밝히는 데에는 X선 결정학이 사용되었으며, 단백질의 결정화, X선 회절 분석, 데이터 해석 등 복잡한 과정이 필요했다. 하지만 결정화에 성공하지 못하면 구조를 밝힐 수 없다는 한계가 있었다. 최근에는 저온 전자현미경Cryo-EM을 활용해 구조를 분석하는 방법도 등장했지만, 고가의 장비가 필요해 접근성이 높지 않았다.

1950년부터 2018년까지 이러한 실험적 방법을 통해 밝혀진 단백질 구조는 15만 개에 불과하다. 현재 알려진 단백질이 약 2억 개 이상이라는 점을 고려하면, 기존 방식으로 모든 단백질 구조를 분석하는 것은 사실상 불가능에 가깝다. 실험을 통한 구조 규명은 여전히 중요하지만 시간과 비용, 노력 면에서 효율적인 대안이 필요했던 것이다.

이런 상황에서 2018년, 구글 딥마인드의 알파폴드가 공개되면서 구조생물학을 비롯한 생명과학 분야 전반이 크게 요동쳤다. 그해 열린 제13회 단백질 구조 예측 대회CASP에서 알파폴드는 97개 팀 중 1위를 차지하며 압도적인 성능을 입증했다. 이후 성능이 더욱 개선된 알파폴드 2가 2020년 대회에서 역대 최초로 90점 이상을 기록하며 그 우수성을 과시했다. 단백질 서열과 아미노산 간 상호작용을 업

데이트하는 반복적 특징 추출 기법, 이미지 인식 등에 사용되는 합성곱 신경망CNN 대신 어텐션 메커니즘을 활용한 트랜스포머 구조 도입 등이 성능 향상의 핵심 요인이었다. 여기서 어텐션 메커니즘은 전체 입력 중에서 중요한 부분에 더 집중하게 해주는 방식이고, 트랜스포머는 이 어텐션을 기반으로 만들어진 구조로, 여러 정보를 동시에 처리하면서도 멀리 떨어진 요소들 간의 관계까지 잘 파악할 수 있게 한다.

2024년 구글 딥마인드와 자회사 아이소모픽 랩스Isomorphic Labs의 공동 연구팀은 〈네이처〉에 알파폴드 3를 발표했다. 알파폴드 3는 단백질 개별 구조 예측을 넘어 단백질-리간드ligand, 단백질-DNA, 단백질-RNA, 항체-항원 상호작용 등을 기존 예측 모델보다 훨씬 높은 정확도로 분석할 수 있었다. 발표 초기에는 코드와 모델이 비공개였으나, 전 세계 연구자들의 투명성 요구에 따라 6개월 후 깃허브GitHub에 오픈소스로 공개되었다. 다만, 비상업적 연구 목적에 한해 사용이 가능하도록 제한이 걸렸다.

한편, 알파폴드 2 발표 이후에는 워싱턴대학교의 데이비드 베이커 연구팀이 개발한 로제타폴드RoseTTAFold가 공개되었다. 이 연구에는 2025년 현재 서울대학교 교수로 재직 중인 백민경 박사가 핵심 멤버로 참여했다. 로제타폴드는 알파폴드 2와 마찬가지로 트랜스포머 구조를 활용해 예측 정확도를 획기적으로 개선했다. 2024년 5월 발표된 '로제타폴드 올아톰All-Atom'은 단백질뿐만 아니라 핵산, 금속 이온, 저분자 화합물(약물)과의 결합 구조까지 예측할 수 있는 수준으로 발전했다.

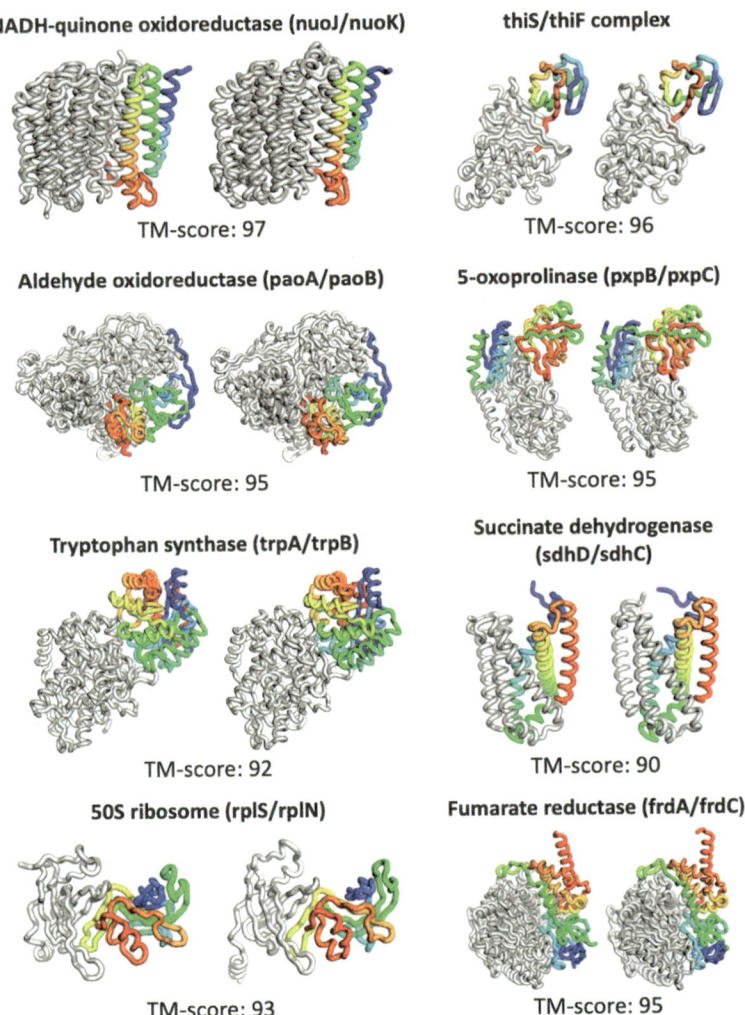

△ 로제타폴드로 예측한 대장균의 복잡한 단백질 구조들. (출처: Baek et al., 2021)

AI를 활용한 단백질 구조 예측 기술은 신약 개발 과정에서 매우 중요한 역할을 한다. 표적 단백질의 구조를 정확히 알면, 여기에 딱 맞는 분자구조의 약물을 설계할 수 있고, 컴퓨터를 이용해 수많은 후보물질을 빠르게 검토해볼 수 있다. 이를 통해 약물의 가능성을 평가하고, 효능이 낮은 물질이나 잘못된 표적에 시간과 비용을 낭비하는 일을 줄일 수 있다. 신약 개발 기업들이 자원을 훨씬 효율적으로 쓸 수 있게 되는 것이다. 신약 개발과 생명공학 전반에 걸친 막대한 파급효과로 인해, 로제타폴드를 개발한 미국 워싱턴대학교의 데이비드 베이커 교수와 알파폴드를 개발한 딥마인드의 데미스 허사비스, 존 점퍼는 2024년 노벨 화학상을 공동 수상하였다.

단백질 구조 예측 기술은 대사 네트워크, 유전자 조절 네트워크, 신호 전달 네트워크 전체에서 특정 질병과 연관된 단백질을 신약 개발의 새로운 표적으로 발굴하는 데 기여할 것으로 기대된다. 특히, 대사 네트워크 내에서 표적 후보군 중 기능이 알려지지 않은 효소들은 내 연구실에서 개발한 딥러닝 기반 효소 기능 예측 알고리듬인 딥EC DeepEC와 딥EC 트랜스포머를 활용하여 분석할 수 있다.

효소란 생명체 내에서 화학 반응을 촉진하는 단백질이다. 이 효소들은 국제 효소위원회EC에 의해 기능별로 번호가 매겨지며, 총 7개의 주요 범주로 나뉜다. 각 효소는 보다 세부적인 반응 유형에 따라 4개의 숫자로 구분되며, 기능을 일부만 아는 경우 세 번째까지만 표기하기도 한다. 예를 들어 EC 1.1.1.1은 알코올 탈수소효소를 의미한다.

- EC 1: 산화-환원 반응을 돕는 산화환원효소oxidoreductase
- EC 2: 특정 분자 그룹을 다른 분자로 옮기는 전이효소 transferase
- EC 3: 물을 사용해 분자를 쪼개는 가수분해효소hydrolase
- EC 4: 가수분해와 산화 이외의 방법에 의한 화학결합 분해 효소lyase
- EC 5: 분자의 구조를 바꾸는 이성질화효소isomerase
- EC 6: ATP의 이중 인산 결합을 분해하면서 화학결합을 형성하는 연결효소ligase
- EC 7: 생체막을 가로질러 이온이나 분자의 이동을 촉매하는 전위효소translocase

효소는 생명 유지에 필수적인 다양한 생화학 반응에서 촉매 역할을 하며, 세포 대사에 핵심적인 요소다. 따라서 효소의 기능을 정확히 예측하는 것은 대사 반응과 경로를 이해하고, 더 나아가 질병의 메커니즘을 규명하는 데 매우 중요하다. 최근에는 DNA 염기서열을 밝히는 기술이 급속도로 발전하여, 어떤 생명체의 전체 유전체 염기서열을 빠르고 저렴하게 밝힐 수 있게 되었다. 그 결과, 유전자에 의해 암호화되는 효소의 정보도 기하급수적으로 축적되고 있지만, 이들 각각의 기능을 기존의 실험적 방법만으로 밝히는 것은 현실적으로 불가능하다. 이를 해결하기 위하여 최근 AI, 특히 기계학습과 심층학습을 활용하여 효소 기능을 예측하고 이해하는 기술들이 다수 개발되었다. 이 AI 기반 접근법은 방대한 생물학적 데이터를 효율적으로 처리하면서도 높은 정확도로 효소 기능을 예측할 수 있게 해준다.

초기의 효소 기능 예측은 주로 이미 기능이 밝혀진 단백질과의 서열 유사성에 의존했다. 그러나 이 방법들은 진화 과정에 있어 서열이 비슷해도 다른 기능을 가지거나, 서열이 달라도 유사한 기능을 가지는 소위 발산진화와 수렴진화에 의해 오류가 나타나며, 기능이 밝혀진 유사서열 효소들이 적거나 없는 경우는 예측이 안 되는 문제가 있다. 이를 보완하고자, 단백질 서열로부터 아미노산 조성이나 물리화학적 특성과 같은 특징을 수동으로 추출해 기계학습 모델에 적용하는 방법이 시도되었다. 이러한 방식은 서열 유사성 접근법보다 나은 성능을 보이기도 했으나, 단백질의 복합적인 특성을 충분히 반영하지 못해 예측 정확도에 한계가 있었다.

GPU 등 컴퓨팅 자원의 발전으로 대규모 심층학습이 가능해지면서, 효소 기능 예측은 새로운 전환점을 맞이하였다. 특히 합성곱 신경망CNN과 순환 신경망RNN 등은 아미노산 서열 데이터를 기반으로 특징을 자동으로 학습할 수 있는 능력을 지니고 있어, 단백질 내의 복잡한 패턴과 상호작용을 보다 정밀하게 파악할 수 있게 되었다. 이러한 심층학습 모델은 기존 방법으로는 예측이 어려웠던, 알려진 유사체가 전혀 없는 효소의 기능 식별에도 매우 효과적인 것으로 나타났다.

딥EC와 딥EC 트랜스포머는 단백질 서열 데이터를 기반으로 효소의 EC 번호를 예측하는 딥러닝 기반 프로그램이다. 이들은 특정 단백질 서열의 특징을 분석하고, 대사 반응과 관련된 중요한 정보를 추출하여 효소 기능을 예측한다. 특히, 딥EC 트랜스포머는 자연어 처

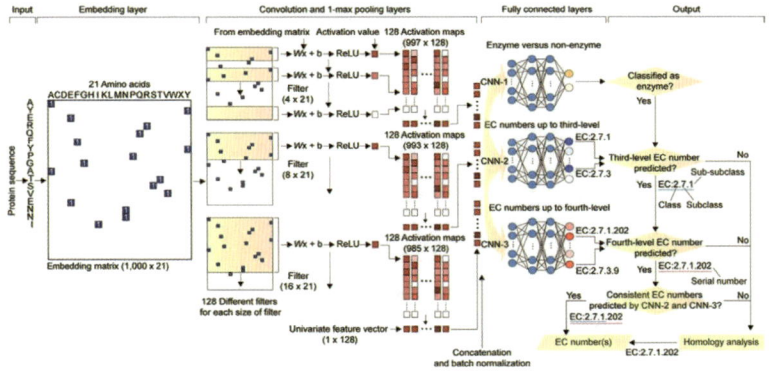

△ 내 연구실에서 개발한 딥EC의 작동 원리. 단백질의 아미노산 서열을 넣어주면 EC 번호를 예측해준다. (출처: Ryu, J.Y. et al., 2019)

리NLP에서 활용되는 트랜스포머 구조를 적용하여, 단백질 서열 내 아미노산 간의 관계를 보다 정밀하게 분석할 수 있다.

트랜스포머의 셀프 어텐션 메커니즘은 서열 내 각 아미노산 간의 상호작용을 분석하여 효소 기능 예측의 정확도를 높인다. 이 기술은 새로운 효소의 기능을 예측하거나, 이미 알려진 효소의 역할을 더욱 정확하게 분석하는 데 쓰인다. 덕분에 신약 개발은 물론, 미생물을 이용한 세포공장 설계, 친환경 화학물질 생산, 생체 내 대사경로 분석 등 다양한 분야에 활용될 수 있다.

이 기술이 더욱 발전하면, 사람마다 다른 단백질 변이를 고려한 맞춤형 치료제 개발도 가능해질 것이다. 현재는 비용 문제로 아직 상용화되기 어렵지만 정밀의학 분야에서 큰 가능성을 보여주고 있다.

결론적으로, AI는 이제 신약 개발에서 선택 사항이 아니라 필수 기술이 되었다. 단순히 속도를 높이고 비용을 줄이는 데 그치지 않고 신약 개발의 방식 자체를 완전히 바꾸고 있다. 앞으로도 AI의 발전과 함께, 생명과학 분야에서는 계속해서 새로운 혁신이 이어질 것이다. 다만, 이렇게 개발된 신약은 높은 연구개발 비용을 회수해야 하기 때문에 보통 가격이 매우 비싸다. 그러나 AI 기술이 더 널리 적용되고, 개발 비용을 크게 줄일 수 있다면 언젠가는 전 세계 모든 사람들이 더 저렴한 비용으로 양질의 치료를 받을 수 있는 날이 올 것이다.

11

디지털로 치료하는 시대

건강하게 오래 살고 싶은 것은 인간의 본능일 뿐만 아니라, 건강한 사회를 만드는 데도 중요한 요소다. 정보통신 기술의 비약적인 발전은 의료와 제약 산업에 혁신을 가져왔으며, '디지털 치료Digital Therapeutics, DTx'라는 개념까지 등장하게 되었다. 특히 코로나19 팬데믹은 이동과 대면이 제한되는 상황에서도 효과적인 진단과 치료가 가능해야 한다는 점을 부각시켰고, 이를 실현하는 데 정보통신 기술이 중요한 역할을 할 수 있음을 입증했다.

이러한 배경에서 디지털 기술들이 의료 분야에 본격적으로 도입되기 시작했으며, 그중 빅데이터, 인공지능, 가상현실, 증강현실 등 정보통신 기술을 기반으로 예방, 관리, 치료를 수행하는 의료 소프트웨어를 '소프트웨어 의료기기Software as a Medical Device, SaMD'라고 한다. 이 가운데 치료 효과가 임상적으로 검증되어 실제 의료 현장에서 활용되는 것이 디지털 치료다.

전 세계 60여 개 기업이 참여하는 국제 디지털치료기기 연합DTA은 디지털 치료를 "질병이나 의학적 장애의 예방, 관리, 치료를 위해 고품질 소프트웨어를 활용한 증거 기반 치료"라고 정의한다. 기존 치료제와 달리, 디지털 치료는 화학적 약물이나 물리적 의료기기가 아닌 소프트웨어를 활용하여 새로운 방식의 치료 효과를 제공하며, 지속적인 데이터 축적과 업데이트를 통해 성능을 개선할 수 있다는 강점을 가진다. 또한 스마트폰, 태블릿, VR 헤드셋 등을 통해 환자가 선호하는 환경에서 독립적으로 치료를 받을 수 있으며, 다른 치료법과 병행할 수도 있다.

디지털 치료는 처방 의약품 형태로 제공되거나 비처방 방식으로 활용될 수 있으며, 기존 치료보다 상대적으로 저비용이라 접근성을 높일 수 있어 건강 불평등 해소에도 기여할 수 있다. 개발 측면에서도 신약과 비교해 연구개발 비용과 시간이 절감된다는 장점이 있다. 궁극적으로 디지털 치료는 환자의 생활 습관, 유전체 정보 등과 결합해 치료의 정밀도를 높이는 정밀의학으로의 발전을 가속화할 것으로 기대된다.

미국은 디지털 치료 분야에서 가장 앞서가는 국가로, 질병의 예방, 관리, 치료를 개인 맞춤형으로 제공하는 데 집중하고 있다. 디지털 치료는 부작용을 줄이고, 인지행동치료CBT를 지원하며, 기존 치료법을 향상·보완·최적화하는 동시에, 환자가 건강한 생활 습관을 유지할 수 있도록 신체 활동과 행동 변화를 유도하는 데 활용된다. 이러한 목적을 가진 여러 디지털 치료 프로그램이 이미 개발되어 실제 의료 현장에서 사용되고 있다.

대표적으로, 미국의 헬스케어 기업 웰독WellDoc은 인공지능 기반 가이드를 통해 당뇨병 환자와 의료진이 효과적으로 질병을 관리할 수 있도록 돕는 블루스타BlueStar 프로그램을 개발했다. 이 프로그램은 현재 미국과 캐나다에서 서비스되고 있으며, 미국 식품의약국으로부터 제2형 의료기기로 승인을 받았다. 블루스타는 환자가 디지털 치료 가이드만을 받는 기본 버전과, 의사의 처방을 받아 다운로드 후 활용할 수 있는 인슐린 투입 및 관리 가이드까지 포함한 블루스타Rx 두 가지 형태로 제공된다. 당뇨 치료 및 관리를 위한 디지털 치료 프로그램으로는 블루스타 외에도 인슐리아Insulia, 다리오Dario, d-Nav 등이 개발되어 사용되고 있다.

이 밖에도 일반적 불안장애를 대상으로한 데이라이트Daylight, 우울증을 대상으로 한 디프렉시스Deprexis, 주의력결핍 과잉행동장애ADHD를 타깃으로 한 엔데버RxEndeavorRx, 트라우마 치료를 위한 프리스피라Freespira, 편두통을 위한 네리비오Nerivio, 요실금을 위한 레바Leva, 주의력 결핍을 위한 탈리TALi, 불면증과 수면장애를 위한 슬리피오Sleepio 등 다양한 질환을 대상으로 한 디지털 치료 프로그램이 개발, 출시되었거나 허가를 기다리고 있다.

우리나라의 식품의약품안전처는 2020년 8월 디지털 치료기기 허가 및 심사 가이드라인을 제시하며 관련 산업의 성장 기반을 마련했다. 이에 따라 여러 기업이 디지털 치료기기 개발에 나섰고, 일부 제품은 식약처 승인을 받았다. 소리클리어는 인공지능을 활용해 환자의 연령, 성별, 이명 특성 등을 분석한 뒤 맞춤형 치료 프로그램을 제공한다. 불면증 치료제로 허가받은 디지털 치료기기로는 불면증 인지행동치료법을 모바일 앱으로 구현한 솜즈Somzz, 슬립큐가 있다. 비비드브레인은 뇌질환으로 시야 장애가 생긴 환자의 시야를 가상현실 기기와 앱을 활용해 개선시켜주고, 이지브리드EasyBreath는 천식 등

폐질환 환자에게 개인별 맞춤형 호흡재활치료를 도와주는 디지털 치료기기이다. 이처럼 디지털 치료기기는 불면증, 시야 장애, 폐 질환 등 다양한 질환으로 활용 범위를 넓히며 의료 패러다임을 변화시키고 있다.

우리나라가 디지털 치료 분야에서 세계를 선도하기 위해서는 기존 임상시험 및 인허가 절차에 소요되는 시간을 획기적으로 단축할 수 있는 연구와 제도적 지원이 필요하다. 이러한 흐름 속에서 삼성서울병원 등 일부 상급종합병원이 디지털 치료 연구센터를 개소하고 본격적인 디지털 치료기기 개발에 나선 것은 매우 고무적이다. 디지털 치료기기의 성공적인 개발을 위해서는 실제 진료와 치료를 담당하는 의료진과, 디지털 치료 소프트웨어 및 하드웨어를 개발하는 공학자들의 긴밀한 협업이 필수적이다. 정보통신 강국이자 세계적 의료 수준을 자랑하는 우리나라가 의학과 공학의 진정한 융합을 이루고, 정부의 과감한 규제 혁신을 병행한다면 디지털 치료 강국으로 도약할 수 있을 것이다.

12

불로불사의 꿈은 실현될까

역사적으로 인간은 오래 살고자 하는 본능적 욕망을 가져왔다. 하지만 노화라는 자연현상은 생물학적 한계로 작용하며, 이를 완전히 막는 것은 아직 불가능하다. 공식적으로 기록된 최장수 인간은 프랑스의 잔 칼망으로, 그녀는 122년 164일을 살았다. 이는 현재까지 확인된 인간 수명의 극한으로 여겨지고 있다.

모든 생명체는 시간이 흐름에 따라 생물학적, 생리학적 기능이 저하되는 과정을 겪는다. 인간 역시 DNA 손상의 누적, 신체 기능 저하, 면역력 약화로 인해 각종 질환에 점점 더 취약해진다. 특히 게놈에 잠재되어 있던 암 유발 유전자가 활성화되면서 질병 발생 위험이 커지기도 한다.

그러나 최근 생명공학 기술의 급격한 발전은 단순히 자연의 섭리에 순응하는 것을 넘어 노화 과정 자체를 조절할 가능성을 열어가고 있다. 유전자 편집, 줄기세포 연구, 항노화 치료제 개발 등이 활발히 진행되면서 인간의 수명 연장에 대한 연구는 점점 더 구체적인 단계로 나아가고 있다.

노화는 단순히 시간이 흐르면서 신체 기능이 저하되는 현상이 아

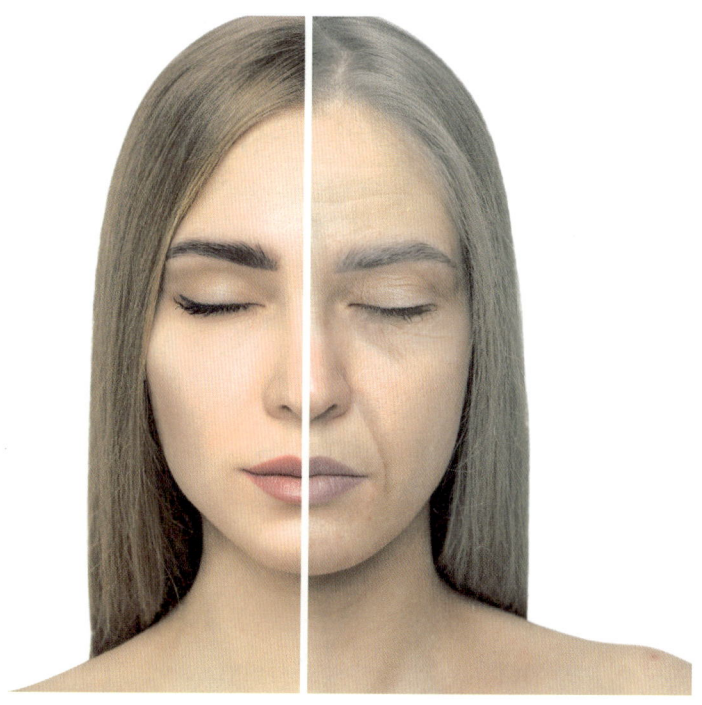

△ 사람은 누구나 노화한다. 일부 사람들은 노화도 질병으로 보자고 하며 치료 대상으로 삼기도 하지만, 기본적으로 노화는 DNA 수준부터 모든 생체활동 전체가 시스템적으로 바뀌는 것이다.

니다. 노화 세포의 축적, 텔로미어 길이 단축, 미토콘드리아 기능 저하, DNA 수리 과정의 이상, 그리고 세포 대사, 유전자 발현 조절 및 신호전달 회로의 변화 등이 단독 혹은 복합적으로 작용하여 발생하는 현상이다. 이러한 과정은 세포 기능 저하뿐만 아니라 치매, 심혈관 질환, 암과 같은 노화 관련 질병의 발병률을 증가시키는 주요 원인이 된다.

특히 세포 노화는 세포가 분열을 멈추고 조직 내에 축적되는 상태를 의미한다. 노화 세포가 축적되면 대사물질 이상뿐만 아니라 성장인자 방출과 면역반응 조절에도 이상이 생기며, 결국 세포 주기가 정상적으로 작동하지 않아 조직 기능 장애와 노화를 초래한다. 또한 이러한 노화 세포의 축적은 만성 염증을 유발하고 대사질환, 심장질환, 암 등의 발병 위험을 높인다.

이를 해결하기 위한 접근법 중 하나가 세놀리틱스senolytics로 불리는 항노화 약물 치료법이다. 세놀리틱스는 노화 세포를 선택적으로 제거함으로써 노화 관련 질병의 발생을 줄이고, 궁극적으로 수명 연장을 가능하게 할 잠재력을 가진 것으로 기대되고 있다.

2016년 〈네이처 메디신〉에 발표된 연구에 따르면, Bcl-2 계열 단백질을 억제하는 암 치료제 나비토클락스navitoclax가 노화 세포의 세포자멸사apoptosis를 촉진하는 것으로 밝혀졌다. 또한 만성 골수성 백혈병 치료를 위해 개발된 항암제 다사티닙dasatinib 역시 노화 세포의 사멸을 유도하는 효과가 보고되었다. 2023년에는 나비토클락스가 인간의 노화된 피부세포를 제거하여 피부 재생을 촉진하는 효과가 있다는 연구 결과도 발표되었다. 이러한 화학합성약 외에도 식물에서 추출한 플라보노이드 계열의 천연물질이 항노화 효과를 보이는 것으로 알려졌다. 양파, 케일 등에 풍부한 퀘세틴quercetin은 항산화, 항염, 항암 효과와 함께 노화 세포 제거 효과를 보인다고 보고되었다. 또한 딸기, 사과, 감 등에 포함된 피세틴fisetin 역시 늙은 생쥐를 대상으로 한 실험에서 노화 세포 수를 감소시키고 건강 수명을 연장하는 효과를 보였으며, 최근 연구에서는 치매 예방 효과도 있는 것으로 밝혀졌다.

현재까지 대부분의 연구는 동물 실험 단계에 머물러 있지만, 지금까지 밝혀진 항노화 물질들은 노화 세포 제거를 통해 조직 기능을 개선하고 염증 수준을 낮추며, 폐 기능과 운동 능력을 향상시키고 전반적인 생존율을 증가시키는 효과를 보이고 있다. 인간을 대상으로 한 연구는 아직 초기 단계이지만, 항노화 치료법은 노화 관련 질병 예방뿐만 아니라 고령자의 정신적, 육체적 능력 향상에도 기여할 가능성을 가지고 있다. 또한 유전학·후성유전학적 조작, 텔로미어 단축 조절 등 다양한 역노화rejuvenation 기술도 개발되고 있다. 다만, 이러한 연구들은 단순한 기술적 과제를 넘어 윤리적 문제와 사회적 형평성이라는 중요한 도전을 마주하고 있다. 노화 연구의 성과가 특정 계층에만 독점되지 않고, 인류 전체에 공평한 혜택을 제공할 수 있도록 연구와 개발, 지원이 이루어져야 할 것이다.

13

당 없이 달콤하게, 설탕 대체의 기술

설탕과 감미료는 우리 혀의 미각세포에 존재하는 T1R2-T1R3 수용체와 결합해 단맛을 느끼게 한다. 설탕은 포도당과 과당이 결합한 이당류로, 빠르게 에너지를 공급하며 음식의 풍미를 높이는 역할을 한다. 하지만 가공식품을 통한 과도한 당 섭취는 비만, 당뇨병, 심혈관 질환의 위험을 증가시키는 요인이기도 하다. 이런 단점을 보완하기 위해 사카린, 아스파탐, 스테비오사이드, 알룰로스, 에리스리톨 등의 다양한 설탕 대체제가 개발되었다. 이러한 감미료들은 단순히 설탕을 대체하는 것뿐만 아니라 음식의 맛과 품질을 유지하는 데도 중요한 역할을 한다.

사카린은 가장 오래된 인공 감미료 중 하나로, 설탕보다 약 300~400배 강한 단맛을 낸다. 하지만 특유의 쓴맛과 뒷맛이 남을 수 있다는 단점이 있다. 사카린은 체내에서 대사되지 않기 때문에 혈당에 영향을 주지 않으며, 칼로리가 거의 없는 감미료로 평가된다. 한때 사카린이 발암 가능성이 있는 물질로 의심받아 논란이 된 적이 있었으나, 이후 연구를 통해 인체에 암을 유발하지 않는다는 결론이 내려지며 안전성이 입증되었다. 그럼에도 불구하고, 한번 퍼진 부정적인

△ 설탕과 대표적 설탕 대체재인 사카린, 아스파탐, 스테비오사이드의 화학구조.

인식은 쉽게 사라지지 않는 법. 일부 소비자들은 과거의 논란을 이유로 여전히 사카린 사용을 기피하는 경향을 보이기도 한다. 2020년대 이후 최근 논문들에서는 사카린이 항생제 내성 세균을 죽이고 암세포와 지방세포의 성장을 억제한다는 결과도 보고되고 있으니, 시간이 지나면 그 생리학적 효과가 새로운 관점에서 재평가될 수도 있을 것이다.

아스파탐은 설탕보다 약 200배 강한 단맛을 제공하는 감미료로, 아스파르트산과 페닐알라닌이라는 두 개의 아미노산으로 구성되어 있다. 체내에서 대사되면서 약간의 에너지를 제공하지만, 그 양이 미미해 칼로리 부담은 거의 없다. 다만 유전병의 하나인 페닐케톤뇨증 PKU 환자에게는 유해할 수 있으며, 일부 연구에서는 두통, 불안, 주의력 문제 등을 유발할 가능성이 제기되기도 했다. 2023년 세계보건기구는 아스파탐을 암 유발 가능성 물질로 분류했지만, 이는 다량 섭취

시 위험이 있을 수 있으나 일반적인 섭취량에서는 안전성이 유지된다는 의미라고 밝혔다.

스테비오사이드는 스테비아 잎에서 추출한 천연 감미료로, 설탕보다 200~300배 더 강한 단맛을 제공하면서도 칼로리가 거의 없고 혈당을 상승시키지 않는다는 장점이 있다. 다만, 쓴맛이나 약간의 뒷맛이 남는 특성이 있어 다른 감미료와 혼합해 사용하는 경우가 많다.

알룰로스는 무화과, 건포도 등 일부 과일에서 발견되는 단당류로, 과당과 구조는 거의 같지만 배열이 조금 다른 입체이성질체 관계에 있다. 설탕과 유사한 맛과 질감을 제공하면서도 칼로리가 매우 낮아 최근 주목받고 있다. 체내에서 대부분 흡수되지 않고 배출되기 때문에 혈당과 인슐린 수치에 미치는 영향이 거의 없어, 다이어트 식품이나 당뇨 환자용 제품에 적합하다.

이 외에도 에리스리톨과 같은 천연 감미료는 칼로리가 거의 없고 혈당을 올리지 않으며, 이눌린, 프락토올리고당 등의 감미료는 프리바이오틱스 역할을 하면서 단맛을 제공한다. 다만, 일부 감미료는 다량 섭취 시 소화불량을 유발하거나 장에 부담을 줄 수 있다는 점이 고려되어야 한다. 또한, 열대 식물에서 추출한 감미 단백질도 존재한다. 모넬린, 브라진, 토마틴 등의 단백질 감미료는 설탕보다 300~3000배 강한 단맛을 제공하지만, 고온에서의 안정성이 낮고 대량생산이 어렵다는 이유로 상용화되지 못했다. 그러나 단백질 공학을 통해 열에 강하고 다양한 용도로 활용할 수 있는 감미료 개발이 가능할 것으로 기대된다.

이러한 대체 감미료들이 장기적인 건강에 미치는 영향은 아직 명

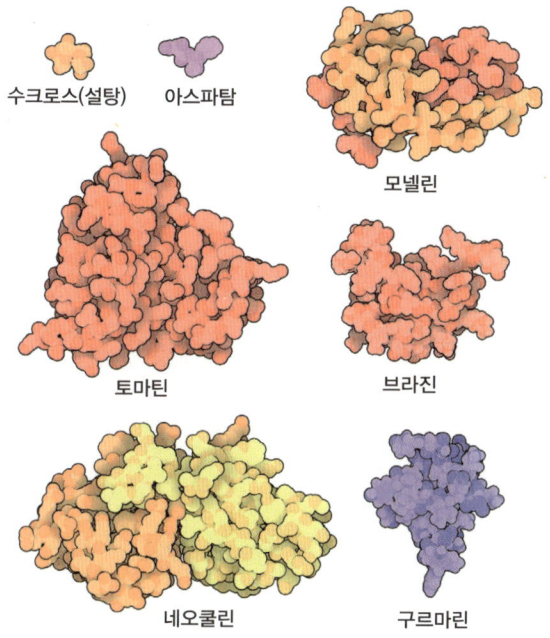

△ 모넬린, 브라진, 토마틴 등 감미 단백질의 구조. (출처: David Goodsell, 2016)

확하게 밝혀지지 않았다. 2025년 4월 미국 생리학회에서 발표한 연구에 따르면, 에리스리톨은 뇌 혈관 세포의 산화 스트레스를 증가시키고 혈관 확장을 돕는 산화질소 생성을 감소시켜 혈류 장애 및 심혈관 질환 위험을 높일 수 있다. 특히 이러한 부정적인 영향이 하루 한 잔의 음료에 포함된 에리스리톨 양만으로도 나타날 수 있다고 하니, 대체 감미료들에 대한 보다 많은 연구가 필요하다.

대체 감미료 외에도 설탕 섭취를 줄이는 새로운 기술적 접근법이 연구되고 있다. 2022년, 하버드대학교 비스Wyss 연구소는 설탕을 섭유질로 변환하는 효소를 나노 입자 형태로 개발하여 음료나 음식에 첨가하는 기술을 발표했다. 이 효소는 장에 도달한 후 활성화되어 섭취된 설탕의 약 30퍼센트를 섬유질로 전환함으로써, 실제 섭취량보다 적은 양을 섭취한 것과 같은 효과를 낼 수 있다.

이처럼 대체 감미료뿐만 아니라 설탕의 대사 과정을 조절하는 기술이 발전하면서, 더욱 건강한 단맛을 선택할 수 있는 가능성도 커지고 있다. 물론 올바른 식습관과 절제된 섭취 습관이 기본일 것이다.

14

감정과 건강의 창, 눈물에 담긴 과학

2024년 5월, 미국 출장 중 한 미국인이 K-드라마 〈눈물의 여왕〉을 봤냐고 물었다. 드라마를 잘 보지 않는 터라 모른다고 답하자, 그는 이 드라마를 매우 좋아한다며 "한국 배우들의 눈물은 다른 나라 배우들과 다르게 진짜처럼 보여서, 나도 모르게 함께 울 정도로 감정이입이 된다"고 덧붙였다.

눈물은 흔히 슬픔이나 감동과 같은 감정과 연결되어 있다고 생각하기 쉽지만, 사실 인간의 시각 기관을 유지하는 데 꼭 필요한 생리적 물질이다. 눈의 표면을 촉촉하게 유지하고, 이물질로부터 보호하며, 세균 감염을 막고, 눈 세포에 산소와 영양분을 공급하는 등 복합적인 기능을 수행한다. 즉, 감정의 산물이기 이전에 생물학적 필수 요소인 것이다.

눈물은 그 발생 원인에 따라 크게 세 가지로 나뉜다. 눈을 항상 적시고 보호하는 기본적인 눈물인 기초눈물, 먼지나 바람, 양파 향이나 자극적인 연기 같은 외부 자극에 반응해 자동으로 분비되는 반사눈물, 그리고 감정 변화에 따라 흘러나오는 감정눈물이 있다. 감정눈물이 과도하게 축적된 스트레스 호르몬을 배출하여 스트레스를 줄이고, 진통 효과를 내는 펩타이드의 분비를 촉진해 심리적 회복을 돕는다는 연구 결과도 있다.

눈물을 혀끝으로 살짝 맛보면 짭짤하게 느껴져 단순한 소금물처럼 여겨지기 쉽지만, 눈물은 사실 점액층, 수분층, 지질층으로 구성된 복잡한 삼중 구조를 가진 생체액이다. 가장 안쪽의 점액층은 뮤신이라는 다당류 성분으로 이루어져 있으며, 눈물의 수분층이 각막에 고르게 분포할 수 있도록 돕는다. 가운데 수분층은 눈물의 대부분을 차지하며, 물뿐 아니라 단백질, 미네랄, 전해질, 라이소자임이나 락토페린 같은 항균 성분을 포함하고 있어 감염을 막고 눈의 면역 능력을 유지하는 데 중요한 역할을 한다. 가장 바깥의 지질층은 눈물의 증발을 막는 얇은 막으로, 이 층이 약화되면 눈물이 금방 마르고 눈이 쉽게 건조해진다. 이러한 눈물의 구성 덕분에 눈은 외부 자극으로부터 보호받고, 시각 기능을 안정적으로 유지할 수 있다.

눈물은 눈꺼풀 위쪽에 위치한 눈물샘에서 생성된다. 생성된 눈물은 눈을 깜빡일 때 눈 표면에 고르게 퍼지며, 이후 눈 안쪽에 위치한 눈물점, 눈물소관, 눈물낭, 그리고 코 안으로 이어지는 누관을 통해 배출된다. 이 복잡한 눈물 시스템은 자율신경계의 정밀한 조절을 통해 작동하며, 어느 한 부분에 이상이 생기면 다양한 눈 질환으로 이어질 수 있다. 예를 들어 눈물 분비가 부족해지면 눈물막이 불안정해지고 눈 표면이 건조해지는 안구건조증이라고도 하는 건성안증후군이 생길 수 있다. 반대로 눈물의 배출 경로에 문제가 생기면 눈물이 고이거나 흐르는 눈물흘림증이 발생할 수 있다.

눈물의 기능은 나이가 들수록 점차 약해진다. 나이가 들면 눈물의 총량이 줄고, 구성 성분도 변하는데, 특히 지질층이 얇아지는 경향이 나타난다. 흔히들 "나이 들어서 그런지 바람만 불어도 눈물이 난다"고 하는데, 이것도 지질층이 약화되어 나타나는 현상이다. 이로 인해 눈물의 증발 속도가 빨라지고, 외부 자극에 민감해지며, 만성적인 눈의 건조함과 염증으로 이어질 수 있다. 또한, 노화에 따른 눈물 배출 시스템의 기능 저하로 눈물흘림증이 발생할 수도 있다.

현대 사회에서는 디지털 기기의 사용이 늘어나면서 눈물 관련 문제를 겪는 사람도 점점 더 많아지고 있다. 스마트폰, 컴퓨터, TV 등을 장시간 사용할 경우 눈을 덜 깜빡이게 되어 눈물막이 불안정해지고, 그 결과 눈이 쉽게 피로해지며 건조감이나 이물감, 심한 경우 시야 흐림이나 통증까지도 유발할 수 있다. 이에 따라 인공눈물을 사용하는 이들도 많아졌지만, 단순히 눈이 뻑뻑하다고 해서 점안제를 자주 사용하는 것은 오히려 눈물막의 자연 회복을 방해할 수 있다. '우리 몸의 가치가 100이라면 눈은 그중 90에 해당한다'는 말이 있을 정도로 눈은 매우 중요한 기관이다. 눈물에 이상이 생기거나 지속적인 증상이 있다면 스스로 해결하려 하기보다 안과 전문의의 정확한 진단과 치료를 받는 것이 무엇보다 중요하다.

15

음식이 가장 좋은 약이다

약식동원藥食同源,《동의보감》등 오래된 의학서적에 자주 등장하는 이 말은 약과 음식은 그 근원이 동일하니 음식을 통해 병을 예방하고 치료할 수 있다는 뜻이다. 당연히 음식은 생명과 건강 유지뿐 아니라 질병 예방과 치료에 중요한 역할을 한다. 전통 동양의학에서는 특정 질환과 질병을 치료할 목적으로 자연에 존재하는 다양한 식재료들을 사용해왔다.

한국인의 요리에 자주 사용되는 마늘에는 알리신과 같은 황화합물이 있어 강력한 항균 작용을 하며 감염 예방에 도움을 준다. 또한, 혈압을 낮추고 콜레스테롤 수치를 개선해 심혈관 건강에도 좋다. 카레의 주성분인 강황에는 강력한 항염 및 항산화 작용을 하는 커큐민이 포함되어 있어 만성 염증 완화에 효과적이다. 녹차에는 항산화 성분인 카테킨이 풍부하며, 특히 에피갈로카테킨 갈레이트는 염증을 줄이고 뇌 기능을 향상시키는 데 도움이 된다. 힘센 뽀빠이가 많이 먹던 시금치는 눈 건강과 면역 체계를 지원하는 비타민 A, 혈액 응고와 뼈 건강에 필수적인 비타민 K, 헤모글로빈 생성에 도움이 되는 철분이 풍부하며, 그 외에도 칼슘과 엽산 등 다양한 영양소가 들어 있다.

△ 다양한 음식 재료와 음식. 우리 몸에 필요한 영양분들과 좋은 성분들이 들어 있다.

고사리는 식이섬유가 풍부하여 소화 기능을 개선하고 혈당 수치를 조절하는 데 탁월하고, 철분과 칼륨이 풍부하여 빈혈 예방과 혈압 조절에도 효과적이다. 감자는 비타민 C, B6, 칼륨, 망간이 풍부하고 식이섬유도 많이 포함되어 있어서 혈압을 조절하고 소화 기능을 개선하며, 면역력을 강화하는 데도 좋다. 고구마와 당근은 비타민 A로 전환되는 베타-카로틴이 풍부하여 건강한 시력, 면역 기능 및 피부 건강 유지에 유익하다. 생강은 진저롤 등의 생리활성 화합물을 포함하고 있어 강력한 항염 및 항산화 효과를 보인다. 도라지는 사포닌이 풍부하여 호흡기 건강을 개선하고 염증을 줄이는 데 효과적이라 기침과 천식을 완화하는 목적으로 오래전부터 사용되어왔다. 고추는 비타민 C와 캡사이신이 풍부하여 면역력을 강화하고 염증을 줄이는 데 좋다. 캡사이신은 신진대사를 촉진하여 체중 관리에 도움이 되기도 한다.

발효음식은 더욱 중요하다. 배추나 무를 주재료로 하여 발효시킨 김치는 프로바이오틱스가 풍부하여 장 건강을 개선하고 면역 체계를 강화시킨다. 요즈음은 요구르트를 많이 먹지만 옛날 한국인들의 장 건강 지킴이는 김치였다고 해도 과언이 아니다. 또 김치에는 비타민 A, C, K가 풍부하고 항산화 작용을 하는 다양한 식물성 화합물이 포함되어 있어 염증을 줄이고 세포 손상을 방지해준다. 콩을 발효시켜 만든 된장에는 심장 질환을 예방하고 뼈 건강을 유지하는 데 도움을 주는 이소플라본과 같은 항산화 성분이 풍부하다. 또한 소화 기능을 개선하고 장내 유익균의 성장을 촉진한다. 이 외에도 아몬드와 호두는 몸에 좋은 지방산이 풍부하고, 다크 초콜릿은 항산화 물질인 플라보노이드가 풍부하여 심장 건강에 긍정적인 영향을 준다.

미 의회에서 출범한 '음식이 약이다Food Is Medicine' 이니셔티브는 식품을 의료 시스템에 통합하여 만성질환을 예방하고 의료 비용을 절감하는 방안을 모색하고 있다. 앞서 언급한 예들만 보더라도, 음식은 만성질환 관리와 예방에 있어 가장 효과적인 도구 중 하나다. 국민들이 균형 잡힌 영양을 쉽게 섭취할 수 있도록 지원한다면, 건강 증진과 의료 비용 절감이라는 두 가지 목표를 동시에 달성할 수 있다. 세계적으로 인정받는 한국 음식이 의료 관리의 한 축으로 자리잡아, 건강한 대한민국을 만들고 나아가 글로벌 K-푸드 산업의 성장을 이끌어가길 기대한다.

16

운동이 건강에 좋은 과학적 이유

2023년 통계청 자료에 따르면 우리 국민의 평균 기대수명은 83.5년으로, 1970년 대비 무려 21.2년이 늘어났다. 보험개발원이 보험료 책정을 위해 3~5년마다 갱신해서 발표하는 평균수명은 2024년 초 기준으로 남자 86.3세, 여성 90.7세로 더 높다. 반면 아픈 기간을 제외한 건강수명은 통계청 자료에 따르면 2022년 기준 65.8세로서 2020년 66.3세와 비교하여 0.5년 이상 감소했다. 기대수명이 늘어난 것은 좋지만 아파서 병원에 누워 지내는 날들이 늘어나는 것은 누구도 반기지 않을 것이다.

흡연과 과음을 피하고, 건강한 식단을 유지하며, 충분하고 질 좋은 수면을 취하고, 규칙적으로 운동하며, 젊은 마음가짐으로 행동하고, 스트레스를 효과적으로 해소하며, 머리를 자주 써서 기억력과 사고력을 유지하는 등 건강에 좋은 생활방식들은 이미 잘 알려져 있다. 특히, 운동은 수명을 연장하고 만성질환의 위험을 낮추며, 정신건강을 증진시켜 전반적인 삶의 질을 향상시키는 중요한 요소다. 운동을 하면 근육세포에 산소와 포도당 같은 에너지원이 공급되고, 심박수가 증가하며, 근육으로 가는 혈류량이 늘어난다. 또한 운동 중 발생한 열을 방출하기 위해 땀이 나고, 체온 조절을 위해 피부로 가는 혈류량이 증가하는 등 전반적인 혈액순환이 원활해지며, 각 세포와 조직으로의 산소 공급이 개선된다.

과학자들은 운동이 건강을 증진시키는 생물학적 기작을 밝히기 위해 연구를 계속해왔다. 미국 국립보건원NIH의 '신체활동의 분자전달체 컨소시엄MoTrPAC'은 성체 수컷과 암컷 쥐를 대상으로 광범위한 조직에서 혈액 및 혈장 샘플을 8주 동안 여러 시점에서 수집하고, 전사체, 단백체, 대사체, 지질체, 에피게놈, 면역체 등의 시공간적 변화를 측정하고 있다. 이를 통해 운동 중 발생하는 동적 적응 메커니즘과 질병과의 연관성을 규명하고, 궁극적으로 운동이 건강과 질병에 미치는 영향을 밝히는 것이 목표다.

현재까지 치매 치료제로 개발된 수십 가지 약물이 모두 임상에서 실패했고, 2021년 승인되었던 아두헬름도 2024년 초 판매가 중단되었다. 2024년에 허가된 레켐비조차도 18개월간의 관찰 결과 인지 기능 저하 속도를 27퍼센트 늦추는 데 그쳤다. 이에 따라 치매 예방과 진행 지연을 위해서는 함께 모여 잘 먹고, 대화하고, 손뼉 치고 노래하며 놀고, 운동하는 것이 더욱 효과적이라는 의견이 나오고 있다. 실제로 운동은 치매 예방뿐만 아니라 만성질환의 예방과 관리에도 효과적이며, 최근에는 운동을 약물처럼 처방하는 개념까지 등장했다.

최근 수년간의 여러 연구에 따르면, 운동은 여러 사이토카인의 방출을 촉진하여 근육, 면역 시스템, 심혈관 시스템 등 다양한 기관과 조직 간의 상호작용을 강화한다. 예를 들어 인터루킨-10과 인터루킨-1ra와 같은 항염증 사이토카인을 활성화해 염증을 줄이고 치유를 촉진한다. 또한 PGC-1α 및 NRF2 같은 항산화 단백질 생성을 자극해 산화 스트레스를 완화하고 세포 탄력성을 높인다. 운동으로 인해 생성되는 반응성 산소종과 항산화 반응이 균형을 이루어 세포 건강 유지에도 기여한다.

규칙적인 운동은 CD8 T세포 등의 면역세포 활동을 증가시켜 면역력을 높이고 감염 및 암과 싸우는 데 도움을 준다. 또한 인슐린 감수성을 개선하고 체지방을 감소시키며 지질대사를 향상시켜 제2형 당뇨병과 심혈관 질환 예방 및 관리에 효과적이다. 더불어 스트레스와 불안, 우울증을 줄이고 엔도르핀 및 다양한 신경전달물질의 분비를 촉진하여 정신 건강에도 긍정적인 영향을 미친다.

운동이 건강에 미치는 영향이 이렇게 크지만 신체적 제한, 질환, 혹은 게으름 등의 이유로 운동을 하지 못하는 사람들을 위해 운동이 관여하는 주요 대사 및 신호 경로를 활성화하는 약물 개발 연구도 진행 중이다. 예를 들어 에스트로겐 관련 수용체를 표적으로 하는 약물은 동물 실험에서 운동 성능을 향상시키고 체중 감량 효과를 보였으며, 카르복실에스테라제라는 효소는 대사 및 지구력을 증진하는 것으로 나타났다. 이러한 약물과 효소는 운동의 대사 효과를 모방하는 치료제로 개발될 가능성이 있다. 하지만, 아무리 좋은 약이 나오더라도 자신의 몸 상태에 맞는 운동을 지속적으로 실천하는 것이 가장 좋은 건강 증진 방법일 것이다.

3부

생명을 설계하다: 생명공학의 신세계

WORLD-CHANGING
ENGINEERING TECHNOLOGIES

1

생명과학의 판을 뒤집는 새로운 흐름

생명과학은 생명체 전체 또는 일부를 관찰하고, 환경 변화에 따른 생명체의 변화를 탐구하거나 해부학적 구조를 중심으로 연구하면서 발전해왔다. 그러나 DNA 염기서열을 밝히는 기술, DNA를 자르고 붙이는 효소들의 발견, 재조합 DNA 기술, 중합효소 연쇄반응PCR을 이용한 DNA 증폭 기술, DNA 합성 기술 등 핵심 기술들이 등장하면서 생명과학의 연구 패러다임이 급속히 변화했다. 이러한 기술 혁신 덕분에 인슐린, 인간성장호르몬, 빈혈 치료 단백질 등 다양한 치료용 단백질을 대량생산할 수 있게 되었으며, 이는 질병 치료와 인류 건강 증진에 크게 기여했다. 이후 크리스퍼 캐스CRISPR-Cas 기술, 마이크로 RNA 기술 등 정교한 유전체 조작 도구들이 지속적으로 개발되면서 생명체를 더욱 정밀하게 조작할 수 있는 시대가 열렸다.

최근에는 생명과학과 바이오 산업에 디지털 기술이 융합되면서 '디지털바이오'라는 거대한 변혁이 일어나고 있다. 디지털바이오는 생물학에 컴퓨터과학, 정보통신 기술, 인공지능 등 다양한 디지털 기술을 접목한 분야이다. 그 목표는 수학, 모델링, 시뮬레이션을 통해 생명체의 복잡한 생물학적 시스템을 이해하고, 공학적으로 개량해 의료, 제약, 식품, 바이오 산업 등에서 혁신을 이뤄내는 것이다.

디지털바이오의 핵심 기술 중 첫 번째는 고속·저비용 유전자 분석과 DNA 시퀀싱 기술이다. DNA 염기서열 분석 기술이 비약적으로 발전하고 비용이 급격히 낮아지면서, 과거에는 상상도 못 했던 대규모 프로젝트가 가능해졌다. 그 대표적인 사례가 2018년에 시작된 '지구 바이오게놈 프로젝트'로, 10년에 걸쳐 약 180만 종의 진핵생물 유전체를 해독하는 것을 목표로 한다. 이와 관련해 2023년 4월에는 240종의 포유류 유전체 서열을 비교 분석한 11편의 논문이 〈사이언스〉에 발표되기도 했다. 또한 인간 유전체를 개인별로 분석하여 유전자 기능과 특성을 파악하고, 질병과 관련된 유전자 변이를 찾아 예방, 진단, 치료에 활용하는 연구도 활발히 진행되고 있다.

두 번째 핵심 기술은 생물정보학과 인공지능 기술이다. 생물정보학은 생명체의 유전정보와 분자구조 데이터를 수집·저장·분석하는 학문으로, 유전자 서열, 단백질 구조, 대사산물, 대사회로, 전사 조절 네트워크 등 방대한 생물학적 데이터를 다루기 위해 컴퓨터 알고리듬과 통계 기법을 활용한다. 이를 통해 유전자 기능과 상호작용을 분석하고, 질병의 원인을 밝히며, 신약 개발 등에도 응용할 수 있다. 특히 인공지능 기술은 대규모 생물학적 데이터를 효과적으로 분석하고 예측하는 데 중요한 역할을 한다. 딥러닝 알고리듬을 활용하면 유전자 서열 분석, 단백질 구조 예측, 대사회로 설계 등 복잡한 작업이 가능하며, 이를 통해 질병 진단, 신약 개발, 개인 맞춤형 치료, 미생물 기반 세포공장 설계 등의 분야에서 비용 절감과 효율성과 정확성을 향상시킬 수 있다.

세 번째 핵심 기술은 합성생물학과 대사공학으로, 앞서 언급한 기술들이 융합되어 발전하고 있다. 합성생물학은 유전자를 설계·합성·조작하여 특정 기능을 수행하는 생명체나 생물학적 시스템을 만드는 기술이다. 대사공학은 생명체의 대사 및 조절 회로를 재설계하여 화학물질, 에너지, 플라스틱, 의약품, 식품 소재 등을 고효율·친환경적으로 생산하는 기술로, 합성생물학보다 먼저 발전하기 시작했다. 특히 대사공학은 최근 전 세계적으로 엄청난 투자가 이루어지고 있는 '바이오 제조'의 핵심 기술로 자리잡고 있으며, 바이오 제조에 대한 보다 자세한 내용은 다음 글에서 살펴볼 것이다.

디지털바이오는 이러한 핵심 기술들뿐만 아니라 블록체인, 클라우드 컴퓨팅, 센서 기술 등 다양한 기술과의 융합을 통해 생명과학 및 생명공학 분야의 연구·기술 혁신을 가속화할 것이다. 이를 통해 인류 건강과 복지를 향상시키고, 기후위기에 대응하는 지속 가능한 화학 산업으로의 전환을 촉진하며, 새로운 산업 분야 창출과 경제 성장에도 기여할 것으로 기대된다. 이제 우리나라도 디지털 강국의 DNA를 이어받아 '디지털바이오 강국'으로 도약해야 할 때이다.

2

대한민국 바이오 산업의 야심찬 도전

브라질에서 열린 2024년 G20 정상회의에서는 바이오 경제 이니셔티브가 발표되었다. 이 이니셔티브에는 각국의 지도자들이 자발적으로 따르기로 한 열 가지 원칙이 담겨 있다. 이 원칙들은 경제·사회·환경적 측면에서 지속 가능한 발전을 촉진하고, 기아와 빈곤을 근절하며, 건강과 복지를 향상시키는 것을 목표로 한다. 또한, 전 세계 식량안보와 영양을 보장하고, 생물자원의 효율적이고 순환적인 사용을 촉진하며, 바이오 경제 제품의 활용을 늘리는 방안들도 포함되어 있다.

우리나라도 2024년 4월 '첨단바이오 이니셔티브'를 발표했다. 첨단바이오는 기존 바이오 기술을 고도화하는 것은 물론, 인공지능, 데이터 과학, 나노 기술 등과의 융합을 통해 생명공학의 기존 한계를 뛰어넘고 새로운 가능성을 열어가는 분야다. 이러한 첨단바이오는 보건·의료뿐만 아니라 산업, 에너지, 농업, 환경, 안보 등 다양한 분야의 미래를 혁신적으로 변화시키는 기술로, 빠르게 발전하고 있다. 이에 따라 세계 각국은 국가안보 차원에서 바이오 역량을 강화하고 글로벌 바이오 패권을 주도하기 위해 다양한 정책을 추진 중이다. 미국과 유럽은 바이오 기술과 바이오 제조를 핵심 전략산업으로 지정하고 적극적으로 육성하고 있으며, 세계경제포럼에서도 내가 자문위원으로 참여하고 있는 바이오 경제 이니셔티브가 진행되고 있다.

첨단바이오는 디지털화, 플랫폼화, 전략 기술화가 이루어지면서 그 중요성이 더욱 강조되고 있다. 디지털 기술과의 융합은 기존 바이오 연구개발의 높은 비용, 장기간 소요, 높은 난이도와 같은 문제를 해결하는 열쇠가 되고 있다. 이미 신약 개발, 단백질 디자인 등의 분야에서 디지털 기술이 활발히 활용되고 있으며, 한 걸음 더 나아가 대사공학과 합성생물학을 비롯한 다양한 기술들이 의료, 화학, 소재, 식량, 에너지 등 여러 분야에서 범용 기술로 자리잡을 가능성을 열어주고 있다.

우리나라는 정부와 민간의 바이오 연구개발 투자가 지속적으로 증가해, 2022년에는 정부 5.2조 원, 민간 6.5조 원으로 총 11.7조 원에 달했다. 또한, 국내 바이오 산업도 빠르게 성장해 2021년 기준 약 48조 원 규모에 이르렀으며, 연평균 10퍼센트 이상의 성장률을 보이고 있다. 그러나 최근 몇 년간 바이오 산업에 대한 투자가 급감하면서 많은 기업들이 어려움을 겪고 있다. 정부는 바이오 산업의 지속적인 성장을 지원하기 위해 우수 기업들이 자금 조달에 어려움을 겪지 않도록 적절한 정책을 마련해야 한다. 또한, 첨단 생명과학 기반 치료제 개발과 관련된 각종 규제를 면밀히 검토하고, 벤처 및 중소기업들이 산업용 생산 균주 배양 시설 부족 등 현실적인 문제를 해결할 수 있도록 적극적인 지원이 필요하다.

첨단바이오 이니셔티브가 제시하는 우리나라의 미래 전략 방향은 명확하다. 첫째, 바이오 산업의 디지털화를 통해 연구개발의 효율성을 극대화하고, 새로운 기술과 제품 개발을 가속화해야 한다. 둘째, 바이오 기반 제조 및 바이오 소재, 부품, 장비 산업을 발전시켜 산업의 기초 체력을 강화하고, 새로운 시장을 개척해야 한다. 셋째, 첨단바이오 의료 기술을 개발하여 국민 건강을 증진하고 의료 서비스의 질을 높여야 한다. 마지막으로, 기후변화, 식량 부족, 감염병과 같은 글로벌 난제 해결에 있어서도 첨단바이오 기술의 역할을 더욱 강화해야 한다.

▲ 첨단바이오 이니셔티브에서 제시한 우리가 나아가야 할 방향

미션	핵심 내용
디지털바이오 육성	- 미국, 영국 등 선도국과의 기술 격차 지속 감소 - 디지털바이오는 절대강자가 없는 신생 분야 - 바이오 대전환기, 디지털바이오 선도국가로의 도약
바이오 제조 혁신	- 국내 주력 산업의 성장 한계 및 바이오 소재, 부품, 장비 공급망 위기 - 제조업의 한계를 극복하는 합성생물학, 바이오 제조 발전 - 바이오 제조 혁신을 통한 산업 경쟁력 제고
바이오 의료 혁신	- 의료 수요 증가 및 마을 건강에도 관심 집중 - 정밀의료, AI 질병 예측, 난치성 질환 치료제 등 기술 발전 - 바이오 의료 혁신으로 국민의 건강한 삶 보장 및 복지 증진
인류 공동의 난제 해결	- 첨단바이오를 통한 기후변화 대응 및 탄소 중립 이행 - 농수산 기술 혁신, 푸드테크를 통한 미래 식량안보 강화 - 혁신적 감염병 연구를 통한 백신 주권 확보

이를 달성하기 위해서는 범부처 차원의 국가적 지원이 필수적이며, 산업계·학계·연구기관이 긴밀히 협력해 산업화의 걸림돌을 제거하고 기술 개발과 인력 양성에 집중해야 한다. 특히, 바이오 산업의 경쟁력을 높이기 위해서는 연구개발 단계에서부터 생산 및 상용화까지 이어지는 전 주기적 지원 체계를 구축해야 한다.

또한, 글로벌 네트워크를 확장하고 국제 협력을 강화해 우리나라의 첨단바이오 기술이 세계적 수준으로 도약할 수 있도록 해야 한다. 미국, 유럽 등 선진국과의 협력을 확대하고, 국제 공동 연구 및 기술 표준화를 주도해 글로벌 바이오 시장에서 우리나라의 입지를 확고히 다지는 전략이 필요하다.

이러한 노력은 단순히 산업 발전에 그치는 것이 아니라, 첨단바이오가 반도체, 자동차, 방산 등과 함께 대한민국의 미래 성장 동력으로 자리잡는 데 필수적이다. 바이오 산업이 국가 경제를 이끄는 핵심 축이 될 수 있도록 지속적인 투자와 혁신을 통해 글로벌 경쟁력을 확보해야 한다.

2025년 1월, 우리 정부는 글로벌 바이오 5대 강국으로의 도약을 목표로 대통령 직속 범부처 최상위 바이오 거버넌스인 '국가바이오위원회'를 출범시켰다. 위원회는 대통령이 위원장을 맡고, 내가 부위원장으로 위촉되었으며, 24명의 바이오 분야 민간 전문가와 관계 부처 장관들, 대통령실 과학기술수석(간사위원), 국가안보실 제3차장 등 총 12명의 당연직 정부위원으로 구성되어 운영된다. 위원회는 각 부처에서 개별적으로 추진 중인 정책들을 유기적으로 연계하고, 보건·의료, 식량, 자원, 에너지, 환경 등 바이오 전 분야에 걸쳐 민·관 역량을 결집하는 핵심 역할을 수행하고 있다. 출범 회의에서 발표된 '대한민국 바이오 대전환 전략'으로는 크게 인프라Infrastructure, 연구개발 혁신Innovation, 산업Industry 측면에서 핵심 과제들을 도출하였다. 이른바 '3I 전략'인데, 나는 이것이 단순한 덧셈이 아닌 시너지를 만들어 내야 하므로 '3I'라고 쓰고 'I의 세제곱(I cube)'으로 읽고 실행하자고 제안했다.

우선 인프라 분야에서는 전국 바이오 인프라를 연계해 연구개발부터 사업화까지 이어지는 '한국형 바이오 클러스터'를 구축하고, 레드·그린·화이트·블루 바이오 등 분야별 특화 전략을 통해 산업 간 융합과 혁신 생태계를 조성한다. 바이오 규제 혁신과 안보 강화를 통해 신기술의 시장 진입을 촉진하고, AI 의료기기 가이드라인 등을 포함한 전주기 규제 체계를 마련한다. 또한, 2027년까지 11만 명의 바이오 인재를 양성하고, 다학제 융합과 실무 중심 교육, 글로벌 연계를 통해 현장형 전문 인력을 집중 육성할 계획이다.

연구개발 혁신 측면에서는 바이오 기술을 AI 등과 융합하여 산업 전반에 혁신을 유도하고, 공공 바이오파운드리 구축과 친환경 기술개발을 통해 고부가가치를 창출한다. 바이오데이터의 전면 개방과 고성능 컴퓨팅 인프라 확충으로 데이터 기반 연구개발로의 전환을 추진하며, 규제 개선과 인센티브 제공으로 데이터 활용을 활성화한다. 아울러, 범용 기반기술 자립과 창의적인 연구개발 확대를 통해 '퍼스트 무버first-mover' 전략을 강화하고, 민관 글로벌 협력을 통해 바이오 기술 주권을 확보하고자 한다.

산업 분야에서는 공공 의약품 위탁개발생산 기관CDMO과 AI 기반

바이오파운드리를 통해 기술 사업화와 제조 혁신을 촉진하고, 생산 전주기의 자동화와 표준화를 추진한다. 1조 원 이상의 펀드 조성과 정책 금융을 통해 바이오 기업의 초기 투자부터 글로벌 진출까지 전폭 지원하며, 전략기술 지정을 통해 세제 혜택도 확대한다. CDMO 생산능력 확대, 바이오 항공유 등 신시장 개척, 바이오 소재·부품·장비 자립화를 통해 바이오 산업을 반도체에 이은 국가 핵심 성장 동력으로 육성할 계획이다.

이처럼 대통령 직속의 범부처 최상위 바이오 거버넌스가 구축됨에 따라, 바이오는 본격적으로 우리나라의 주력 산업으로 육성될 전망이다. 한편, 2024년 4월에는 미국 의회의 자문기구인 신흥 바이오 기술 국가안보위원회NSCEB가 보고서를 통해, 미중 간 기술패권 경쟁이 격화되는 가운데 바이오 분야에서도 중국이 우위를 점할 가능성을 경고하며, 미국은 향후 3년 내에 신속한 조치를 취해 바이오 기술 우위를 확보해야 한다고 촉구하였다. 〈바이오테크놀로지의 미래를 설계하다〉라는 제목의 이 보고서는, 미국 정부가 향후 5년간 최소 150억 달러를 바이오 분야에 투자하고, 민간 자본의 유입을 유도할 것을 권고하였다. 그와 함께 여섯 가지 핵심 원칙들을 제시하였는데, 대통령 직속 국가 바이오 기술 조정국 설치, 민간과의 협력을 통한 미국산 제품 생산 확대, 국방 분야에서의 바이오 기술 활용 극대화, 전략적 경쟁국을 뛰어넘는 혁신 역량 확보, 차세대 바이오 인재 양성, 동맹국과의 국제 협력 강화 등이 포함되어 있다.

이러한 흐름은 우리나라가 국가바이오위원회를 설립한 것과 유사한 방향으로, 바이오 기술이 이제 국가 전략과 생존의 문제임을 세계 각국이 인식하고 있음을 잘 보여준다. 우리나라도 국가바이오위원회의 체계적 운영과 산·학·연·병·관의 유기적 협력을 통해 세계를 선도할 수 있는 바이오 기술을 개발하고, 바이오 산업을 대한민국의 미래 주력 산업으로 성장시켜야 할 때이다.

3

바이오 제조 혁신, 그 담대한 도전

"대부분 석유화학 공정을 통해 생산되는 화학물질의 30퍼센트를 향후 20년 이내에 바이오 기반으로 생산하겠다."

2022년 9월, 조 바이든 미국 대통령이 지속 가능하고 안전한 국가 바이오 경제 구축을 위한 '국가 바이오 기술 및 바이오 제조 이니셔티브' 대통령 행정명령서에 서명한 이후, 각 정부 기관에 지시해 개발한 생물 기반 경제 구현을 위한 2023년 보고서에 담긴 내용이다. 이는 신약 개발 등의 바이오 연구를 넘어, 바이오 기반 제품을 미국 내에서 생산할 수 있는 역량을 확보하려는 전략적 조치다. 〈미국 바이오 기술 및 바이오 제조의 담대한 목표〉라는 비장한 제목으로 발표된 이 보고서는 미국 여러 부처에서 제시한 전략들을 포함하고 있으며, 바이오 제조 연구개발을 통해 기후변화 대응, 식량 및 농업 혁신, 공급망 탄력성 강화, 인류의 건강 증진, 여러 분야에 폭넓게 영향을 미칠 수 있는 교차 분야 진보라는 다섯 가지 주요 사회적 목표도 제시하고 있다.

생물학적 공정을 활용해 제품을 만드는 것이 바이오 제조 기술이다. 미생물 등을 대사공학으로 개량해 기존에 석유화학 산업으로 생산하던 수많은 화학물질, 연료, 고분자 등을 생산할 수 있고 식품, 식품 성분, 약물 등 수많은 종류의 제품을 생산할 수 있다. 바이오 제조 기술은 재생 가능한 자원을 원료로 사용하기 때문에 기후위기 대응과 지속 가능한 생산 방식을 가능하게 한다.

그간 바이오 기술 발전으로 인해 다양한 혁신적인 신제품이 창출됐다. 코로나19 추가 확산 예방에 혁혁한 공을 세운 mRNA 백신과 같은 제품뿐 아니라 면역항암제와 같은 치료제들이 의료 분야에서 큰 변화를 이끌었다. 또 원유에서 생산해오던 지속 가능 항공유 같은 바이오연료, 산업용 용매, 플라스틱 같은 화학물질도 개발되고 있다. 식물로부터 극미량 추출이 가능하던 천연물 의약품도 대사공학적으로 만들어진 미생물 세포공장으로 발효 생산이 가능하다.

바이오 제조는 한정된 천연자원의 효율적 활용, 기후변화 완화, 경제적 가치 창출 등 우리나라를 포함한 전 세계가 직면한 문제를 해결할 수 있는 핵심 기술로 떠오르고 있다. 이 기술은 보건의료, 화학, 농업 등 다양한 산업에 영향을 미치며, 2040년까지 전 세계 시장 규모가 5000조 원 이상에 이를 것으로 전망된다. 특히, 탄소중립 실현이 중요한 목표로 떠오른 지금, 바이오 제조는 화석연료 의존도를 낮추고 탄소 배출을 줄이는 데 기여하며, 일자리 창출과 경제 성장, 국가 안보 강화에도 중요한 역할을 할 것으로 기대된다.

우리나라가 바이오 제조 분야에서 경쟁력을 갖추기 위해서는 구체적인 전략 수립과 함께 부족한 인프라 및 역량을 보강하고, 규제 혁신을 과감하게 추진해야 한다. 바이오 제조 생산 확대를 위해서는 대형 발효 및 정제 시설, 생물공정 전문 인력 양성이 필수적이며, 특히 미생물 세포공장 개발을 위한 합성생물학 및 대사공학 연구 역량을 강화해야 한다. 2024년 1월 예비타당성조사를 통과한 바이오파운드리 사업이 본격적으로 추진되면, 기존의 수작업 방식에서 벗어나 데이터 및 인공지능을 활용한 자동화된 로보틱스 시스템을 통해 미생물 세포공장 개발 속도를 획기적으로 높일 수 있을 것이다.

 2023년 6월 1일 대통령 주재로 열린 수출전략회의에서도 디지털 바이오 인프라 구축, 바이오 산업 클러스터 조성, 한미 바이오 국제 공동연구 강화 등 바이오 산업을 국가전략기술로 육성하기 위한 계획이 발표됐다. 이어서 과학기술정보통신부가 발표한 '제4차 생명공학 육성 기본계획'에도 이러한 전략이 반영되었다.

 2025년 4월, 우리나라는 세계 최초로 '합성생물학 육성법'을 제정함으로써, 합성생물학 분야의 연구 및 산업 발전을 위한 획기적인 전환점을 마련하였다. 이 법은 합성생물학의 성장을 체계적으로 뒷받침하고, 국가 경쟁력 강화를 위한 제도적 기반을 제공하는 중요한 발판이 될 것으로 기대된다. 해당 법안은 2026년부터 본격 시행될 예정이며, 정부는 전문가 의견을 충분히 반영하여 시행령과 실행 전략 등을 면밀히 수립해야 할 것이다.

 앞서 2022년, 합성생물학을 국가 과학기술의 핵심 동력으로 육성하고자 산·학·연 협력체계로 출범한 '한국합성생물학발전협의회'는 이제 새롭게 제정된 육성법과 향후 마련될 시행령을 바탕으로 역량을 집중하고, 산업 활성화를 적극적으로 견인해야 할 시점이다.

 한국합성생물학발전협의회는 운영위원회를 중심으로 기술·산업, 교육·네트워크, 정책·제도, 융합 등 네 개의 분과로 구성되어 있으며, 각 분과는 합성생물학의 연구개발 촉진, 산업계와의 협력 강화, 글로벌 경쟁력 확보를 위한 전략적 역할을 수행하고 있다.

무엇보다도 산·학·연 각 분야의 전문가 의견을 폭넓게 수렴하고, 분과 간 긴밀한 협력과 유기적 연계를 통해 합성생물학 기술이 다양한 산업과 응용 분야에 접목될 수 있도록 해야 한다. 이를 통해 바이오 제조 산업의 저변을 확대하고, 기술 발전을 주도하는 데 중요한 기여를 할 수 있을 것이다.

바이오 제조는 의약, 식량, 에너지, 화학 등 다양한 산업의 핵심이 될 기술로, 우리나라가 선도국가로 도약하기 위해서는 정부, 산업계, 학계, 연구기관이 긴밀히 협력하여 신속하고 강력한 추진 전략을 실행해야 한다. 지금이야말로 국가 차원의 지원과 혁신적인 기술 개발을 통해 바이오 제조 강국으로 도약할 수 있는 중요한 시기이다.

4

모든 산업의 바이오화는 현실이 된다

지금은 없어서는 안 될 인터넷도 본격적으로 대중화된 지는 채 30년이 되지 않았다. 그 후 인터넷은 급속한 발전과 다양한 분야와의 융합을 거치며, 4차 산업혁명의 기반이 되었다. 바이오 기술도 비슷한 흐름을 보인다. 지금까지는 주로 의학과 제약 분야에서 그 영향력이 두드러졌는데, 이는 1980년대 인터넷이 연구기관과 전문가 집단에서만 활용되던 시기와 닮아 있다. 그렇다면 현재 바이오 기술은 인터넷 발전 단계로 볼 때 어디쯤일까? 이제 막 플랫폼으로 자리잡기 시작한 1990년대 중반에 해당한다고 볼 수 있다. 즉, 지금이야말로 바이오 기술이 모든 산업과 기업에 본격적인 영향을 미치기 시작하는 전환점인 것이다.

유전체의 DNA 서열을 빠르고 저렴하게 분석할 수 있는 기술이 등장하면서, 돌연변이나 이상을 정확히 찾아내고, 유전자 기능을 신속하게 밝혀내는 연구가 가능해졌다. 이를 통해 DNA, RNA, 단백질, 대사물질, 신경전달 및 신경조절 물질 등 세포를 구성하는 다양한 물질에 대한 깊은 이해가 이루어지고 있다. 이러한 기술 혁신은 진단과 치료뿐만 아니라 예방과 건강 관리에 이르기까지 정밀의학의 발전을

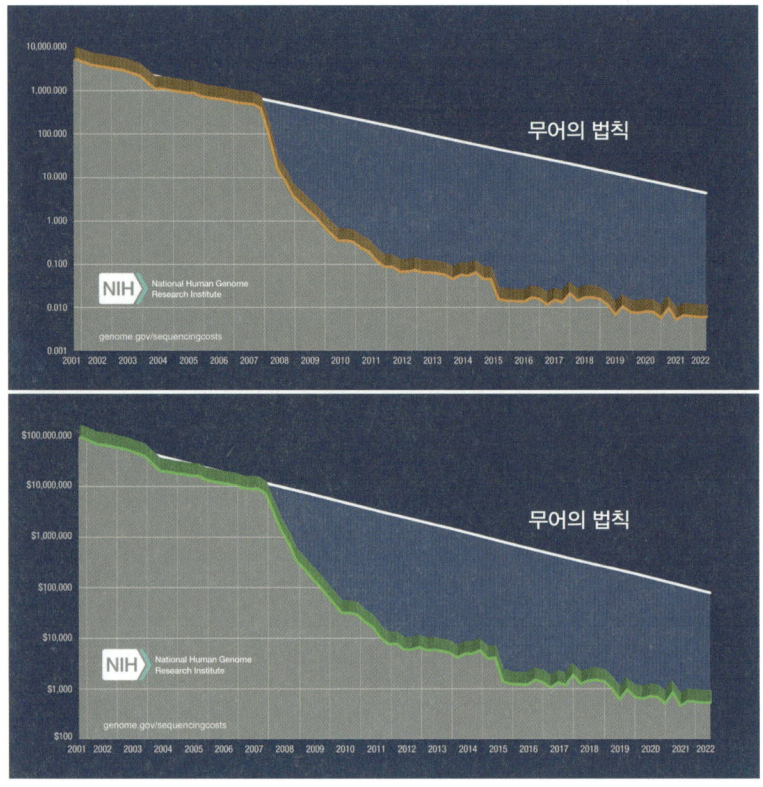

△ 시간에 따라 100만 개의 염기서열을 밝히는 데 드는 비용 변화(위), 인간게놈 전체의 염기서열을 밝히는 데 드는 비용 변화(아래). DNA 시퀀싱 가격은 기술 발전으로 급격히 낮아졌으며, 이는 생명공학 전반에 엄청난 파급효과를 가져왔다. 2001년에 인간 게놈 서열을 밝히는 데는 1억 달러 이상이 들었는데, 지금은 수백 달러로 가능하다. (출처: 미국 국립보건원 산하 국립인간유전체 연구소)

이끌고 있다. 맞춤형 면역 치료제, 암 치료제, 세포 치료제, 유전자 치료제, 마이크로바이옴 치료제 등 다양한 혁신적인 치료제가 개발되고 있으며, 코로나19를 겪으며 우리가 보았듯 감염병이 발생했을 때 이전에 비할 수 없는 속도로 항체 치료제와 백신 개발이 가능해졌다.

또한, 맞춤형 영양 설계와 운동 계획, 그리고 디지털 기술과의 융합을 통해 건강 상태를 지속적으로 모니터링하고 유지할 수 있는 바이오 기술들이 점점 더 중요한 역할을 하게 될 것이다. 바이오 기술이 의료 및 제약 산업에 미치는 변혁은 이미 시작되었으며, 이는 시간이 지나면서 더욱 뚜렷하게 나타날 것이다.

농업 분야에서도 바이오 기술의 혁신이 뚜렷한 변화를 일으키고 있다. 농산물의 생산성을 높이는 것뿐만 아니라, 토양과 식물의 마이크로바이옴을 공학적으로 개선하여 비료와 농약의 사용량을 줄이고, 곡물의 영양 성분을 원하는 대로 향상시키는 기술들이 발전하고 있다. 일례로 미국 생명공학 기업 피벗바이오는 옥수수 뿌리와 결합하고 질소를 고정하는 데 필요한 유전자를 갖고 있는 Y-프로테오박테리움(KV137)을 기반으로 옥수수용 생물학적 비료를 최초로 만들었다. 또한 고기 맛을 거의 똑같이 재현할 수 있는 인공육과 같은 혁신적인 기술들이 농업 기업들에 변혁의 물결을 일으키고 있다.

바이오 기술의 변혁은 여기서 끝나지 않을 것이다. 석유화학 산업은 인류를 풍요롭게 만든 원동력이었으나, 이제는 기후위기와 화석 연료 고갈이라는 두 가지 큰 문제에 직면해 지속 가능한 바이오 화학 산업으로 재편될 것이다. 가격 경쟁력 확보가 어렵고, 서로 눈치를 보느라 먼저 대대적으로 치고 나가는 기업이 아직 나타나지 않았을 뿐, 세계 선도 화학 기업들은 이러한 바이오 화학 산업 시대를 대비하고 있다. 벤처 기업들은 친환경 섬유, 친환경 유무기 재료, 고기능 바이오 물질, 석유화학 대체 물질 등을 개발하며 기술 혁신에 박차를 가하고 있다. 한편, 바이오 기술 연구 역량이 부족한 기존 석유화학

기업들은 벤처 기업들이나 관련 전문 연구실들과 협업을 강화하는 추세다.

이러한 변화는 단순한 트렌드가 아니라, 전 세계적으로 환경 관련 규제가 강화되고 있는 현실에서 비롯된다. 예를 들어 유럽연합은 2021년부터 재활용되지 않는 플라스틱 포장재 1킬로그램당 약 1070원의 세금을 부과하기 시작했다. 기업의 생존과 직결된 문제인 것이다. 그렇다면 이것은 화학 기업에만 해당되는 문제일까? 반도체나 전자제품을 생산하는 기업들은 바이오 기술과 무관할까? 이렇게 생각해보자. 그 제품을 생산하는 데 필요한 용매 등의 화학물질은 어디서 왔으며, 앞으로도 그런 방식이 지속 가능할까? 결국, 바이오 기술 기반의 친환경 화학물질을 사용하지 않으면 전자제품의 생산과 판매도 어려워질 수 있다는 결론에 도달하게 된다.

화장품 업계에서는 100퍼센트 바이오 기반 원료와 새로운 기능성 바이오 분자의 발굴 및 활용, 패션 업계에서는 친환경 섬유와 바이오 염료 사용, 건축 업계에서는 바이오 콘크리트 활용 등이 예상된다. 더 나아가, 배터리 대신 생체 에너지, 하드디스크와 SSD 대신 DNA 저장장치 같은 혁신적인 기술들이 등장할 미래도 상상할 수 있다. 인터넷이 불과 30년 만에 세상을 변화시켰듯이, 이제 모든 기업은 바이오 기술의 혁명적 기술이 자사에 어떤 영향을 미칠지 깊이 고민하고, 그로 인한 사업의 변화에 대해 얼마나 준비하고 투자하고 있는지 자신에게 물어볼 시점이다. 지금이 바로 바이오 기술 변혁을 적극적으로 받아들이고, 이에 대응하는 전략을 실행에 옮길 때이다.

5

융합이 만드는 생명공학 강국의 길

생명공학에 대한 관심이 전 세계적으로 뜨겁다. 유럽에서는 생명공학을 일반인들도 쉽게 이해할 수 있도록 색깔로 구분한다. 의학과 생명과학 분야는 피의 색을 본떠 '레드 바이오'라 부르며, 농업과 식품 관련 기술은 나뭇잎의 색을 따 '그린 바이오', 산업용 화학물질과 친환경 소재 개발 분야는 '화이트 바이오'라 한다.

바이오 산업의 범위를 어디까지 포함하느냐에 따라 추정치는 달라지지만, 현재 레드, 그린, 화이트 바이오 시장 규모는 전 세계적으로 약 2000조 원에 달한다. 여기에 연간 8500조 원 규모의 화학 산업, 2경 3000조 원에 이르는 소비재 산업, 1경 3000조 원 규모의 식품 산업에서 바이오 기술이 본격적으로 활용된다면, 바이오 산업의 성장 가능성은 더욱 커질 것이다. 그러나 2022년 국내 바이오 산업 매출 규모는 약 23조 5000억 원으로, 세계 시장의 1.2퍼센트에 불과하다. 이에 정부는 2030년까지 바이오 산업을 100조 원 이상으로 키우겠다는 목표를 제시했다. 자원이 부족한 우리나라에서 생명공학은 의료와 식량 문제를 해결하는 동시에 친환경 화학물질 생산을 가능하게 하는 핵심 산업이 될 수밖에 없다. 더 나아가, 바이오 혁신을 이루기 위해서는 생명과학과 의학뿐만 아니라 다양한 학문과 기술이 융합되어야 한다. 단순한 개선이 아니라, 시너지를 극대화하는 혁신적인 기술 개발이 필요하다.

예를 들어보자. 코로나19 이후 마스크 착용이 일상화되면서 자연 분해되지 않아 폐플라스틱으로 축적되는 폴리프로필렌 소재의 일회용 마스크가 환경 문제를 일으키고 있다. 전 세계적으로 플라스틱 감축 노력이 이어지는 가운데 코로나19로 인해 그간의 노력들이 무위로 돌아갈 수도 있는 것이다. 하지만 화이트 바이오 기술을 활용해 미생물 발효 방식으로 생분해성 고분자를 생산하고 이를 마스크 소재로 사용한다면, 사용 후 자연 분해가 가능해 환경 부담을 줄일 수 있다. 이러한 융합 연구를 통해 지속 가능한 바이오 혁신이 실현될 것이다.

생명공학에 대한 관심이 높아지면서 다양한 산업 분야에서 새로운 변화가 일어나고 있다. 마스크 착용이 일상화되면서 화장품 시장에도 변화가 있었다. 경제가 어려울 때는 붉은색 립스틱 판매가 증가한다는 말이 있지만, 코로나19 기간에는 오히려 눈 화장품이 더 잘 팔렸다. 마스크가 얼굴의 절반을 가리면서 입술보다 눈에 초점이 맞춰졌기 때문이다. 또한, 마스크와 직접 맞닿는 피부를 보호하기 위한 마스크팩의 판매도 증가했다. 이러한 변화는 바이오 기술과 마스크 제조 기술을 융합하여 피부 트러블을 줄이는 기능성 바이오 소재나 천연물 소재를 개발하는 기회로 이어질 수 있다. 전 세계 80억 인구 중 일부만 이 제품을 사용하더라도 막대한 시장이 형성될 것이다.

생명공학 분야에서 융합의 중요성을 강조할 수 있는 사례는 많다.

레드 바이오 분야에서 신약을 개발할 때 데이터 과학, 인공지능, 다양한 시뮬레이션 기법을 활용하면 독성이 낮고 약효가 뛰어난 후보 물질을 빠르게 찾아낼 수 있다. 화합물 라이브러리를 활용한 초고속 자동 합성 시스템과 스크리닝 시스템 역시 화학공학, 기계공학, 전자공학이 생명과학과 융합될 때 구현이 가능하다. 의료기기 개발에서도 융합 연구의 중요성은 더욱 커진다. K-방역을 통해 우리나라의 위상이 높아졌지만, 우리는 진단 의료기기의 90퍼센트를 여전히 수입에 의존하고 있다. 최소 100명이라도 데이터 과학, 인공지능, 화학 및 기계공학을 전문적으로 다루는 융합형 의사를 양성한다면 생명공학 시대를 주도하는 데 도움이 될 것이다. 이를 위해 과학기술 중심 대학에 융합 의료 연구 전문 대학원을 설립하는 방안도 고려해볼 수 있다.

그린 바이오와 화이트 바이오에서도 융합 기술의 필요성은 크다. 작물 육종과 재배에서는 크리스퍼 기술을 활용한 식물 표현형 개선뿐만 아니라, 토양 마이크로바이옴을 설계하고 최적화하여 비료와 농약 사용을 줄이는 친환경 농업이 가능하다. 또한, 습도·온도·병해충 정보를 센서와 정보통신 기술로 실시간 모니터링하여 자동으로 대응할 수도 있다. 농촌진흥청은 기존 농업기술에 정보통신 기술, 첨단 생명과학, 생명화학공학 등을 접목한 연구를 수행하며 융합형 그린 바이오 분야를 발전시키고 있다. 강력한 융합 연구를 통해 우리나라의 그린 바이오와 K-푸드가 글로벌 시장을 선도하기를 기대한다.

화이트 바이오 역시 빠르게 성장하는 분야다. 비식용 바이오매스나 이산화탄소를 탄소원으로 활용하여 범용 화학물질, 정밀 화학물질, 친환경 플라스틱, 연료 및 에너지를 생산하는 기술은 전 세계적인 기후위기 대응과 맞물려 더욱 주목받고 있다. 지속 가능한 친환경 화학 산업을 구축하기 위해서는 바이오 리파이너리의 핵심인 미생물 공장을 최적화해야 한다. 이를 위해 생명과학, 화학공학, 전산학, 전자공학 등의 융합이 필수적이다. 과학기술정보통신부에서도 친환경 바이오 화학 산업의 원천 기술 확보를 위해 지속적인 노력을 기울이고 있으며, 이는 대한민국 그린뉴딜의 핵심이 될 것이다.

레드, 그린, 화이트 생명공학의 경쟁력을 확보하기 위해 융합 연구는 선택이 아닌 필수다. 우리나라는 의료진의 헌신, 정부의 정책, 국민의 적극적인 참여로 K-방역이라는 개념을 만들어내며 세계적인 모범이 되었다. 나는 우리나라 의료진이 세계 최고 수준이라고 자부한다. 이제는 이를 넘어 생명공학 시대를 주도하기 위한 전략을 마련하고, 산업계와 학계가 협력하여 융합 혁신을 실현해야 할 때이다.

6

대사공학과 합성생물학, 미래를 재조립하다

 빨간 장미, 노란 장미, 분홍 장미, 흰 장미 등 장미는 다양한 색을 가지고 있다. 하지만 중세 시대부터 이어진 육종 노력에도 불구하고 파란 장미는 만들 수 없었다. 이 때문에 '파란 장미 blue rose'는 불가능한 일을 뜻하는 관용어로 사용되었다. 한동안 염색한 가짜 파란 장미만 존재하던 상황에서, 1990년대 일본의 산토리와 호주의 플로리젠이 파란 장미 개발 프로젝트를 시작했다. 이들은 피튜니아에서 파란색을 내는 유전자를 장미에 도입하고, 색에 영향을 미치는 액포의 pH 등을 조정하는 기술을 적용했다. 마침내 2004년, 세계 최초의 파란 장미가 탄생했다. 이로써 '파란 장미'의 꽃말은 '불가능'에서 '기적'으로 바뀌었으니, 영화나 책에서 마법사가 아이에게 파란 장미를 건네면 기적이 일어나는 장면이 현실로 이어지는 순간이었다.
 이처럼 생명체의 대사회로를 설계하고 조작하여 원하는 목표를 달성하는 공학을 대사공학이라고 한다. 1990년대 초부터 본격적으로 연구되기 시작한 대사공학은 지난 30여 년간 비약적으로 발전했다. 특히, 윤리적 문제가 적고 안전과 보안 조치가 용이한 미생물을 활용한 대사공학이 주목받고 있다. 이를 통해 바이오연료, 용매, 플라스틱 등 석유화학 기반 물질뿐만 아니라 다양한 의약품을 생산하는 기술이 개발되었다. 현재 산업 현장에서는 대사공학으로 개발된 미생물을 활용하여 식품 및 동물 사료에 사용되는 아미노산과 핵산, 항생제, 말라리아 치료제 등 다양한 의약품, 플라스틱 원료 화학물질을 생산하고 있다.

합성생물학은 2000년 1월, 대장균에서 유전자 발현을 원하는 대로 온/오프시키는 회로를 구축한 논문이 발표되면서 태동했다. 사실 합성생물학은 대사공학과 공통점이 많아 초기에는 그저 또 새로운 말을 만들었다는 비판도 있었다. 하지만 DNA 합성기술, 편집 기술 등이 급속히 발달하면서, 기존 세포의 재설계뿐 아니라 이 세상에 없는 생명체 혹은 생명체의 일부를 만들 수 있는 하나의 학문으로 자리 잡게 되었다. 대사공학이 생물체의 대사회로에 공학을 접목하여 무언가 유용한 물질을 만드는 데 초점이 있다면, 합성생물학은 그러한 목적이 없는 경우까지를 포함한다.

합성생물학이 발전하는 과정에서 생물학자, 화학공학자뿐만 아니라 전기 및 전자공학자들도 연구에 참여했다는 점이 흥미롭다. 대사공학이 화학공학자들의 주도로 발전한 것과 비교하면 더욱 눈에 띄는 변화다. 합성생물학에서는 생명체를 전자회로처럼 다루어 논리회로를 설계하고 합성하여 작동시키는 방식이 적용된다. 세부적으로 나누어보면 DNA 조각과 같은 부품, 어떤 특정 기능을 하도록 설계된 DNA 모듈, 그렇게 설계된 모듈 등을 장착시킬 세포인 섀시chassis, 모든 것이 통합되어 구동되는 시스템으로 구성된다. 그 과정 또한 공학적인 방식으로 이루어져서 설계design-제작build-시험test-학습learn

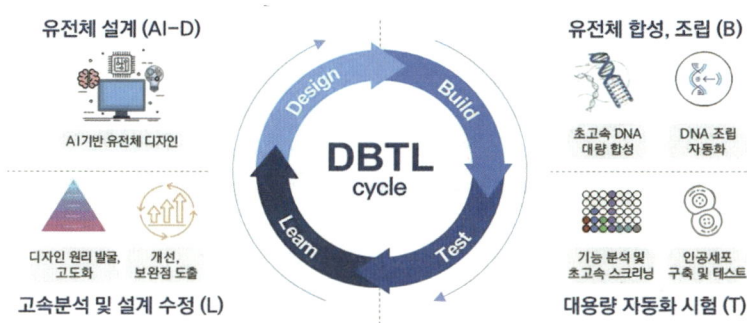

△ 설계(D)-제작(B)-시험(T)-학습(L)으로 돌아가는 합성생물학의 DBTL 사이클. (출처: 과학기술정보통신부)

이라는 DBTL 사이클을 통해 제작되며, 분석이 강화된 상태에서 이를 자동화한 것이 바이오파운드리이다. 새로운 생명체와 그 일부를 설계 및 제작하는 만큼 윤리적, 안보적인 측면은 아무리 강조해도 지나치지 않다. 유전자 합성 서열의 모니터링과 통제 등 다양한 방식으로 전 세계가 만전의 대책을 세우고 있다.

세포공장과 생명체의 일부를 제작하는 대사공학과 합성생물학은 화학, 에너지, 환경, 의약, 농업, 식품, 전자 등 거의 모든 산업 분야에서 활용될 수 있으며, 인류가 직면한 기후변화와 환경 문제, 식량과 에너지 부족, 고령화 시대의 건강 문제 해결에도 필수적인 기술이다. 시장조사 기업 글로벌 인더스트리 애널리스트는 2030년 합성생물학 시장 규모가 약 862억 달러에 이를 것으로 전망하며, 연평균 22퍼센트의 성장이 예상된다고 분석했다. 시장 범위 설정에 따라 수치는 달라질 수 있지만, 석유화학 산업의 30퍼센트만 바이오 화학 산업으로 전환되더라도 2500조 원 규모의 시장이 형성될 수 있다는 점을 감안하면, 합성생물학의 시장은 앞으로 더욱 빠르게 성장할 것으로 보인다.

대사공학과 합성생물학은 미래 생명공학 산업의 핵심으로 자리잡으며 난치병을 치료하고, 건강에 좋은 먹거리를 제공하며, 기후변화와 환경 문제를 해결하는 등 우리 인류의 건강과 환경의 보호에 크게 기여할 것이다. 파란 장미의 꿈이 이루어졌듯이 말이다.

대사공학 30년의 성취

지난 30년간 대사공학 연구는 어떤 성과를 이루었을까? 50개 이상의 과학 저널을 출판하는 셀 프레스가 발간하는 〈트렌드 인 바이오테크놀로지〉는 2023년 창간 40주년을 맞아 내게 대사공학 30년의 역사를 조명하는 퍼스펙티브 논문을 요청했다. 해당 논문에서 따온 다음 그림은 대사공학을 통해 생산이 가능해지거나 실제로 생산되어 활용된 대표적인 제품들을 보여준다.

인슐린과 같은 재조합 단백질의 생산은 엄밀히 말하면 대사공학보다는 재조합 DNA 기술을 활용한 결과다. 대사공학의 초기 대표 사례로는 1988년 플로리다대학교의 로니 잉그럼 교수가 대장균에 자이모모나스 모빌리스의 에탄올 합성 유전자를 도입해 에탄올을 생산한 연구를 들 수 있다. 이후 대사공학은 급속히 발전하며 다양한 산업 분야에 적용되었다. 예를 들어 듀폰-제넨코는 15년이 넘는 기간 동안 수천억을 투입하여 카펫 섬유의 원료로 사용되는 1,3-프로판디올1,3-PDO 생산 미생물을 개발했다. 2006년에는 UC버클리의 제이키슬링 교수가 말라리아 치료제의 전구체인 아르테미시닉산artemisinic

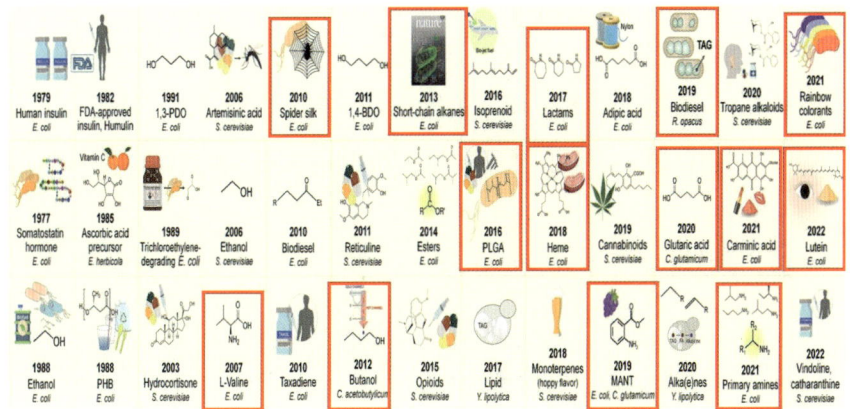

△ 30년간의 대사공학 연구를 통해 전 세계적으로 개발된 대표 제품들. 빨간색 박스 표시가 된 것은 내 연구실에서 생산한 제품들이다. (출처: Kim et al., 2023)

acid과 대마초의 주요 약효 성분인 카나비노이드cannabinoid를 미생물을 이용해 생산하는 데 성공했다.

내 연구실에서도 대사공학을 활용한 다양한 제품을 개발해왔다. 2010년 강철보다 강한 거미실크 단백질, 2013년 가솔린, 2016년 의료용 생체적합 고분자 폴리락테이트-co-글라이콜레이트Poly(lactate-co-glycolate), 2017년 나일론 원료인 락탐lactam, 2018년 식물성 단백질에 첨가하면 고기 맛을 내고 빈혈 치료제로도 활용되는 헴heme, 2021년 곤충에서 추출하던 고급 천연 색소 칼민carminic acid, 그리고 2022년에는 기존에는 금잔화에서만 얻을 수 있었던 눈 건강 관련 성분 루테인lutein을 미생물 대사공학으로 최초로 생산했다.

향후 대사공학은 합성생물학, 시스템생물학, 진화공학 등과 융합되며 생명체의 대사 경로를 더욱 정밀하게 설계하고 제어할 수 있는 방향으로 발전할 것이다. 이러한 기술적 통합은 복잡한 생명 시스템을 효율적으로 활용하는 데 결정적인 기여를 할 것으로 기대된다.

특히, 내 연구실에서 창시한 시스템대사공학은 생명체의 대사를 유전체 수준에서 체계적으로 분석하고 재설계하는 학문으로, 이러한 기술 통합의 중심에 있다고 할 수 있다. 시스템대사공학은 인류의 건강 증진, 글로벌 식량 위기 해결, 지속가능한 자원 순환 사회 구현과 같은 전 지구적 문제에 대응하는 데 핵심적인 기술로 자리매김할 것으로 기대된다. 이러한 기술적 진보는 생명공학을 넘어서, 미래 산업과 환경 전략 전반에 걸쳐 강력한 영향을 미치게 될 것이다.

7

단백질공학, 단백질을 디자인하는 기술

DNA는 대부분의 생명체에서 유전물질로 작용하며, 복제되어 후대에 전달된다. DNA는 전사 과정을 거쳐 RNA로 전환되며, 그중 mRNA는 번역을 통해 단백질이 된다. 학창 시절 생물 수업에서 배웠을 이 분자생물학의 중심원리는 단백질이 유전자의 염기서열에 따라 스무 가지 아미노산이 결합하여 형성된다는 개념을 기반으로 한다. 이렇게 생성된 단백질은 효소, 구조 단백질, 신호전달 단백질 등으로 세포 안과 밖에서 다양한 기능을 수행한다. 특히 효소는 단백질공학을 통해 개량될 수 있는데, 이에 대해 더 알아보자.

효소는 세포 내외에서 일어나는 반응에서 촉매 역할을 하는 단백질로, 생명 유지에 필수적이다. 화학 촉매와 비교했을 때 반응의 특이성과 선택성이 높으며, 상온·상압 또는 체온과 같은 높은 온도에서도 활성을 유지하는 것이 특징이다. 예를 들어, 우리가 음식을 섭취하면 침 속의 아밀라아제가 전분을 분해해 소화가 용이한 형태로 변화시킨다. 이후 포도당은 대사 과정을 거쳐 세포 내에서 핵산, 아미노산, 지방산을 합성하고 에너지를 생산하는 데 활용되며, DNA, RNA, 단백질, 지방 등의 생체 분자가 생성된다. 이러한 모든 대사 반응에 효소가 관여하니, 모든 생명체는 생명을 유지하기 위해 효소 반응에 의존한다고 할 수 있다.

효소는 매우 다양한 곳에서 활용되고 있다. 질병을 치료하는 데 쓰이는 효소도 있고 일상생활과 산업 활동에서 널리 사용되는 효소도 있다. 과식을 하여 소화가 안 될 때 먹는 소화제에는 단백질 분해효소인 프로테아제, 지방 분해효소인 리파아제, 그리고 탄수화물 분해효소인 셀룰라제와 아밀라아제 등이 들어 있다. 이 효소들이 음식물의 분해를 도와 소화를 촉진시켜주는 것이다. 또 세탁기에 넣는 세제에도 이런 것들이 들어 있어 옷에 붙은 음식 잔여물과 때 등을 효과적으로 분해하여 제거한다.

흥미로운 점은, 세제에 사용되는 효소들이 자연 상태 그대로가 아니라 개량된 효소라는 것이다. 효소의 활성을 높이거나, 더 높은 온도나 낮은 온도의 물에서도 작용할 수 있도록 개량하는 과정을 거치는데, 이처럼 단백질의 성능 및 특성을 조정하는 분야가 바로 단백질공학이다. 단백질은 아미노산이 연결된 형태이므로 직접 변형할 수 없으니, 이를 생성하는 유전자(DNA)를 조작하여 새로운 단백질을 만들어낸다. DNA 서열을 다양하게 변형한 후, 유전자 재조합 기술을 이용해 미생물에서 여러 변이 단백질을 생산하고, 이들 중 원하는 특성을 가진 단백질을 선택하는 방식이다.

2018년 노벨 화학상을 받은 프랜시스 아널드 교수의 '유도진화 기술'은 DNA 셔플링 기법과 더불어 변화된 서열을 갖는 DNA 라이브러리를 신속하게 구축할 수 있도록 해준다. 현재 단백질공학은 모든 것을 실험으로 하지 않고도 컴퓨터 시뮬레이션과 인공지능을 활용해

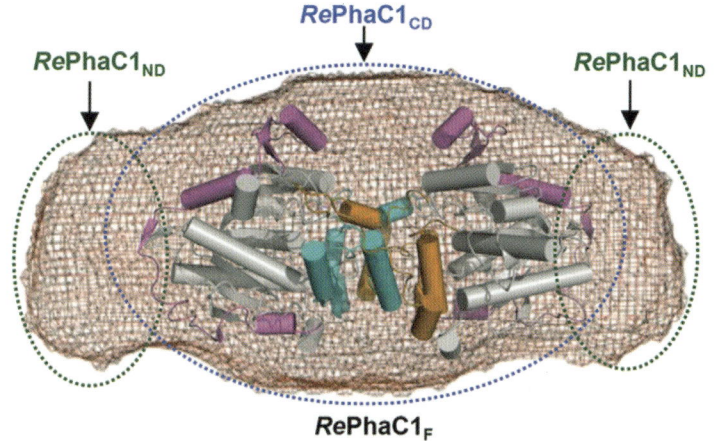

△ 생분해성 플라스틱을 합성하는 핵심 효소인 폴리하이드록시알카노에이트 합성효소(PHA synthase)의 3차원 구조. 내 연구실에서 경북대학교 김경진 교수팀과의 공동연구로 30년간 풀지 못했던 구조를 엑스레이 회절분석으로 처음으로 밝혔다. (출처: Kim et al., 2016)

단백질을 개량하는 전략을 제시할 수 있는 수준이다.

이러한 단백질공학의 발전은 생명과학 전반에 걸쳐 큰 영향을 미쳤다. 예를 들어, DNA를 복제하는 효소인 DNA 중합효소는 개량을 거쳐 중합효소 연쇄반응에 활용되며, 특정 DNA 서열을 절단하는 제한효소와 DNA를 연결하는 연결효소 역시 개량되어 유전자 재조합 기술에서 필수적으로 사용된다. 또한, 최근 주목받는 크리스퍼 유전체 편집 기술에서 핵심 역할을 하는 캐스9$_{Cas9}$ 효소도 단백질공학을 통해 변형되면서 더욱 정교하고 다양한 방식의 유전자 편집이 가능해지고 있다.

단백질공학 기술은 단일 효소의 개량을 넘어, 세포 내에서 수많은 반응을 촉매하는 여러 효소에 동시에 적용될 수도 있다. 예를 들어,

대장균을 이용해 스판덱스의 원료인 1,4-부탄디올을 생산할 때, 인공적으로 설계된 대사회로에서 성능이 낮은 효소들을 찾아 단백질공학으로 개량하면 1,4-부탄디올의 생산성을 크게 향상시킬 수 있다. 이처럼 단백질공학은 전체 대사 네트워크를 최적화하는 데 필수적인 기술이며, 대사공학에서도 핵심적인 역할을 담당한다.

단백질공학을 통해 개량된 효소들은 앞으로 더욱 폭넓은 분야에서 중요한 역할을 하게 될 것이다. 식품과 의약품 생산, 친환경 화학물질 및 연료 개발, 생분해성 플라스틱 제조, 그리고 기존 플라스틱과 난분해성 오염물질의 분해까지, 효소의 활용 범위는 지속적으로 확장되고 있다. 효소 기반 기술이 발전할수록 인류는 보다 지속 가능하고 친환경적인 방식으로 자원을 활용할 수 있을 것이다.

8

바이오파운드리, 자동화의 새 지평

반도체 산업은 우리나라의 핵심 산업 중 하나로, 설계, 생산, 패키징 및 조립, 품질 검사, 판매 및 유통의 단계를 거쳐 최종 제품이 시장에 출시된다. 반도체 칩을 만드는 토대가 되는 얇은 원판인 웨이퍼 위에 회로를 새기는 제조 설비를 갖춘 곳을 팹fab이라고 한다. 팹은 제조fabrication 설비의 약자로, 이를 갖추는 데만도 수조 원이 든다. 팹을 갖추고 반도체 설계는 직접 하지 않으며 다른 기업이 설계한 반도체를 위탁받아 제조만을 전담하는 기업을 파운드리foundry, 반대로 팹 없이 반도체 설계만을 담당하는 기업을 팹리스fabless라고 한다. 물론 설계부터 생산 및 판매 유통까지를 모두 운영하는 종합반도체기업 IDM도 있다.

반도체 산업에서의 파운드리와 유사한 개념으로 바이오 분야에는 바이오파운드리가 있다. 바이오 제품에는 치료제, 백신, 친환경 석유화학 대체 화학물질, 다양한 기능의 천연물질, 바이오플라스틱 등 많은 것들이 있는데, 현재의 바이오파운드리는 이러한 제품들을 직접 생산하는 곳이 아니다. 현재 바이오파운드리의 주요 목표는 이 제품들을 효율적으로 생산할 수 있는 세포공장을 만드는 것이다.

 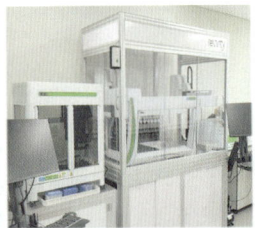 
 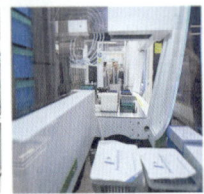  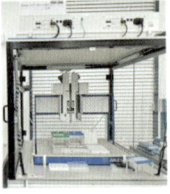

△ 카이스트와 한국생명공학연구원에 설치된 소규모 바이오파운드리의 일부 기기 장비들. 액체를 분주하고, 작은 튜브에 옮기는 로봇 등의 장비들이 있다.

내가 제자들과 30년간 연구해온 바이오플라스틱 생산 세포공장 개발 과정을 단순화해서 살펴보자. 우리는 특정 플라스틱을 만들기 위한 대사회로를 컴퓨터 가상세포를 이용하여 설계하고, 플라스틱 합성에 관여하는 필요한 효소들을 찾고, 그 효소들을 코딩하는 유전자들을 찾아 클로닝하고, 이 유전자들이 세포 내에서 최적으로 발현되도록 하고, 플라스틱 생산능이 극대화되도록 하는 등의 총체적 대사공학을 수행했다. 그 후 플라스틱을 고농도, 고수율, 고생산성으로 생산하기 위한 발효 공정과 분리정제 공정도 개발했다. 이 과정에서 원하는 수율로 플라스틱이 생산되지 않으면 다시 세포공장 설계와 제작 단계로 돌아가는 작업을 반복하여 수행했다. 이렇게 오래전부터 내가 사용한 디자인-균주 개발-공정 개발 및 시험, 그리고 이들의 반복 작업으로 구성된 시스템생명공학과 시스템대사공학 전략은 현재 합성생물학 분야 연구자들이 활용하는 설계(D)-제작(B)-시험(T)-학습(L)이라는 DBTL 사이클과 일맥상통한다.

바이오파운드리는 이 DBTL 사이클 중 엄밀하게는 BT에 해당하지만 실제로는 DBTL 전체를 아우른다. 앞서 말한 생분해성 플라스틱 생산 세포공장을 바이오파운드리로 만들어보자. 우선 플라스틱 합성에 관여하는 효소들을 코딩하는 다양한 유전자들을 최적으로 설계하여 자동으로 합성하고, 이들을 세포 내에서 발현하게끔 최적으로 조립하고, 자동으로 세포 내에 클로닝하여 설계된 유전자 회로를 가진 세포들을 제작, 이들을 고속 스크리닝을 통해 플라스틱 생산능을 측정하여 가장 효율적인 세포공장을 골라내게 된다. 즉, 바이오파운드리를 통해 DNA 혹은 유전자 부품들을 최적의 모듈로 조립하고 이를 박테리아와 같은 세포 섀시에 도입하여 세포공장이라는 시스템을 만들어내는 것이다.

이러한 바이오파운드리 구축을 위해서는 컴퓨터 설계 시스템과 알고리듬, 필요한 유전자들을 초고속으로 합성할 수 있는 DNA 합성기, 그리고 서열분석 및 검증을 위한 DNA 시퀀서가 필요하다. 뿐만 아니라 DNA를 잘라 붙이고, 세포에 유전자를 넣어주고, 수많은 종류의 세포들을 동시에 배양하고, 화합물과 세포 성장 등을 실시간으로 모니터링할 수 있는 초고속 병렬 로봇 및 분석 시스템을 갖추어야 한다. 반도체 파운드리 구축과 마찬가지로 상당한 하드웨어 비용이 필요한 것이다. 초기 비용이 많이 들긴 하지만 이를 갖추게 되면 이후에는 매우 빠른 속도와 낮은 비용으로 세포공장을 구축할 수 있다. 글로벌 바이오파운드리 연합GBA에 속한 미국, 유럽, 일본, 싱가폴 등은 국가 차원에서 바이오파운드리 구축에 많은 투자를 하고 있다. 우리나라의 경우 바이오파운드리는 없지만 세계 최초와 최고 효율의 다양한 세포공장들을 개발한 대사공학의 우수성을 인정받아 KAIST와 생명공학연구원 등이 이 연합에 멤버로 참여하고 있다.

우리나라에서도 2024년 초 예비타당성조사를 통과하여 2029년까지 약 1260억 원을 투자해 바이오파운드리 인프라가 구축될 예정이다. 비록 투자 규모로 보면 중국이나 미국보다는 훨씬 작지만, 지금이라도 시작하게 된 것은 다행이다. 바이오파운드리 없이 세포공장을 만드는 것은 수작업으로 반도체를 만들겠다는 것과 다름없다. 이제 우리나라도 바이오파운드리 구축을 조속히 추진하여 생명공학을 반도체 산업에 버금가는 차세대 주력 산업으로 성장시켜야 할 것이다.

9

자연을 닮은 기술, 생체모방 공학

아프리카의 나미비아와 앙골라 남부에 위치한 나미브사막의 연간 강수량은 1~2센티미터 정도밖에 되지 않는다. 이러한 척박한 환경에서 생물들이 살아가는 것을 보면 경이롭다. 이 나미브사막에 사는 동식물들이 생명을 유지하기 위해 필요한 수분을 획득할 유일한 기회는 옅은 안개가 낀 이른 아침인데, 안개가 하도 옅어서 자체적으로는 응축이 되지 않는다.

나미브사막에 사는 10원짜리 동전 크기만 한 스테노카라 딱정벌레는 진화를 통해 등에 물을 끌어당기는 친수성 돌기와 물을 배척하는 소수성 흐름관을 만들었다. 친수성 돌기에 모인 20마이크로미터보다 작은 지름의 물방울들이 점점 커지면 이 딱정벌레는 꽁무니를 들어올리는데, 이때 물이 등의 흐름관을 따라 내려가 딱정벌레의 입으로 들어가게 된다.

2006년 MIT의 로버트 코헨 교수와 마이클 루브너 교수는 스테노카라 딱정벌레의 수분 획득 방식을 모방해 테플론과 유사한 초소수성 물질과 전하를 띤 고분자를 이용한 초친수성 물질을 패터닝하여 극소량의 물을 포집하고 조절할 수 있는 새로운 소재를 개발했다.

△ 나미브사막에 사는 스테노카라 딱정벌레. 물을 모아 꽁무니를 들어서 물을 마신다. (출처: yakovlev.alexey from Moscow, Russia, CC BY-SA 2.0, via Wikimedia Commons)

우리 주변에서 사용하는 다양한 물건 중에는 동식물의 특징을 모방하여 개발된 것들이 많다. 이름만 들어도 쉽게 유추할 수 있는 오리발을 비롯해, 문어의 빨판을 본뜬 흡착판, 장미 덩굴의 가시에서 착안한 철조망, 상어 비늘을 모방한 선수용 수영복, 단풍나무 씨앗에서 영감을 얻은 헬리콥터의 날개, 물총새 부리를 닮은 초고속 열차의 앞부분, 연잎의 소수성을 활용한 방수 물질, 홍합의 족사를 본뜬 생체적합성 접착제 등 생체모방 기술이 광범위하게 적용되고 있다.

잘 알려진 또 하나의 예로 기저귀, 신발, 가방, 혈압계, 시계줄 등에 널리 사용되는 벨크로(일명 찍찍이)가 있다. 1940년대 스위스의 전기공학자 조르주 드 메스트랄은 사냥을 다녀온 후, 자신의 옷과 사냥개의 털에 산우엉 열매가 빼곡히 붙어 있는 것을 발견했다. 단순히 불편함을 느끼는 데 그치지 않고 메스트랄은 왜 열매가 쉽게 떨어지지 않는지 질문했다. 확대경으로 관찰한 결과, 산우엉 열매의 가시가 갈고리 모양을 하고 있다는 점을 발견했다.

이 원리를 응용해 한쪽 면은 갈고리 모양의 테이프, 다른 한쪽 면은 원형 고리 모양의 실로 구성된 분리형 접착 장치를 개발했다. 1950년대에 '분리 가능 접착기구' 등으로 특허를 출원한 후, 벨벳을 뜻하는 프랑스어 '벨루르Velour'와 갈고리를 의미하는 '크로셰Crochet'에서 앞 글자를 따 '벨크로'라는 브랜드명으로 제품을 출시했다. 현재 벨크로 회사는 일상생활과 산업 전반에서 사용되는 3만 5000여 가지 제품을 생산하며 생체모방 기술의 대표적인 사례로 자리잡고 있다.

최근에도 생체모방 기술은 지속적으로 발전하고 있다. KAIST 정기훈 교수 연구팀은 파리의 겹눈을 모방한 카메라 렌즈를 개발했다. 일반적으로 카메라는 선명한 이미지를 얻기 위해 여러 개의 렌즈를 결합하는데, 이는 부피가 커지는 단점이 있다. 휴대폰이나 초소형 디지털카메라에는 크기가 작은 렌즈가 필요한데, 부피를 줄이면 원거리 촬영이 어려워지는 문제가 발생한다.

곤충의 겹눈은 수천 개의 홑눈으로 이루어져 있으며, 이 홑눈들이 들어온 이미지를 합쳐 하나의 영상을 형성한다. 연구팀은 특히 말벌 무리에 기생하는 파리 '제노스 페키'의 겹눈 구조에 주목했다. 이 파리의 겹눈은 각 홑눈에서 개별 영상을 만들며, 특이하게도 홑눈 사이에 빛을 흡수하는 구조가 있어 영상 간 간섭을 최소화한다. 연구팀은 이를 모방해 수십 개의 작은 렌즈를 판에 부착해 두께 2밀리미터의 초박형 카메라를 개발했다. 이 기술을 통해 여러 개의 작은 렌즈가 얻은 개별 영상을 하나로 합쳐 넓은 시야를 확보하면서도 선명한 사진을 얻을 수 있었다. 또한, 정 교수 연구팀은 반딧불이의 발광 기관을 모방해 발광 효율을 약 60퍼센트 높이고, 발광 각도를 15퍼센트 확장한 유기발광다이오드OLED를 개발하기도 했다.

  이러한 생체모방 기술의 개발 과정을 벨크로 사례를 통해 살펴보면, 먼저 사냥개의 털에 붙은 산우엉 열매가 잘 떨어지지 않는다는 '호기심'에서 출발해, 확대경을 이용한 '관찰'을 통해 열매의 가시가 고리 구조를 이루고 있음을 '발견'하고, 이를 양면 테이프 형태로 '공학적으로 구현'했다. 자연에서 오랜 진화를 거쳐 특정 환경에 최적화된 생물 시스템은 인간의 호기심, 관찰, 발견을 통해 과학과 공학기술로 재해석되며, 결국 우리 생활을 더욱 편리하고 풍요롭게 만드는 다양한 제품으로 탄생하고 있다.

10

미생물로 만드는 기능성 천연물질

토마토는 건강에 매우 유익한 식품이다. 특히 토마토에 함유된 리코펜lycopene은 아스타잔틴astaxanthin과 함께 가장 강력한 천연 항산화제 중 하나로 꼽힌다. 이러한 성분들은 식물이 생산하는 이차대사산물에 속한다. 이차대사산물이란 생물체의 생존에 필수적인 물질은 아니지만 성장 촉진, 외부 유해균으로부터의 보호, 곤충 유인, 다른 식물과의 상호작용 등 다양한 기능을 수행하는 화학물질을 말한다.

식물이 만들어내는 이차대사산물 중에는 건강에 유익한 효과를 가진 것들이 많다. 그래서 리코펜이나 아스

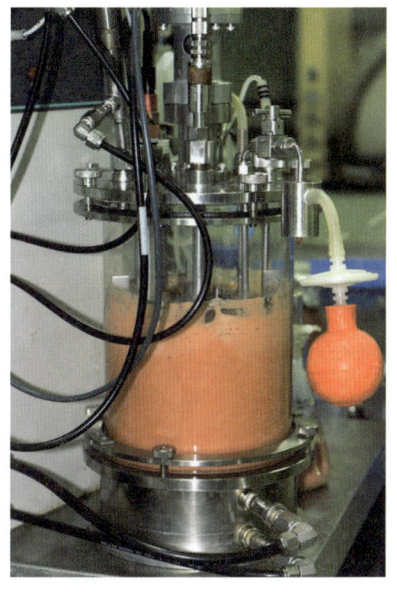

△ 내 연구실에서 대사공학으로 개량한 박테리아를 5리터 발효기에서 배양하며 토마토에 함유된 리코펜을 생산하는 모습.

△ 해열 진통제로 오랜 기간 사용되어온 아스피린(왼쪽)과 포도 껍질에 풍부한 레스베라트롤(오른쪽)의 화학구조.

타잔틴과 같은 성분을 함유한 건강보조제들이 시판되고 있다. 나아가 단순한 건강보조용을 넘어 실제 치료용 의약품들도 이러한 이차대사산물과 그 유도체에서 비롯된 경우가 많다. 대표적인 예가 해열제와 진통제로 널리 쓰이는 아스피린이다. 아스피린의 화학명은 아세틸살리실산acetylsalicylic acid인데, 이는 오래전부터 해열제로 사용된 버드나무 껍질 속 살리실산에서 유래했다. 또한, 바닐라 향과 같은 식품첨가제로 쓰이는 성분들도 이차대사산물에 해당한다.

그렇다면 이러한 이차대사산물들은 식물을 직접 재배하거나 식물 세포를 배양해야만 생산할 수 있을까? 그렇지 않다. 대사공학 기술을 이용하면 식물이 아닌 미생물을 통해 이차대사산물을 생산할 수 있다. 미생물을 활용할 경우 기후, 날씨, 토양의 질, 재배 인력 등의 영향을 받지 않고도 항상 일정한 품질로 안정적인 생산이 가능하다.

이를 잘 보여주는 예로 레스베라트롤resveratrol이 있다. 레스베라트롤은 포도 껍질에 풍부한 폴리페놀계 물질로 항암, 항염, 항노화 효과뿐 아니라 수명 연장 효과까지 있는 것으로 알려져 있다. 그러나

△ 진통제로 사용되는 모르핀의 화학구조.

이러한 효과를 기대하며 와인을 과다 섭취하는 것은 오히려 해가 될 수 있다. 이에 생명공학자들은 효모를 대사공학적으로 개량하여 레스베라트롤을 발효해 생산하는 기술을 개발했다.

또 다른 사례로 병원에서 널리 사용되는 진통제인 모르핀을 들 수 있다. 모르핀은 양귀비에서 추출하는데, 전통적으로 덜 익은 양귀비 꼬투리에 상처를 내어 유액을 채취하고 이를 말려 얻은 아편에서 특정 알칼로이드 성분을 분리하는 방식으로 생산했다. 그러나 2015년 스탠퍼드대학교 크리스티나 스몰키 교수는 양귀비, 박테리아, 심지어는 쥐에서 유전자를 조합하여 효모를 대사공학적으로 개량함으로써 모르핀 전구체를 생산하는 데 성공했다. 현재 생산 농도는 낮지만, 추가적인 대사공학 연구를 통해 양귀비 재배 없이도 모르핀을 안정적으로 생산하는 것을 목표로 하고 있다. 스몰키 교수는 이를 위해 안테이아Antheia라는 회사를 설립해 기술 개발을 지속하고 있다. 다만, 모르핀을 화학적으로 조금 변형하면 헤로인이 되기 때문에, 이러한 연구에는 안전 문제와 규제의 중요성이 강조된다. 실제로 스몰키 교수는 연구 과정에서 FBI의 감시를 받기도 했다고 한다.

말라리아 치료에 사용되는 아르테미시닌artemisinin도 개똥쑥에서만 극소량 생성되는 이차대사산물이다. 1970년대 중국의 투유유 박사가 개똥쑥 추출물의 항말라리아 효과를 과학적으로 규명했고, 이 공로로 2015년 노벨 생리의학상을 수상했다. 안정적인 대량생산이 어려웠으나 이후, 미국 UC버클리의 제이 키슬링 교수는 아르테미시닌의 생합성 경로를 밝히고, 이를 대사공학적으로 재구성하여 효모에서 아르테미시닌의 전구체를 대량생산하는 기술을 개발했다. 이 기술은 제약사에 의해 상용화되어, 말라리아 치료제의 안정적인 공급을 가능하게 했다. 키슬링 교수는 또한 홉hop을 넣지 않고도 맥주에서 홉 특유의 풍미가 나도록, 효모가 홉의 향을 내는 이차대사산물을 생산하도록 하는 기술도 개발했다. 최근에는 미국 일부 주에서 대마초가 합법화되면서, 대마의 주요 성분인 테트라하이드로카나비놀THC과 그 유도체들도 효모 대사공학을 통해 생산하는 연구도 진행 중이다.

그런데 미생물이 어떻게 이러한 식물 유래 이차대사산물을 생산할 수 있는 걸까? 내 연구실에서 개발한 아스타잔틴 생산 대장균을 예로 들어보자. 원래 대장균은 아스타잔틴을 합성할 수 없으며, 그와 관련된 효소들 또한 없다. 따라서 아스타잔틴을 생산할 수 있도록 대사회로를 설계하고, 필요한 유전자들을 도입하는 과정이 필요했다. 이를 위해 다른 박테리아에서 5개의 유전자를 가져오고, 미세조류에서 추가 유전자를 도입했다. 그러나 유전자만 추가한다고 해서 생산이 원활하게 이루어지는 것은 아니다. 각각의 반응이 효과적으로 일어나도록 정밀하게 대사 흐름을 조절해야 한다. 이러한 복잡한 대사공

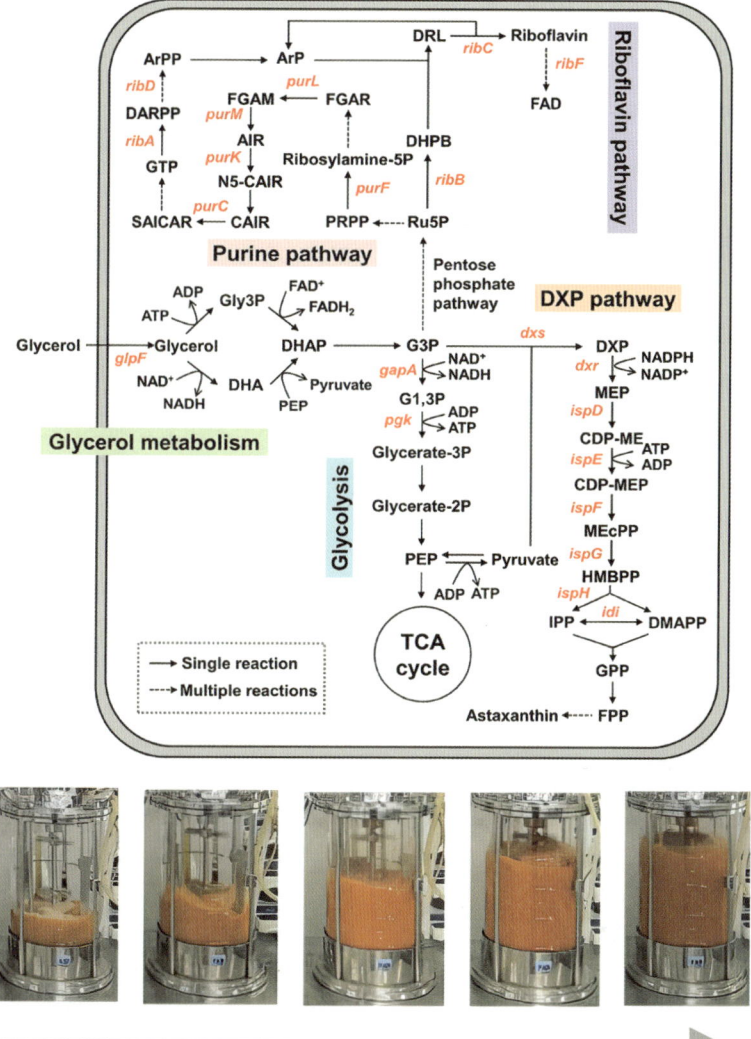

△ 연어의 주식인 크릴새우에 풍부한 아스타잔틴을 생산하도록 내 연구실에서 대사공학적으로 개량한 대장균의 대사회로(위)와 이렇게 만들어진 대장균을 발효기에서 배양하여 아스타잔틴을 생산하는 모습(아래).

학 과정을 거쳐 최종적으로 개발된 대장균은 발효를 통해 1리터당 432밀리그램의 아스타잔틴을 생산할 수 있게 되었다.

이 외에도, 포도의 향을 내는 메틸안트라닐레이트methyl anthranilate는 식품, 화장품, 의약품의 첨가제로 사용되는데, 기존에는 화학적으로 합성된 제품이 사용되었다. 그러나 대장균과 코리네박테리움을 이용해 이 성분을 발효로 생산하는 기술이 개발되었다. 이를 위해 방향족 아미노산 대사경로를 조작하고, 식물 유래 효소를 추가하며 대사회로를 최적화했다. 그 결과 1리터당 5그램 이상의 메틸안트라닐레이트를 생산할 수 있게 되었다. 특히 식품이나 화장품에 사용되는 물질의 경우, 화학적 합성보다 발효를 통해 생산된 천연성분이 선호

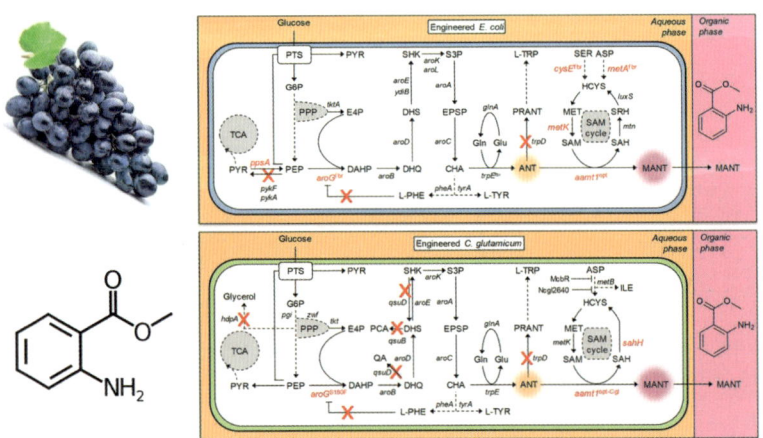

△ 포도향을 내는 화학물질인 메틸안트라닐레이트의 구조와 이를 박테리아에서 생산하기 위해 개발한 대사공학 전략. 위는 대장균의 대사회로를 엔지니어링한 것이고, 아래는 또 다른 박테리아인 코리네박테리움을 엔지니어링한 것이다. 핵심 유전자 중 하나인 메틸전이효소는 옥수수에서 가지고 왔다.

되며 더 높은 가격에 판매된다.

 기능성 천연물질에 대한 수요는 앞으로 더욱 증가할 전망이다. 세계 인구는 80억 명을 넘어 100억 명을 향해 가고 있으며, 급격한 고령화가 진행되면서 건강 유지의 중요성이 커지고 있다. 이러한 흐름 속에서 기능성 천연물질은 건강하고 풍요로운 삶을 위해 중요한 역할을 하게 될 것이다. 미생물 대사공학을 이용한 기능성 천연물 생산 기술은 이렇게 증가하는 수요를 충족하고, 안전하고 우수한 품질의 제품을 공급하는 데 크게 기여할 것이다.

11

색을 입히는 생명공학, 미생물이 만드는 천연색소

'색'은 단순히 시각적인 자극을 넘어 감정, 문화, 심리, 생리적 반응까지 유도할 수 있으며, 제품의 매력과 가치를 결정짓는 핵심 요소이다. 그렇기 때문에 식품, 의약품, 화장품, 의류와 섬유, 자동차, 가전제품, 포장재 등 거의 모든 산업 분야에서 색은 필수적인 고려 사항이다. 그런데 현재 우리가 일상적으로 사용하는 색소 대부분은 석유 기반의 화학합성으로 제조되며, 그중 일부는 인체에 해로울 수 있다. 예를 들어, 합성색소는 알레르기 반응을 일으키거나 세포독성, 심지어 발암 가능성을 지닐 수 있으며, 생분해되지 않아 환경에도 악영향을 끼친다. 이러한 문제점들로 인해 최근에는 인체에 안전하고 환경친화적인 천연색소에 대한 관심이 급증하고 있다. 천연색소란 식물, 곤충, 조류, 미생물 등 자연계 생물들이 생산하는 색소를 의미한다. 이들은 단지 색을 나타내는 기능 외에도 항산화, 항염, 항암 등 다양한 생리활성을 가지고 있어 기능성 소재로도 주목받고 있다.

하지만 식물 기반 천연색소는 계절, 재배 조건, 추출 효율 등 여러 제약으로 인해 대량생산이나 품질 표준화에 어려움이 있었다. 이러한 한계를 극복하기 위해 최근 생명공학 기술을 활용하여, 유전자를 조작한 미생물을 통해 천연색소를 생산하려는 전략이 각광받고 있다. 특히, 시스템대사공학의 발전은 이러한 미생물 기반 색소 생산을 현실화하는 데 큰 기여를 하고 있다. 나도 제자들과 함께 대사공학으로 천연색소를 생산하기 위한 전략을 총체적으로 정리한 논문을 발표해, 2022년 〈트렌드 인 케미스트리〉에 표지논문으로 게재된 바 있다.

시스템대사공학은 생명체 내부의 전체 대사 흐름을 통합적으로 분석하고 조절하는 기술이다. 이를 위해 유전체, 전사체, 단백질체, 대사체 등 생물학적 분자 집합체들을 연구하는 학문인 '오믹스Omics' 정보를 활용한다. 여기에 합성생물학, 효소공학, 진화공학, 컴퓨터 기반 모델링 등의 기술이 융합되면서, 목표 대사물질인 색소의 생산성을 획기적으로 높일 수 있는 정밀한 세포 설계가 가능해졌다.

현재 미생물을 활용해 생산할 수 있는 천연색소의 종류는 다양하다. 대표적으로는 카로티노이드carotenoid 계열, 인돌indole 계열, 안토시아닌anthocyanin 계열, 플라보노이드flavonoid 계열, 쿠마린coumarin 계열, 폴리케타이드polyketide 계열 색소들이 있다. 이들 색소는 각각 고유의 생합성 경로를 가지고 있으며, 다양한 효소들이 관여하는 복잡한 대사 반응을 거쳐 생산된다. 따라서 고효율 생산을 위해서는 해당 경로에 관여하는 모든 효소의 발현을 최적화해야 하고, 색소의 전구체가 되는 대사산물도 충분히 확보되어야 하며, 색소 자체가 세포에 미치는 독성도 고려해야 한다.

카로티노이드 색소에는 빨간색의 리코펜lycopene, 아스타잔틴astaxanthin, 주황색의 베타-카로틴beta-carotene, 노란색의 제아크산틴

△ 대장균을 대사공학적으로 개량해 일곱 가지 균주들을 만든 후, 이를 발효하여 생산한 빨주노초파남보 색소(왼쪽)와 그 연구 결과가 실린 〈어드밴스드 사이언스〉의 표지(오른쪽). (출처: Yang et al., 2021)

zeaxanthin 등이 있으며, 이들은 강력한 항산화 작용과 면역력 증진 효과를 지닌다.

또 파란색 또는 보라색을 띠는 바이올라세인violacein도 있다. 이는 원래 크로모박테리움Chromobacterium이라는 박테리아에서 유래한 색소인데, 내 연구실에서는 이 색소의 생합성 경로를 정밀하게 조작해 초록색의 프로바이올라세인proviolacein, 파란색의 프로디옥시바이올라세인prodeoxyviolacein, 보라색의 디옥시바이올라세인deoxyviolacein을 세계 최초로 생산하였다.

그러나 많은 천연색소는 소수성이 강한 특성을 지녀, 세포 내에서 대사에 지장을 주거나 성장을 저해시키는 독성 요인이 될 수 있다. 수용성 색소는 세포 밖으로 쉽게 분비되지만, 소수성 색소는 세포막이나 소기관에 축적되어 생산량 증가에 장애가 되기 때문이다. 이 문제를 해결하기 위해, 지질소포체처럼 소수성 색소가 녹아들 수 있는 지질막 구조체를 세포 내부 또는 외부로 분비하도록 세포를 공학적으로 설계함으로써 생산성을 향상시킬 수 있었다.

또한, 파란색 인디고indigo 및 인디고이딘indigoidine과 같은 인돌 계열 색소는 예로부터 청바지 염색에 사용되어왔으며, 항균력과 높은 구조 안정성을 지니고 있어 산업적 활용도가 높다. 우리 연구팀은 코리네박테리움 글루타미쿰Corynebacterium glutamicum을 대사공학적으로 개량하여 리터당 49.3그램이라는 고농도로 인디고이딘을 생산하는 기술을 개발했다. 이 수준은 상업화를 위한 기준을 충족할 정도로 높은 수치이다. 이렇게 높은 생산성을 달성한 배경에는 병목 반응을 일으키는 효소의 과발현, 전구체 공급 경로의 강화, 대사적 피드백 억제 제거, 강력한 유전자 발현 시스템 구축 등 다양한 생명공학 기술이 융합되어 있다.

생합성 경로가 길거나 복잡한 경우에는 모듈화 및 공배양co-culture 전략이 효과적이다. 즉, 색소의 생합성 경로를 상류–하류 또는 상류–중류–하류 모듈로 나눈 뒤, 각 모듈을 개별적으로 최적화한 다음 서로 다른 미생물에 나누어 도입하고 함께 배양함으로써 전체적인 대사경로를 효율적으로 유지하는 것이다. 이는 개별 미생물에 가해지는 대사적 부담을 줄이고, 전체 색소 생산의 안정성과 효율을 높이는 방법이다.

색소의 안정성과 기능을 높이기 위한 후변형post-modification 기술도 점점 중요해지고 있다. 대표적인 예로는 당화glycosylation가 있다. 예컨대 붉은색 색소인 베타니딘betanidin은 불안정하고 빛에 민감하지만, 당이 결합된 형태인 베타닌betanin으로 변형되면 안정성이 높아지고 수용성도 향상되어 다양한 제품에 적용이 가능해진다. 이처럼 색소에 화학적 변화를 주는 후변형은 기능성 부여는 물론, 새로운 색조 구현에도 활용될 수 있다.

또한, 하나의 색소 생합성 경로에서 다양한 유도체를 만드는 플러그-앤-플레이 플랫폼을 구축하는 전략도 유효하다. 이는 공통 전구체에서 다양한 효소를 활용해 구조적으로 변형된 색소들을 만들어내는 방식으로, 수십 가지 색조를 생성할 수 있어 화장품이나 패션 산업처럼 색상 다양성이 중요한 분야에 적합하다.

그러나 이러한 기술들이 산업적으로 널리 적용되기 위해서는 몇 가지 중요한 조건이 충족되어야 한다. 우선 미생물 균주의 생산성과 안정성이 유지되어야 하고, 생산 공정의 일관성 및 색소의 정제 용이성도 확보되어야 한다. 특히 식품이나 화장품에 적용할 색소의 경우, 항생제 내성 유전자(마커)를 사용해서는 안 되기 때문에, 세포 내에서 독립적으로 복제되는 작은 DNA 분자인 플라스미드를 이용한 시스템보다는 유전자를 세포 게놈에 안정적으로 삽입한 시스템이 바람직하다. 또한 규제 기준을 충족하고 소비자들의 수용성도 확보되어야 한다.

결론적으로, 미생물을 이용한 천연색소 생산 기술은 단순한 유전자 조작을 넘어선 생명공학 기술이다. 이 기술은 시스템 수준의 세포 설계, 공정 최적화, 색소 구조 다양화, 후변형 전략 등이 종합적으로 융합된 결과로, 환경오염을 줄이고 인체의 안전을 확보하며, 지속 가능한 색소 공급 체계를 마련할 수 있는 혁신적인 대안이다. 이러한 천연색소는 식품, 의약, 화장품, 의류, 소비재 등 다양한 산업 분야에서 기존의 합성색소를 대체할 수 있는 핵심 기술이 될 것이며, 앞으로는 인공지능 기반 대사경로 설계, 자동화된 유전자 조립 기술, 고속 정밀 스크리닝 시스템, 생물정보학 기반 신규 경로 탐색 기술과 결합되어 더욱 빠르게 발전할 것으로 기대된다.

12

배양육과 대체육, 새로운 식탁의 가능성

2018년 1월 말 다보스포럼 중 저녁식사를 겸한 아주 흥미로운 세션에 토론 주재자로 참여했다. 그날 제공된 파스타에 들어간 고기는 미국의 대체육 업체 임파서블푸드Impossible Foods의 고기였다. 그 자리에서 임파서블푸드의 CEO 패트릭 브라운이 이 식물성 단백질로 만들어진 대체육에 대해 설명했다. 먹어보니 맛과 식감이 실제 고기와 상당히 유사했다. 예전에 정말 못 먹을 정도로 맛이 없고 식감도 '영 아니올시다'였던 식물성 고기와 비교하면 엄청난 발전이었다. 세션 종료 후 브라운 박사에게 육류 맛을 내기 위한 핵심이 뭐냐고 물었더니 사람을 포함한 동물에서 산소 전달에 필수적인 헴heme이라고 했다. 대두에서 헴을 포함한 레그헤모글로빈leghemoglobin 단백질을 코딩하는 유전자를 클로닝해서 효모에 도입, 레그헤모글로빈을 생산하고 이렇게 생산된 레그헤모글로빈을 식물성 단백질로 만든 대체육에 섞어서 고기맛이 나게 한 것이다.

지난 몇 년간 배양육과 대체육 관련 기술 개발과 산업화는 급속히 발전했다. 기존 육류 생산 방식이 동물복지, 환경오염, 식량안보, 보건 안전 문제 등을 초래한다는 점에서, 지속 가능하고 윤리적인 대안

△ 식물성 단백질에 고기맛을 부여하는 데 핵심 역할을 하는 헴의 화학구조. 헤모글로빈에 붙어 있는 그 헴이다.

을 찾으려는 노력이 지속되고 있다. 도축과 공장식 축산업 등에 따른 동물복지 문제뿐 아니라, 전 세계에서 생산된 곡물의 약 33퍼센트 정도가 가축의 사료로 사용되며, 가축들이 배출하는 온실가스가 전 세계 온실가스 배출량의 15퍼센트 정도인 것 등이 육류 소비가 가져오는 여러 문제로 인식되기 시작한 것이다. 또한, 인수공통감염병에 대한 우려가 코로나19로 인해 더욱 커졌으며, 늘 지적되어온 항생제 사용 문제 또한 걱정이 큰 상황이다.

이에 지지체를 이용하여 소, 돼지, 닭, 오리 등의 근육줄기세포 또는 배아줄기세포를 배양하고 3D 프린팅으로 모양을 만드는 등 배양육에 대한 연구가 활발하다. 아직은 세포 배양 시 첨가되는 값비싼 세럼 성분 등 배양 비용이 엄청나게 많이 드는 것이 문제인데, 세럼 없이 배양하는 기술 등도 개발되고 있다. 미국의 멤피스미트Memphis

Meats, 저스트잇Just Eat, 네덜란드의 모사미트Mosa Meat 등 여러 기업이 배양육 상용화를 목표로 기술 개발을 이어가고 있다.

대체육은 예전부터 있었던 식물성 고기가 발전한 것으로 볼 수 있는데, 밀과 다양한 콩, 버섯 등으로부터 식물성 단백질을 추출해 압출성형 등을 통한 공정법을 활용하여 고기와 유사한 식감을 구현한 것이다. 그동안 실제 고기의 맛과 향을 구현하는 것이 상당히 힘들었는데, 최근 들어 다양한 방법들이 시도되고 있다. 앞서 언급한 임파서블푸드의 경우에는 이를 레그헤모글로빈의 첨가로 해결한 것이다. 임파서블푸드와 함께 대체육을 선도하는 미국의 비욘드미트Beyond Meat는 콩과 쌀, 코코아와 카놀라유 등으로 단백질과 지방을 얻고 비트주스, 사과추출물 등을 이용하여 맛, 향, 색을 내는 공정을 활용하고 있다.

미국의 시장조사업체 마케츠앤마케츠 자료에 따르면 식물기반 대체육의 2022년 시장 규모는 약 10.3조 원이며 연평균 14퍼센트의 성장을 하여 2027년에는 약 20.4조 원 규모가 될 것으로 전망된다. 현재는 배양육의 경우 단가가 워낙 비싸서 대체육이 대세이지만, 향후 배양육의 가격경쟁력 확보와 실제 고기와의 유사도에 따라 시장 판도, 그리고 시장 규모가 폭발적으로 커질 것으로 보인다.

한편, 더욱 혁신적인 접근 방식도 연구되고 있다. 미국의 푸드테크 기업 에어프로테인Air Protein은 공기 중의 이산화탄소를 탄소원으로 활용하여 미생물을 배양하고, 이를 통해 단백질을 생산하는 기술을 개발하고 있다. 이는 과거 영국의 화학 기업 ICI에서 메탄올을 이용해 미생물 단백질을 생산하던 방식과 유사하다. 이러한 연구들은 인

△ 내 연구실에서 개발한 용해 미생물 기반 난액을 이용하여 구운 머랭쿠키. (출처: Choi et al., 2024)

류가 보다 친환경적이고 지속 가능한 방식으로 식량을 생산하는 데 도움이 될 것이다.

우리나라에서도 배양육과 대체육 기술 개발이 진행 중이다. 내 연구실에서는 2018년 대장균을 대사공학적으로 개량하여 헴을 효율적으로 생산하는 기술을 개발했으며, 2024년에는 미생물을 활용한 난액liquid egg 제조 기술도 개발하였다. 이 미생물 난액을 이용해 머랭쿠키를 굽는 실험도 진행했다.

이와 같이 공학기술은 배양육의 핵심이 되는 배양공학 기술, 대체육의 핵심이 되는 원료의 친환경 생산기술과 가공기술 등에 기여하면서 앞으로 인류의 먹거리 문제 해결에도 중요한 역할을 할 것이다.

13

미생물이 만든 음식의 시대

2022년과 2024년, 제자들과 함께 미생물 식품의 가능성에 대한 상상력을 풍부하게 발휘한 논문을 발표하였는데, 그 내용을 요약하고 쉬운 말로 풀어보고자 한다.

기후위기가 심화되고 세계 인구가 2050년에는 100억 명에 달할 것으로 전망됨에 따라 식량위기가 큰 걱정거리다. 식량 공급을 늘리기 위해 산림 등을 경작지화하는 것은 기후위기를 심화시켜 역으로 식량 생산성을 저하시키는 아이러니를 만들 수 있다. 특히 육류 수요 증가에 따른 축산업 확대는 가축의 곡물 소비와 이산화탄소 및 메탄과 같은 온실가스 배출을 늘려 식량 및 기후 문제를 악화시키고 있다. 이런 악순환을 끊기 위해서는 지속 가능하면서도 영양이 풍부한 대체 식품 확보가 필요하다.

미생물은 지속 가능한 미래 식량 자원의 요건을 두루 갖추고 있다. 키워서 먹는 데까지 수개월 이상의 오랜 시간이 걸리는 식물이나 동물과 달리 미생물은 가축보다 물과 땅을 적게 사용하면서도 매우 빠르게 생장한다. 빠르게는 20~30분마다 두 배씩 증식하며, 심지어 이산화탄소를 먹고 자라는 미생물도 있다. 건조중량 기준 40~65퍼센

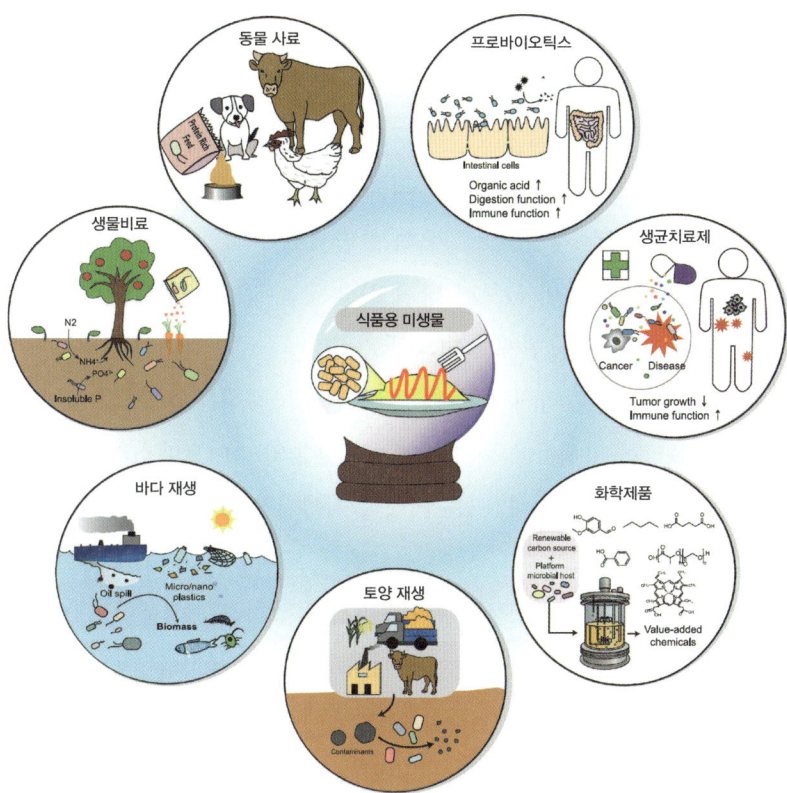

△ 식품용 미생물이 활용될 수 있는 분야는 미생물 식품 이외에도 동물 사료, 프로바이오틱스, 생균치료제, 유용 물질 생산, 토양 재생, 바다 재생, 생물비료 등 다양하다. (출처: Choi et al., 2022)

트의 단백질을 함유하고 있으며 각종 비타민, 항산화 물질 및 생리활성 물질도 풍부해 육류와 비교해도 영양학적으로 손색이 없다. 배양, 획득, 소비 과정에서 윤리적 문제도 없다.

미생물 식품은 이미 우리 생활 깊숙이 자리잡고 있다. 청국장, 김치, 막걸리, 빵, 요구르트, 치즈 등 각종 발효 식품은 우리가 오랜 기간 즐겨온 미생물 식품이다. 우리가 먹지 못하는 바이오매스처럼 상대적으로 가치가 낮은 탄소원이나 공기 중의 이산화탄소를 미생물에게 먹이로 주고 발효를 하면, 영양가가 풍부한 미생물과 그 미생물이 만들어낸 각종 생리활성 물질을 획득할 수 있다. 미생물로부터 단백질을 추출해 식량 자원으로 활용하는 단세포 단백질 개념은 이미 수십 년 전에 연구된 바 있으나 당시 식량 공급에 전혀 문제가 없었기에 주목받지 못했다. 현재는 미국의 키버디Kiverdi, 핀란드의 솔라푸드solarfoods 등 여러 기업에서 단세포 단백질의 제품화를 추진하고 있다.

가장 유망한 미생물 식품의 형태는 미생물의 바이오매스나 배양액 자체를 섭취하는 것이다. 이는 미래의 이야기가 아니라 현재도 실현되고 있는 사례들로, 예를 들어 클로렐라, 스피룰리나, 유산균, 프로바이오틱스는 모두 미생물의 바이오매스를 섭취하는 식품이고, 요구르트나 막걸리는 미생물 배양액을 섭취하는 좋은 예이다.

하지만 미래의 미생물 식품은 단순히 배양된 미생물을 그대로 섭취하는 방식이 아니라, 다양한 요리법을 통해 식자재로 활용된 뒤 일반적인 음식처럼 섭취될 것이다. 또한, 미생물에서 영양소를 정제하여 사용할 경우, 최종 산물에서 원하지 않는 물질을 제거할 수 있어 미생물 식품의 생산에 사용할 수 있는 미생물과 그 먹이에 대한 선택의 폭이 넓어지는 장점이 있다. 다만, 정제 공정이 생산 비용을 증가시킬 수 있다는 단점도 존재한다.

유산균, 고초균, 효모, 누룩곰팡이 등 오랜 세월 동안 식품 발효에 활용되어온 안전하고 영양가 높은 미생물들은 훌륭한 미생물 식량 후보로 손꼽힌다. 하지만 많은 경우, 미생물이 성장하기 위해 특정

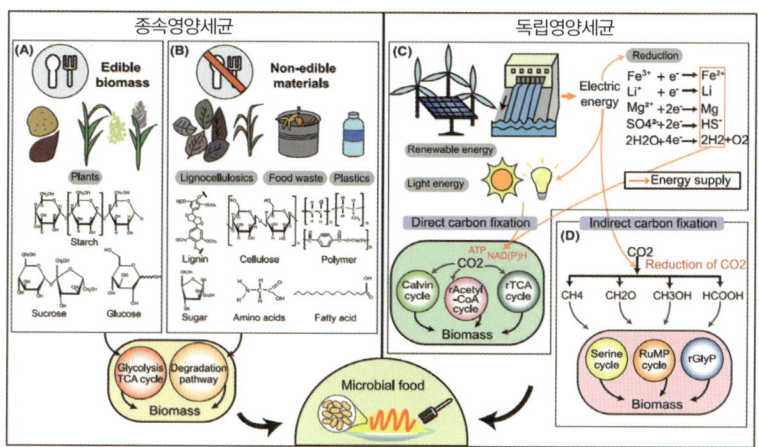

△ 식품용 미생물들은 이산화탄소, 유기성 폐기물 등 다양한 원료로부터 생산이 가능하다. 종속영양세균은 외부에서 제공되는 유기물을 탄소원으로 성장하는 세균이고, 독립영양세균은 다른 생명체에 의존하지 않고, 즉 유기물을 필요로 하지 않고 이산화탄소를 탄소원으로 성장 가능한 세균이다. (출처: Choi et al., 2022)

영양소를 첨가해야 하므로 생산 단가가 높아질 수 있다. 또한, 미생물의 특유의 맛이나 냄새가 문제로 작용할 수 있다. 그런데 이러한 문제들은 대사공학과 발효공학을 통해 해결할 수 있다.

예를 들어 대사회로를 개량해 영양 요구성을 제거하고, 식량 미생물이 건초나 폐목재처럼 저렴하고 재생 가능한 탄소원을 소비하며 빠르게 성장하게 할 수 있다. 대사공학으로 이산화탄소나 이산화탄소로부터 만들어진 포름산을 탄소원으로 사용하여 자라게 할 수도 있다. 또한 불쾌한 맛이나 냄새에 관여하는 대사경로를 차단하거나 바닐라, 포도향, 샤프란, 트러플 등의 풍미를 내는 화합물의 생합성 유전자를 도입하여 식량 미생물의 풍미를 향상시킬 수도 있다.

더 나아가 미생물 내 단백질이나 유익한 기능성 물질의 함량을 높이거나 소비자의 건강 상태나 필요에 따라 영양 성분을 개인 맞춤형으로 디자인한 미생물 식량을 만들 수도 있다. 이러한 '맞춤 미생물 식품'은 어린이, 청소년, 중장년별 맞춤 식품뿐 아니라 당뇨병, 고혈압, 암 등의 환자별 맞춤 식품, 다이어트 식품 등 다양한 형태로 제공될 수 있을 것이다. 급격한 인구 증가와 기후위기로 인해 미생물 식품이 지속 가능한 식품 시스템의 한 축을 담당할 날이 올지도 모르겠다.

14

지속 가능한 식품 시스템을 향하여

UN이 발표한 〈세계인구전망 보고서 2024〉에 따르면 세계 인구는 현재 약 82억 명으로, 앞으로 2084년 약 103억 명까지 늘어날 것으로 예측된다. 예전에 비해 증가율은 둔화되었지만 지속적으로 증가 중이다. 모든 생물의 생존을 위해서는 음식 섭취가 필요하다. 그렇다면 2060년 세계 인구가 100억 명에 육박했을 때 현재의 식품 시스템이 안정적일 수 있을까? 2050년까지 지금보다 최소 30퍼센트 이상 요구되는 음식물 증산이 가능할까?

유엔 식량농업기구FAO의 2019년 보고서에 따르면 생산된 농수축산 먹거리의 최소 3분의 1이 손실되거나 버려진다. 또 세계보건기구의 2022년 자료에 따르면 약 3억 9000만 명이 영양 결핍(저체중) 상태에 있으며, 과체중이거나 비만인 성인 인구는 약 25억 명이다. 농수축산 시스템은 온실가스 배출의 약 25퍼센트를 차지하며 70퍼센트 정도의 담수를 소비한다. 이미 다가온 기후위기와 물 위기를 해결하기 위해서는 식품 시스템을 새롭게 디자인해야 한다. 특히, 음식의 생산, 분배, 소비, 재활용 및 폐기뿐 아니라 영양, 농약과 항생제 사용, 토양의 질, 환경영향, 물과 에너지, 기후변화 문제들이 함께 고려

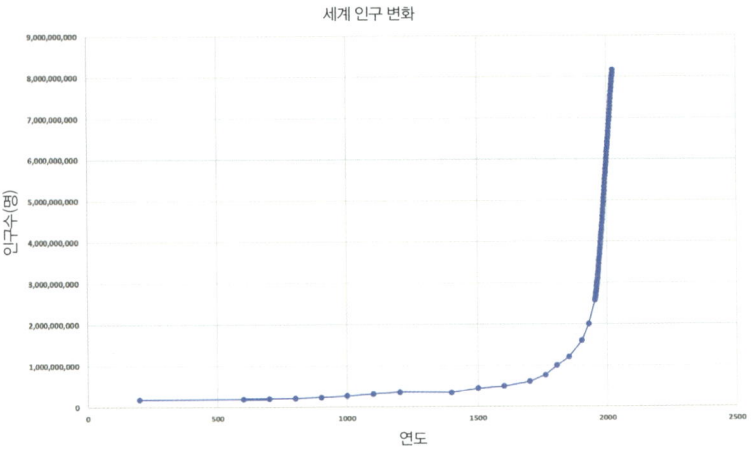

△ 연도별 세계 인구수. 월드오미터의 데이터를 기반으로 그린 차트.

된 전체 시스템 수준에서의 분석을 통해 전략을 세우고 대비해야 한다. 이를 위해 음식이 어디에서 어떻게 생산되어 어떠한 과정을 거쳐서 우리 식탁에 올라오는지를 모든 면에서 투명하게 보여줄 수 있는 식품의 추적성traceability을 높이는 것이 중요하다.

2019년 세계경제포럼은 기술 혁신을 통해 식품 가치사슬의 추적성을 향상시키는 전략에 대한 보고서를 발표했다. 식품의 추적성 향상은 우리가 섭취하는 식품의 생산 과정부터 소비에 이르기까지, 각 단계에서 건강, 영양, 경제, 환경에 미치는 영향을 명확하게 보여줄 수 있는 방법이다. 4차 산업혁명의 핵심 기술들을 활용하면 이러한 추적을 보다 쉽고 투명하게 만들 수 있다.

우선, 식품의 생산부터 유통, 소비에 이르는 전 과정에서 데이터를 확보하고 개별 음식물을 식별할 수 있는 기술이 필요하다. 센서 기술은 비침투적이고 비파괴적인 방식으로 중요한 역할을 하며, 이미지 분석 기술과 결합해 농수축산물의 생육 상태와 질병 여부 등을 파악할 수 있다. 또한, 적외선분광 기술을 사용하면 수분, 단백질, 지방 함량 등을 비침투적으로 모니터링할 수 있다. 이처럼 많은 데이터가 축적되면 인공지능 기술을 통해 더욱 강력한 분석과 예측이 가능해질 것이다. 사물인터넷IoT 기술을 통해 온실, 축사 등의 최적화 제어, 관리, 보안이 통합된 스마트팜도 가능하며, 고도의 센서들이 개발되면 실시간으로 동식물의 건강 상태 모니터링과 관리도 가능해진다.

세상에 좋은 사람들만 있는 건 아니기 때문에, 음식의 안전성에 대한 걱정은 항상 존재해왔다. 그래서 내가 먹고 있는 음식이 좋은 환경에서 농약이나 항생제 남용 없이 생산되었는지, 유통 과정에서 변질되지 않았는지 등 내 입에 들어가는 음식의 이력을 추적할 필요성이 제기됐다. 미국에서는 지속 가능한 농업을 목표로 필드투마켓Field to Market이라는 연합체를 구성해 농산업, 정부, 대학, 환경보호 단체들이 협력하여 최적화된 농업 공급망 구축을 위해 노력하고 있다. IBM은 블록체인 기반의 음식 추적 시스템인 'IBM 푸드 트러스트Food Trust'를 개발해 여러 음식 생산 및 유통업체들과 협력하고 있다. 이러한 노력 덕분에 음식 추적이 투명하고 정확하게 이루어지면, 음식 생산 과정과 안전성에 대한 소비자들의 신뢰가 높아지고, 음식 공급망이 최적화되며, 음식 낭비가 줄어들고, 지속 가능한 식품 생산 시스템이 구축될 것으로 기대된다.

세계경제포럼은 2018년 식품 추적성 향상을 위한 기술을 포함해 식품 시스템에 큰 영향을 미칠 수 있는 열두 가지 혁신적 기술을 제안했다. 식품 수요 변화와 관련된 세 가지 기술은 대체 단백질, 음식 안전·질·추적성을 위한 센서 기술, 개인 맞춤형 영양을 위한 영양유전학이다. 대체 단백질은 육류 소비를 대신해 비동물성 단백질을 사용하는 것으로, 식물성 단백질, 세포, 조직을 기반으로 고기 맛을 내는 다양한 기술들이 개발되고 있으며 일부는 시판되고 있다. 미래에는 미생물 기반의 단백질 생산 기술도 적극적으로 활용될 것이다. 센서 기술은 음식의 안전성과 질을 확실히 보장할 뿐만 아니라, 음식 낭비를 줄이는 데도 큰 도움이 된다. 건강에 대한 관심이 높아진 지금, 개인 맞춤형 영양 기술도 점차 활용되고 있으며, 미래에는 유전자와 개인 생활 패턴에 맞춘 최적의 영양을 제공하는 음식 프로그램들이 등장할 것이다.

식품 가치사슬 최적화 부분에서는 모바일 서비스 배달, 빅데이터 분석을 통한 최적의 보험 설계, 앞서 언급한 실시간 음식 공급망의 투명성과 추적성을 위한 사물인터넷 기술, 블록체인 기반의 식품 추적 기술 등이 제시되었다. 모바일 서비스 배달은 중간 유통망을 줄여 농부와 소비자 간 직거래를 가능하게 하여 불필요한 음식물 손실을 방지하고, 농업 종사자의 수입을 6퍼센트까지 증가시킬 것으로 기대된다.

기본적으로 늘어나는 인구를 먹여 살리기 위해서는 효율적인 생산 시스템이 필요하며, 이를 위한 핵심 기술로는 투입 자원과 물 사용을 최적화한 정밀농업, 농식물 건강과 토양의 복원 탄력성을 위한 마이크로바이옴 기술, 식품 생산 시스템에서의 재생에너지 기술, 농식물의 영양, 기능, 병충해 내성 강화를 위한 유전자 편집 기술, 바이오 소재 기반 농작물 및 토양 보호 기술 등이 제시되었다.

  나는 한식이 거의 모든 면에서 세계 최고의 음식이라고 자부한다. 상기한 식품 시스템 혁신 기술들 중 다수는 우리나라에서도 이미 개발되고 있지만, 더욱 적극적인 기술 개발을 통해 식량안보를 확보하고, 낭비를 최소화하여 세계적으로 가장 신뢰받는 건강식 K-푸드 식품 시스템으로 발전할 수 있기를 기대한다.

15

K-푸드 발전을 위하여

2024년 초 농림축산식품부는 K-푸드 플러스K-Food+ 수출 확대 추진 본부를 출범시켰다. K-푸드 플러스는 우리나라 농식품에 농기자재, 펫푸드, 스마트팜 등 농식품 관련 산업까지 합친 것을 의미한다. 2023년 우리나라 K-푸드 수출액은 16조 원을 넘어섰는데, 2024년에는 역대 최대인 약 19조 원을 기록하였다. 정부는 농식품 산업을 수출 전략산업화하여 2027년까지 30조 원 달성을 목표로 총력을 다하기로 했다.

농식품 수출 품목별로 액수를 보면 흥미로운 점이 있다. 2023년도 우리나라의 라면 수출액은 1조 2000억 원에 달했다. 김 수출액도 1조 원을 넘었다. 즉석밥과 냉동김밥 등 쌀 가공식품 2890억 원, 만두 878억 원 등 농식품 수출액은 꾸준히 늘고 있다. 2024년도 라면 수출액은 더 늘어서 1조 6000억 원을 넘어섰다. 그런데 K-푸드의 대명사라고 할 수 있는 김치의 수출액은 2000억 원 정도로서 라면이나 김 수출액보다 적다. 김치의 수출액도 매년 늘고 있기는 하지만 우리나라 음식하면 가장 먼저 떠오르는 대표 식품이라는 점에서는 그 수출액이 생각보다는 적은 편이다.

K-푸드 수출이 급증하는 데 K-컬처가 중요한 역할을 했다는 것은 널리 알려진 사실이다. K-팝 아이돌과 K-드라마의 열풍으로 자연스럽게 많은 외국인이 K-푸드를 찾고 있기 때문이다. 그런데 K-푸드의 대표격인 김치는 왜 상대적으로 수출이 적을까?

오래전 미국 친구가 했던 이야기가 떠오른다. 그는 김치를 좋아해 한인마트에서 한 통을 사 냉장고에 보관했는데, 함께 사는 여자친구가 우연히 뚜껑을 열었다가 강한 발효 냄새에 놀라 다툼이 벌어졌다고 한다. 이는 우리가 푹 삭힌 홍어나 강한 향을 지닌 프랑스 치즈를 처음 접할 때와 비슷한 경험일 것이다. 하지만 만약 그 여자친구가 김치에는 장 건강에 좋은 박테리아와 식이섬유, 비타민이 풍부하다는 사실을 알고, 적당히 익어 아삭하고 상큼한 맛의 김치를 처음 접했다면 반응이 달랐을지도 모른다.

최근 몇 년 사이, 한국 문화와 엔터테인먼트의 세계적 인기에 힘입어 K-푸드는 전통적인 요리부터 현대적인 퓨전 음식까지 폭넓게 사랑받고 있다. 김치, 불고기, 비빔밥 같은 익숙한 한식은 물론이고, 치킨, 튀김 요리, 냉동김밥 등 간편식까지도 글로벌 시장에서 주목받고 있다. 한국 음식점들은 세계 곳곳에서 문전성시를 이루고 있으며, 음식 관련 TV 프로그램과 영상 콘텐츠의 인기, 소셜미디어를 통한 레시피 공유 등이 K-푸드 시장의 성장을 더욱 가속화하고 있다.

하지만 김치의 사례에서 볼 수 있듯, K-푸드가 세계인의 식탁에 더 깊이 스며들기 위해서는 다양화와 현지화가 필수적이다. 각국의 식재료를 활용하거나 현지의 음식 문화와 조화를 이루는 퓨전 요리를 개발하는 등, 입맛의 폭을 넓히는 노력이 필요하다. 김치 피자, 김치 스파게티, 김치 리소토처럼 색다른 조합이 성공하지 못할 이유는 없다. 나아가 지속 가능성과 건강을 고려한 발전도 중요하다. 환경친화적인 식재료를 사용하고, 첨단 생명공학을 접목한 맞춤형 영양식품을 개발한다면, K-푸드는 단순한 유행을 넘어 세계에서 가장 맛있고 건강한 음식으로 자리잡을 수 있을 것이다.

K-푸드가 한국의 핵심 산업으로 자리잡기 위해서는 원자재와 부자재의 국산화를 극대화하는 노력이 필요하다. 2024년처럼 환율이 1달러당 1,400원을 넘는 상황이 지속된다면, 원재료의 90퍼센트 이상을 수입하는 라면과 같은 제품은 고환율의 영향을 크게 받을 수밖에 없다. 라면의 면발은 보통 해외에서 수입한 밀을 가공한 밀가루로 만드는데, 우리나라 식량안보 차원에서 지속 생산해야 하지만 남아도는 쌀을 적극적으로 활용할 필요가 있다. 실제로 쌀라면 제품이 출시된 적도 있지만, 일반 밀가루 라면에 비해 판매량이 낮다. 이유는 여러 가지가 있겠지만, 소비자들이 쌀라면의 맛이나 식감에서 차이를 느끼거나 익숙하지 않은 원료에 대해 거부감을 갖기 때문일 수 있다. 쌀은 밀에 비해 전분 구조가 다르고, 글루텐이 없어 쫄깃한 식감을 내기가 어렵다. 그래서 이런 점을 보완하려면, 쌀 전분의 점성 조절, 혼합 비율, 가공 적성 등을 고려한 고분자 가공 기술 개발이 필요하다. 맛과 식감을 개선하고, 소비자 반응을 조사해가며 기술을 보완한다면 쌀라면도 충분히 경쟁력 있는 대체 식품으로 자리잡을 수 있다.

나아가 생명공학, 정보통신 기술, 신소재 과학 등 다양한 분야를 융합하여 K-푸드의 생산, 가공, 보존, 유통, 소비 전반의 효율성과 지속 가능성을 높이고, 버려지는 식품을 줄여야 한다. 가축 기반 육류 대신 세포 배양육과 식물성 대체육, 카로티노이드 등 미생물 기반 기능성 소재 개발, 식품의 3D 프린팅, 직업·연령별 맞춤형 간편식, 음식 부산물 업사이클링 등 혁신적인 제품 개발도 요구된다.

또한, 인공지능을 활용한 맞춤형 레시피 추천, 소셜미디어와 가상현실을 통한 요리 학습 체험, K-컬처와의 강력한 융합, 효율적 배송 시스템 구축 등 기술·마케팅·물류 혁신도 필수적이다. 이러한 노력을 통해 K-푸드는 맛과 건강을 동시에 만족시키는 지속 가능한 글로벌 식문화로 자리잡고, 나아가 한국의 핵심 수출 산업으로 성장할 수 있을 것이다.

16

신약 개발 강국을 향한 여정

노보노디스크의 위고비와 일라이릴리의 마운자로 등 비만 치료제들이 전 세계적으로 막대한 매출을 올리고 있다. 투자리서치 기업 모닝스타와 피치북에 따르면 2031년까지 비만 치료제 시장 규모는 약 300조 원에 달할 것으로 예측된다. 이처럼 신약 개발은 질병 치료라는 핵심적인 역할뿐만 아니라, 성공할 경우 막대한 매출과 높은 이익률을 창출하는 기술집약적 고부가가치 산업이기도 하다. 우리나라 제약시장 규모는 2022년 기준 약 29조 9000억 원으로, 글로벌 시장(약 2180조 원, 1조 5600억 달러)의 약 1.4퍼센트 수준에 불과하다.

2023년 전 세계 10대 블록버스터 약

미국 의약전문지 〈피어스파마Fierce Pharma〉의 자료에 따르면 2023년 최고 매출을 올린 블록버스터 약품들은 다음과 같다.

미국 MSD의 암 치료제 키트루다Keytruda는 피부암(멜라노마), 폐암, 두경부암 등 다양한 암 치료에 효과를 보이며, 295억 달러(환율 1,400원 기준 약 41조 원)의 매출을 기록했다. 애브비의 휴미라Humira는 류머티즘성 관절염과 건선 등 자가면역질환 치료제로 사용되며,

144억 달러(약 20조 원)의 매출을 올렸다. 한때 수년간 매출 1위를 지켜온 휴미라는 2022년 212억 달러에서 매출이 감소하며, 키트루다에 1위 자리를 내주었다. 한편, 노보노디스크의 오젬픽Ozempic은 제2형 당뇨병 치료와 체중 감량 효과로 주목받으며, 약 950억 덴마크 크로네(약 140억 달러, 19.6조 원)의 매출을 기록했다.

브리스톨-마이어스 스퀴브와 화이자가 공동 개발한 혈액 희석제 엘리퀴스Eliquis는 129억 달러의 매출을 기록했으며, 심방세동, 심부정맥 혈전증, 폐색전증 예방에 사용된다. 한편, 〈유전공학뉴스Genetic Engineering News〉는 엘리퀴스의 2023년 매출을 189억 달러로 추정하며, 키트루다에 이어 두 번째로 많이 판매된 의약품으로 보고했다.

길리어드 사이언스의 비크타비Biktarvy는 HIV 치료제로 118억 달러의 매출을 기록했으며, 리제네론과 사노피가 공동 개발한 듀픽센트Dupixent는 아토피 피부염과 천식 등 염증성 질환 치료제로 116억 달러의 매출을 올렸다. 화이자와 바이오엔테크가 개발한 코로나19 백신 코미나티Comirnaty는 112억 달러의 매출을 기록했으며, 〈유전공학뉴스〉에서는 이를 153억 달러로 추정했다.

존슨앤드존슨의 스텔라라Stelara는 건선, 건선성 관절염, 크론병, 궤양성 대장염 치료제로 2023년 109억 달러의 매출을 올렸으며, 브리스톨-마이어스 스퀴브와 오노 제약이 개발한 옵디보Opdivo는 피부암(멜라노마)과 비소세포 폐암 등 다양한 암 치료제로 사용되며, 같은 해 100억 달러의 매출을 기록했다. 또한, 존슨앤드존슨의 다잘렉스Darzalex는 다발성 골수종 및 경쇄 아밀로이드증 치료제로 97억 달러의 매출을 올렸다.

이들 의약품은 단순히 높은 매출과 이익을 창출하는 데 그치지 않고, 각 질환 분야에서 중요한 치료 옵션으로 환자들의 삶을 개선하는 데 큰 역할을 하고 있다.

신약 개발 과정

그러면 이러한 신약들은 어떻게 개발되는지 그 과정을 한번 살펴보자. 신약 개발은 복잡한 다단계의 과정을 거치는데, 크게 발견 단계와 개발 단계로 나누어볼 수 있다. 가장 먼저 질병의 원인이 되거나 진행 과정에 관여하는 생물학적 표적을 찾아내고 검증하는 과정이 필요하다. 이를 표적 선정target identification이라고 하며, 특정 질환과 관련된 단백질이나 유전자를 찾아 신약 개발의 표적으로 설정하는 단계다. 다음은 표적 검증target validation 단계이다. 발굴한 표적이 질병의 진행에 실제로 중요한 역할을 하는지 확인하는 단계로서, 실험실에서 다양한 생화학적, 유전학적 연구를 통해 진행된다.

표적이 검증되면 그다음은 후보물질 선정lead identification을 한다. 천연물을 포함한 다양한 화학물질이나 생물학적 물질 중에서 표적에 작용하여 원하는 반응이나 상호작용을 일으키는 후보물질을 선정하는 단계이다. 이때 전통적으로는 대량의 화학물질 라이브러리를 스크리닝하여 효능이 있는 물질을 찾는 고속 스크리닝high throughput screening 기법이 널리 사용되며, 최근에는 컴퓨터 시뮬레이션과 인공지능을 기반으로 디자인한 작은 분자 화학물질들로 시작하여 분자구조를 바꿔가면서 개발하는 접근법도 발전하고 있다. 다음은 검증된 후보물질의 효능, 선택성, 안전성, 약동학적 특성을 최적화하는 후보물질 최적화lead optimization 과정이 진행된다. 이 단계에서 검증된 화학물질의 구조를 수정하면서 더 효과적이고 안전한 물질을 도출하게 된다.

이러한 과정을 거쳐 신약 가능성이 높은 물질이 도출되면, 이제 본격적으로 전임상 및 임상시험 단계로 넘어간다. 전임상시험은 동물모델을 사용하여 후보물질의 안전성과 유효성을 평가하는 단계로, 임상시험으로 들어가기 전에 신약 후보물질이 인간에게 사용될 수 있는지를 결정하는 과정이다. 전임상시험을 통과하면 이 물질은 실험 약물experimental drug로 분류되며, 본격적으로 인간을 대상으로 하는 임상시험에 돌입하게 된다.

임상시험은 크게 1~3상으로 구분된다. 1상은 약 20~100명 정도의 소규모로 건강한 자원자들을 대상으로 실시된다. 이 단계의 주요 목표는 신약의 안전성과 적정 용량 범위를 평가하는 것이다. 또한 약동학적 특성, 즉 신약이 체내에서 어떻게 흡수, 분배, 대사, 배출되는지를 분석하며, 예상치 못한 부작용이 있는지도 확인한다. 1상 시험은 보통 수개월이 걸리며, 선정된 실험 약물들의 60~70퍼센트가 통과한다.

1상을 통과한 약물들은 본격적으로 약효를 검증하는 임상 2상으로 돌입한다. 보통 100~300명의 자원자들을 대상으로 진행되며, 수개월에서 2년 정도의 시간이 소요된다. 2상 시험의 주요 목적은 약물이 목표로 하는 질환을 실제로 치료하는지를 확인하는 것이며, 동시에 최적의 투여량과 투여 주기 등을 확인하는 것도 포함된다. 대부분의 2상 시험은 객관적인 평가를 위해 의사와 환자 둘 다 어느 것이 진짜 약이고 어느 것이 위약인지 모르는 이중맹검 방식으로 이뤄진다. 1상을 통과한 약물의 약 20~40퍼센트 정도가 2상을 통과한다.

3상 시험은 수백에서 수천 명의 치료 대상 환자들을 모집하여 여러 병원에서 동시 진행되는 방식으로 이루어진다. 이 과정에서도 무작위 배정과 이중맹검 방식이 적용되며, 대규모 환자군을 대상으로 충분한 임상 데이터를 축적하는 것이 목표다. 신약의 안전성과 효능에 대한 방대한 데이터를 확보함으로써, 이후 허가 절차에서 약의 유효성과 안전성을 입증하는 근거 자료로 활용된다. 3상을 마친 후에는 식품의약품안전처, 미국 식품의약청, 유럽의약품청 등 각국의 허가 기관에 신약 허가 신청을 제출하고, 승인 과정을 거친 후 시장에 출시될 수 있다. 1상에 들어간 약물 중 최종적으로 시판 허가까지 받는 경우는 약 10퍼센트에 불과할 만큼, 신약 개발의 성공 확률은 매우 낮다.

이처럼 신약 개발은 각 단계마다 과학적, 기술적, 규제적 난관이 도사리고 있는 매우 어려운 과정이다. 또한 개발 비용도 엄청나다.

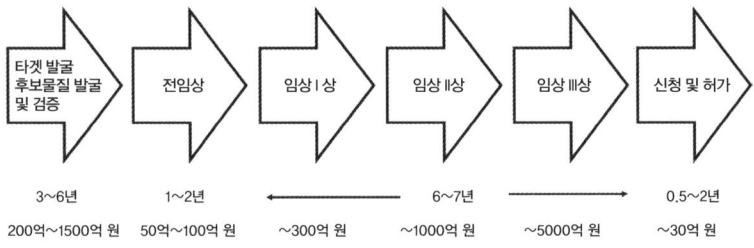

△ 의약 개발 단계. 의약품 개발은 질환 치료를 위한 표적을 발굴하고, 이에 적합한 치료 후보물질을 탐색 및 검증하는 단계로 시작된다. 이후 전임상시험을 거쳐 임상 1상, 2상, 3상 시험을 순차적으로 진행한 뒤, 식품의약품안전처에 품목허가를 신청하는 절차로 이어진다.

글로벌 제약사들이 진행하는 경우, 신약 발굴과 전임상시험 단계에서만도 최소 200억~1500억 원이 소요되며, 임상 1상에 약 300억원, 2상에 약 1000억 원, 그리고 3상에는 약 5000억 원의 막대한 자금이 필요하다. 비교적 비용이 적게 들어간 경우라도 2상에 최소 200억 원, 3상에 최소 1000억 원이 소요된다. 뿐만 아니라, 신약 허가를 받기 위한 과정에서도 수십억 원이 추가로 들어가며, 신약 출시 이후에도 지속적인 모니터링 비용으로 수백억 수천억 원이 더 투입된다. 이러한 모든 비용을 종합하면 신약 개발에는 1조 원에서 많게는 7조 원까지 소요될 수 있다고 추산된다. 하지만 이러한 막대한 비용과 수많은 난관을 극복하고 신약 개발에 성공한다면, 환자 치료라는 중요한 역할을 수행할 뿐만 아니라, 매년 수십조 원의 매출을 올리는 거대한 산업적 가치를 창출할 수도 있다.

신약 개발에서 AI의 역할

이처럼 신약 개발에는 막대한 노력과 시간이 필요하며, 엄청난 비용이 소요된다. 이를 해결하기 위해 빅데이터와 AI 같은 첨단 기술을 활용하여 신약 발견부터 임상시험, 허가 절차에 이르는 전 과정에서 연구 및 개발의 속도와 정확성을 높이려는 노력이 지속되고 있다. 빅데이터를 학습한 AI는 수천만 개의 화학물질과 생체 및 임상 데이터를 빠르게 분석하여 구조적 유사성, 생물학적 활성, 독성 프로필을 기반으로 최적의 신약 후보물질을 제시할 수 있다. 또한 후보물질의 성능을 개선하거나 약으로 개발되기 어려운 화합물을 조기에 걸러내는 데에도 활용될 수 있다.

특히 비용이 많이 드는 임상시험 과정에서도 AI는 중요한 역할을 할 수 있다. AI는 임상시험 설계를 최적화하고, 필요한 환자 수를 줄이며, 특정 환자군에서의 치료 효과를 예측함으로써 임상시험의 성공률을 높이는 데 기여할 수 있다. 또한, 임상시험 과정에서 발생하는 방대한 데이터를 신속하고 정확하게 분석하여 안전성을 높이고 최적의 치료 용량을 결정하는 데 도움을 줄 수 있다.

그러나 AI가 신약 개발의 모든 문제를 해결할 수 있는 것은 아니다. 2014년부터 2023년까지 AI를 활용한 신약 개발 관련 투자 규모는 600억 달러를 넘어서며 꾸준히 증가하고 있지만, AI 기반 신약이 실제로 임상시험을 거쳐 시장에 출시된 사례는 아직 많지 않다. 이 때문에 투자 대비 효과에 대한 의문도 제기되고 있다. AI 도구들은 주로 공개된 데이터세트를 기반으로 분석을 수행하는데, 이는 상관관계를 파악하는 데 유용하지만, 인과관계를 명확하게 설명하지는 못한다는 한계가 있다. 따라서 보다 정확하고 신뢰할 수 있는 생물학적·임상학적 데이터를 활용하여 AI 모델을 훈련시키고 검증하는 과정이 필수적이다.

결론적으로, AI는 신약 개발에서 중요한 역할을 할 수 있지만, 기술적 한계와 데이터의 질, 생물학적·임상학적 검증이 여전히 핵심 요소로 작용한다. AI가 제공하는 분석 결과를 토대로 신뢰할 수 있는 치료제를 개발하기 위해서는 인간 연구자의 과학적 통찰과 철저한 검증 과정이 필수적으로 뒷받침되어야 한다.

신약 강국의 길

신약 개발은 국민 보건과 국가 경제에 중요한 영향을 미치며, 이를 위해 산업계, 학계, 연구계가 연구개발과 임상시험에 집중할 수 있도록 정부의 적극적인 지원이 필요하다. 정부는 연구개발 투자 확대, 정책적 지원, 규제 환경 개선 등을 통해 신약 개발 생태계를 육성하고, 글로벌 경쟁력을 강화하기 위한 노력을 기울여야 한다. 현재 우리나라의 신약 개발 관련 연구개발 투자 규모는 여전히 미흡한 수준이다. 국내 민관이 1년 동안 신약 개발에 투자하는 연구개발 비용은 약 3조 원으로, 글로벌 빅파마인 MSD가 연간 연구개발에 투자하는 305억 달러(약 43조 원)와 비교하면 현저히 적다. 지난 2019년, 정부는 2025년까지 바이오헬스 관련 연구개발 지원을 연 4조 원 규모로 확대하겠다고 발표했으나, 신약 개발 부문만 보면 지난 10년간 연평균 3880억 원 정도가 투자된 수준에 불과하다. 정부의 연구개발 자금은 대학, 연구소, 기업들이 초기 단계 연구와 고위험 프로젝트를 수행하는 데 중요한 역할을 하므로, 보다 적극적으로 확대할 필요가 있다.

신약의 허가와 상업화 과정을 가속화하기 위해 식품의약품안전처와 같은 규제 기관은 심사 절차를 더 간소화하고 효율화해야 한다. 안전성은 무엇보다도 중요하므로 절대 타협하면 안 되고, 대신 심사 인력을 증가시키고 프로세스를 효율화하는 방식으로라도 신약 허가에 걸리는 시간을 단축해야 한다.

우리나라의 신약 개발 성과는 투자 규모를 생각하면 뛰어나다고 할 수 있다. 2024년 말 기준으로 국내 제약 및 바이오 기업들은 약

3233개의 신약 개발 파이프라인을 보유하고 있으며, 글로벌 제약사와의 기술 수출 계약도 지속적으로 증가하고 있다. 2019년부터 2023년까지 한국에서 이루어진 신약 파이프라인의 해외 기술이전 계약은 총 100건으로, 계약 규모는 47조 원을 넘어섰다. 2023년 한 해 동안의 기술 수출 거래만 해도 21건, 7조 7074억 원에 달했으며, 2024년에도 10건, 약 6조 8000억 원 규모의 기술 수출이 이루어졌다. 특히, 전 세계적으로 주목받고 있는 항체-약물 접합체antibody-drug conjugate와 면역질환 치료제 등이 한국의 강점으로 부각되고 있다.

그러나 국내 신약 개발은 여전히 임상 비용 부담 등의 이유로 완제품 개발 및 판매보다는 기술 수출이 최종 목표로 여겨지는 경향이 강하다. 이를 극복하기 위해 정부는 기업들이 해외 임상시험과 허가 절차를 원활하게 진행할 수 있도록 지원 방안을 마련해야 한다. 신약 강국으로 도약하기 위해서는 산업계, 학계, 연구계, 정부가 유기적으로 협력하여 글로벌 시장에서 경쟁력을 갖춘 신약을 개발하고 상업화하는 전략을 지속적으로 추진해야겠다.

4부

기술의 전환점, 미래를 향한 가속

WORLD-CHANGING
ENGINEERING TECHNOLOGIES

1

세계를 주도할 미래 기술들

세계경제포럼은 2011년부터 매년 수년 내에 우리 사회와 실생활에 큰 영향을 미칠 것으로 예측되는 기술들을 선정하여 '10대 떠오르는 기술들Top 10 Emerging Technologies' 보고서를 발표해왔다. 2019년부터 2025년까지 최근 7년간 발표된 이 10대 기술들 60개에 대하여 살펴보자(2022년도에는 발표되지 않았다).

2019년

1) 바이오플라스틱: 바이오플라스틱은 지속 가능한 순환경제를 실현하기 위한 핵심 기술 중 하나다. 내 연구실에서도 오랜 기간 연구하며 상당한 기술을 축적한 분야로, 미생물이 직접 생산하는 생분해성 고분자가 이에 포함된다. 또한, 지구상에서 가장 풍부한 바이오매스 자원인 리그노셀룰로스(나무, 풀, 농작물 찌꺼기처럼 식물에 포함된 섬유질 성분) 기반 분해물을 원료로 활용하여, 미생물 발효를 통해 단량체를 생산하고 이를 이용해 플라스틱을 합성하는 바이오 기반 플라스틱 기술도 포함된다. 최근 플라스틱으로 인한 오염 문제가 심각한 환경 이슈로 떠오르면서, 바이오플라스틱 기술의 상용화가 본격적으로

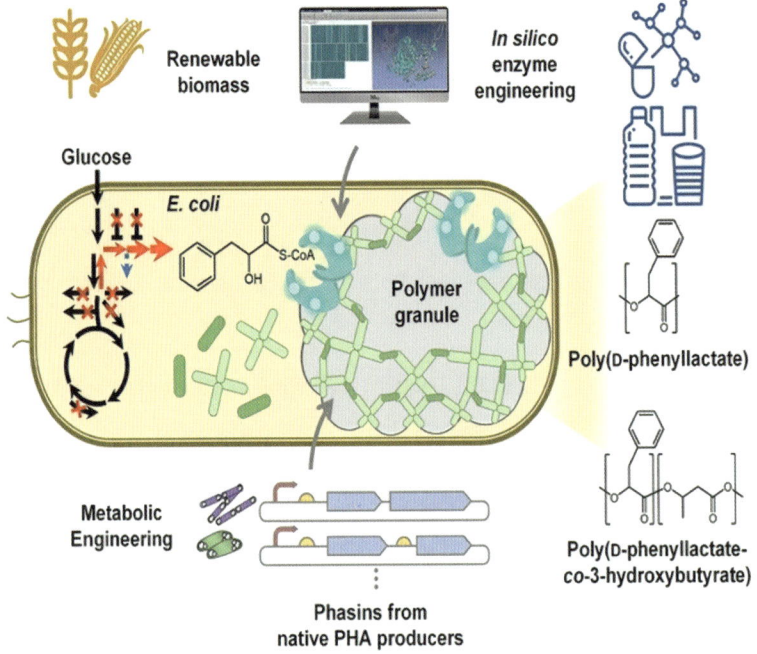

△ 내 연구실에서 개발한 생분해성 방향족 폴리에스터와 그 공중합체를 생산하는 대사공학 기술과 만들어진 고분자의 구조. (출처: Lee et al., 2024)

추진되고 있다. 그러나 여전히 높은 생산 비용은 해결해야 할 주요 과제 중 하나다.

2) 사회적 로봇: 인공지능 기술이 발전함에 따라 로봇은 점점 더 높은 사회적 지능과 감성 지능을 갖추게 될 것이다. 카메라와 다양한 센서를 활용해 사람들의 표정과 행동을 분석하고, 이를 기반으로 상대방의 감정과 의도를 유추하는 알고리듬이 개발되고 있다. 일본의 소프트뱅크 로보틱스가 만든 로봇 '페퍼'는 기본적인 얼굴 인식과 감정 분석 기능을 갖춘 대표적인 사회적 로봇으로, 전 세계에서 약 1만

5000대가 공항, 쇼핑몰, 호텔 등에서 고객 응대 역할을 수행하고 있다. 프랑스의 블루프로그 로보틱스가 만든 로봇 '버디Buddy'는 다양한 감정 표현이 가능하며, 가정 내 비서 역할뿐만 아니라 스마트홈 자동화와 보안 기능까지 수행하는 로봇이다. 고령화 사회가 가속화됨에 따라 사회적 로봇의 수요는 더욱 증가할 전망이다.

3) 메탈렌즈: 나노구조와 나노구멍을 활용한 초박형 표면으로 유리 렌즈를 대체할 수 있는 기술이다. 기존 렌즈와 달리, 매우 얇고 가벼운 형태로 제작이 가능하며 스마트폰 카메라, 전문가용 광학 장비, 현미경 등 다양한 분야에 활용될 전망이다. 다만, 대량생산과 유리 렌즈와 유사한 수준의 빛 투과율 확보가 과제로 남아 있다.

4) 무질서한 단백질들을 신약 표적으로 하는 기술: 기존 신약 개발에서 표적화가 어려웠던 c-Myc, p53, K-RAS, NUPR1 등과 같은 무질서 단백질이 새로운 치료제 개발의 핵심으로 떠오르고 있다. 최근 생물물리학과 계산생물학의 발전 덕분에 이들 단백질을 표적으로 삼을 가능성이 높아졌으며, 치매와 같은 신경퇴행성 질환이나 암 치료제 개발에 중요한 역할을 할 것으로 기대된다.

5) 환경오염을 줄이는 스마트 비료: 현재 농업에서 사용되는 질소 및 인 비료는 대부분 식물에 제대로 흡수되지 못하고 주변 토양과 수계를 오염시킨다. 이를 해결하기 위해 비료 성분을 나노캡슐에 담아 온도, 습도, 산도 등의 환경 변화에 따라 천천히 방출되도록 설계한 서방형 및 조절형 비료 기술이 개발되고 있다. 향후에는 AI와 센서 기술이 결합되어 특정 시점과 장소에 최적의 비료를 공급하는 정밀 농업도 가능해진 전망이다.

6) 가상 협업 기술: 멀리 떨어진 사람들이 한 공간에 모이지 않아도 실제로 함께 일하는 것처럼 협업할 수 있는 기술이 빠르게 발전하고 있다. 가상현실, 증강현실, 5G 기술이 결합된 이 기술은 기존의 화상 회의 시스템을 넘어, 몰입형 협업 환경을 제공한다. 향후 원격근무와 글로벌 협업 방식이 근본적으로 변화할 것으로 보인다.

7) 첨단 식품 추적과 포장 기술: 세계보건기구에 따르면 매년 6억 명이 식중독에 걸리고 42만 명이 사망한다. 이를 예방하기 위해 식품 포장이나 표면에 부착할 수 있는 소형 센서가 개발되고 있으며, 이를 통해 음식이 부패했는지, 개봉 후 얼마나 시간이 지났는지, 온도 변화에 따라 변질 가능성이 있는지를 실시간으로 확인할 수 있다. 또한, 블록체인 기술과 결합하면 식품의 생산·유통·소비 과정의 투명한 관리가 가능해질 것으로 기대된다.

8) 안전한 핵반응기 기술: 기후변화 대응을 위한 안정적인 에너지원으로 원자력이 주목받고 있지만, 원자력발전은 사고 발생 시 심각한 피해를 초래할 수 있다. 현재 원자로는 지르코늄 합금 연료봉을 사용하는데, 냉각 시스템에 문제가 발생하면 과열된 지르코늄이 물과 반응해 수소 폭발을 일으킬 수 있다. 이를 해결하기 위해 전력이 차단되더라도 냉각이 지속되는 시스템, 혹은 냉각수를 액체 소듐이나 용융염으로 대체하는 기술이 개발 중이다.

9) DNA 데이터 저장 기술: 이 흥미로운 기술에 관해서는 내가 세계경제포럼 10대 기술 발표 시에 해설을 제공했다. 우리는 현재 기하급수적으로 늘어나는 빅데이터 시대에 사는 만큼, 뒤에서 상세히 다뤄보고자 한다.

10) 재생에너지의 대용량 저장 기술: 태양광과 풍력 등 재생에너지의 확대와 함께 에너지를 안정적으로 저장하는 기술이 더욱 중요해지고 있다. 현재 가장 널리 쓰이는 방식은 잉여 전력을 이용해 물을 높은 위치로 끌어올린 후 필요할 때 발전하는 양수 발전 방식이다. 하지만 리튬-이온 배터리 기반 저장소도 빠르게 증가하고 있으며, 흐름전지flow battery와 같은 새로운 저장 기술도 활발히 연구 중이다. 이를 통해 재생에너지를 보다 효율적으로 활용할 수 있는 시대가 열릴 것이다.

2020년

1) 마이크로니들: 신경을 건드리지 않고 피부를 통과하는 미세 바늘 기술로, 약물 투여뿐 아니라 피검사 등도 가능하다. 이를 통해 병원에 가지 않고 집에서도 주사와 진단을 수행할 수 있다.

2) 태양광 화학기술: 기후변화가 심각한 지금 화석연료에 의존한 화학물질 생산 대신, 광촉매 및 태양광을 이용하여 폐이산화탄소를 유용한 화학물질로 바꾸는 기술이다. 바이오 기반 화학과 함께 미래 화학 산업의 주력 기술이 될 것이다.

3) 가상환자: 인체 장기와 전체 시스템을 디지털 모델로 구현하여 컴퓨터에서 질병의 진행, 약물 반응, 치료 효과 등을 시뮬레이션할 수 있는 기술이다. 이를 활용하면 임상시험에 들어가는 많은 시간, 노력, 비용을 절감하고 효율성을 높일 수 있다.

4) 공간컴퓨팅: 증강현실과 가상현실에서 한 단계 더 나아가 사람과 사물이 시간 및 공간적으로 어떻게 상호작용하는지를 효율적으로

모니터링하게 해주어 헬스케어, 수송, 산업 등 다양한 분야에서 중요하게 활용될 것으로 기대된다.

5) 디지털 메디신: 스마트폰, 웨어러블 기기, 앱 등의 디지털 도구를 활용해 건강 상태를 실시간으로 모니터링하고, 질병 예방 및 치료에 직접적으로 기여하는 기술이다. 단순히 체온, 혈압, 심박수, 호흡 등의 생체 신호를 측정하는 것을 넘어, 수집된 데이터를 분석해 만성질환의 조기 진단이나 경과 관찰에 활용할 수 있으며, 우울증, 불면증, 치매 등 정신건강 질환의 치료 보조 수단으로도 사용될 수 있다.

6) 전기 비행기: 항공 여행은 전 세계 탄소 배출의 약 2.5퍼센트를 차지하고 있어서 많은 항공기 업체들이 바이오 제트연료를 사용하는 등 탄소 배출을 줄이려는 노력을 해왔다. NASA나 에어버스 등은 원거리 전기비행기를 개발해왔으며 2030년경이면 100명 정도의 승객을 태운 전기비행기가 실제 운항할 것으로 예상되고 있다(개인적으로 전기 비행기는 쉽게 상용화되기 어렵다고 생각한다). 배터리의 에너지밀도와 안전성을 높이는 것이 원거리 비행의 숙제이다.

7) 저탄소 시멘트: 현재 전 세계적으로 매년 40억 톤의 시멘트가 생산되며 이 과정에서 배출하는 이산화탄소는 전체 배출량의 8퍼센트 정도이다. 이에 거꾸로 이산화탄소를 이용하여 시멘트를 제조하는 기술과 저에너지 시멘트 생산 기술들이 개발되고 있다. 심지어는 박테리아를 이용하여 금이 간 곳을 매우는 기술도 개발되고 있다.

8) 양자 센싱: 다른 에너지 상태에 있는 전자들의 차이를 기본 단위로 하여 매우 정밀하게 센싱하는 기술로서, 자율주행차의 시야 개

션, 수중 내비게이션, 뇌 활동 모니터링 등 다양한 분야에서 활용 가능성이 높다.

9) 친환경 수소: 연소될 때 물만 나오는 수소는 궁극적인 청정에너지이다. 제로 탄소 사회를 위하여 우리나라는 물론 전 세계가 적극적으로 추진 중이며, 세계 최대 규모의 회계법인 딜로이트에 따르면 2050년경 약 1.8경 원의 엄청난 시장을 형성할 것으로 예측되었다.

10) 전체 유전체 합성 기술: DNA 합성 비용 감소와 기술 발전으로 바이러스, 박테리아, 곰팡이 등의 전체 유전체를 합성하는 것이 가능해졌다. 윤리적 테두리 안에서 질병 정복을 위한 인간 유전체 합성 연구도 진행 중이다. 대사공학과 연계하여 인류에 유용한 물질이나 의약품, 백신 등을 효율적으로 생산하기 위한 맞춤형 미생물공장 제조에 먼저 활용될 것으로 예상된다.

2021년

1) 탈탄소 기술: 2021년 개최된 제26차 유엔기후변화협약 당사국총회COP26가 기대에 미치지 못한 결과를 남긴 가운데, 기후위기에 대응하기 위한 다양한 탈탄소 기술이 주목받고 있다. 전기자동차 전환 외에도 탄소중립 에어컨디셔너, 저탄소 시멘트, 재생 가능 에너지 확대, 식물성 단백질 기술 등이 빠르게 개발되고 적용될 필요성이 강조되었다.

2) 자체 영양 제공 식용작물: 작물의 생장을 위해 사용하는 질소 비료는 전체 온실가스 배출의 최대 2퍼센트를 차지한다. 콩과식물은 뿌리에 공생하는 박테리아가 형성하는 뿌리혹(노듈)을 통해 공기 중

질소를 고정하여 질소비료 없이도 자랄 수 있다. 이를 모방하여 다른 식물도 뿌리혹을 형성하도록 유전자를 조작하거나, 질소를 고정할 수 있도록 토양 박테리아를 개량하는 방식이 연구되고 있다.

3) 질병 진단 호흡센서: 사람의 날숨에는 800종 이상의 화합물이 포함되어 있으며, 이를 분석하면 질병을 조기에 진단할 수 있다. 예를 들어 아세톤 농도가 높으면 당뇨병, 알데히드 농도가 높으면 폐암, 일산화질소 농도가 높으면 호흡기 질환의 가능성을 시사한다. 코로나바이러스를 진단하는 호흡센서 개발도 발표된 바 있듯, 호흡센서를 활용하면 혈액 검사 없이 여러 질병을 진단할 수 있어 편리성과 비용 절감 효과가 크다.

4) 수요 기반 약물 제조: 기존 대형 GMP(우수 의약품 제조 및 품질관리 기준) 시설에서 대량생산되던 약물을 맞춤형으로 필요한 시점에 제조하는 기술이다. 약의 원료가 되는 화학물질을 작은 반응기 안에서 연속흐름 방식으로 반응시켜, 병원이나 약국 등 현장 가까운 곳에서 직접 약을 빠르게 제조할 수 있다. 이를 통해 약물 공급의 유연성을 높이고, 개인 맞춤 치료가 가능해지는 것이 핵심이다. 이 기술을 활용해 항우울제(플루오세틴)와 국소 마취제(리도카인) 등이 제조된 사례가 있다. 미국의 온디맨드파마슈티컬스와 IV테라피온디맨드 등이 다양한 수요 기반 약제조 플랫폼을 개발 중이다.

5) 무선신호 기반 에너지 기술: 보고서에 따르면 2025년까지 약 400억 개의 사물인터넷 기기가 사용될 것으로 예상되는 가운데, 와이파이, 5G, 6G 등 무선신호에서 에너지를 수집하여 기기에 전력을 공급하는 기술이 개발되고 있다. 미래에는 스마트워치나 심장박동기

등을 와이파이를 통해 무선 충전하는 것도 가능해질지 모르겠다.

6) 건강한 노화를 위한 공학: 세계보건기구에 따르면 2050년이 되면 전 세계 인구의 22퍼센트가 60세 이상이 될 것으로 예상된다. 이에 따라 의료 빅데이터 기반 건강 관리, 줄기세포 치료, 정밀 유전자 치료 등 다양한 기술이 개발되고 있다. 2019년에는 인간 성장호르몬 기반 약물 조합이 생체시계를 약 1.5년 되돌린 연구 결과가 발표되는 등 건강한 노화를 위한 연구가 활발히 진행 중이다.

7) 친환경 암모니아 제조 기술: 질소와 수소로 이루어진 암모니아는 비료뿐만 아니라 다양한 산업에서 활용되지만, 기존 하버-보슈법은 화석연료를 원료로 사용하여 많은 탄소를 배출한다. 친환경 암모니아 제조 기술은 물을 분해하여 생산된 '그린 수소'를 활용해 암모니아를 합성하는 방식으로, 탄소 배출을 줄이는 대안으로 주목받고 있다.

8) 무선 바이오마커 기기: 당뇨 등 만성질환을 가지고 있는 사람들은 지속적으로 피를 뽑아 상태를 점검하여야 한다. 피 대신 땀, 눈물, 소변 등을 분석하여 생체지표(바이오마커)를 감지하는 무선 기기들이 개발되고 있다. 2030년까지 전 세계 당뇨 환자가 5억 8000만 명에 이를 것으로 예상되는 만큼, 비침습적 모니터링 기술은 환자의 삶의 질을 크게 향상시킬 것으로 기대된다.

9) 현지 재료 활용 3D 프린팅 주택: 3D 프린터를 이용한 건축 기술이 발전하면서, 각 지역에서 쉽게 구할 수 있는 재료를 사용하여 주택을 건설하는 방식이 연구되고 있다. 화성 등의 행성에서 거주지를 조성하기 위해 연구된 기술이지만, 지구에서도 건축자재 수송 비

용을 절감하고 지속 가능성을 높이는 데 기여할 수 있다.

10) 우주 사물인터넷 기술: 4차 산업혁명 시대에 기존 정지궤도 위성만으로는 증가하는 정보통신 수요를 감당하기 어려워진다. 이에 따라 스페이스X의 스타링크Starlink나 유텔샛의 원웹OneWeb과 같은 저궤도 통신위성을 활용하여 글로벌 인터넷 및 데이터 서비스를 제공하는 기술이 발전하고 있다.

2023년

1) 플렉서블 배터리: 리튬-이온 또는 아연-탄소 시스템을 전도성 고분자에 구현하고, 전극을 그래핀이나 섬유 등에 프린트하여 제작하는 유연 배터리는 의료 웨어러블 기기, 생체센서, 유연한 디스플레이, 스마트워치 등 다양한 분야에서 활용될 수 있다. 또한 의류와 통합 가능한 유연 배터리는 내장형 난방 시스템부터 건강 모니터링까지 폭넓은 용도로 사용될 전망이다.

2) 생성형 AI: 챗GPT 등으로 대중에게 친숙한 생성형 인공지능은 데이터 패턴을 학습하여 독창적인 콘텐츠를 생성할 수 있는 강력한 기술로, 그 활용 분야가 지속적으로 확대되고 있다. 과학 연구에서는 생성 모델을 활용하여 실험 설계를 개선하고, 데이터 간의 관계를 파악하며, 새로운 이론을 도출하는 등 혁신을 촉진하고 있다. 생성형 AI는 생산성을 향상시키고 품질을 개선하는 데 기여하지만, 가짜뉴스와 같은 사회적 문제와 윤리적 이슈를 해결해야 하며, 일부 직업군의 일자리를 대체할 가능성이 있어 이에 대한 인력 양성 정책이 필요하다.

3) 지속 가능한 항공유: 항공 산업은 전 세계 탄소 배출의 2~3퍼

센트를 차지하며, 높은 에너지 밀도가 필요한 항공기의 특성상 탄소중립으로의 전환이 시급하다. 지속 가능한 항공유SAF는 기존 항공 인프라를 크게 변경하지 않고도 탄소 배출을 줄일 수 있는 대안으로 주목받고 있다. 보고서에 따르면 2050년 탄소중립 목표를 달성하기 위해서는 2040년까지 지속 가능한 항공유가 전체 항공 연료 수요의 13~15퍼센트를 차지해야 한다. 지속 가능한 항공유는 이산화탄소 등으로부터 만든 합성가스를 피셔-트롭시 공정을 통해 전환하거나, 식물성 및 동물성 기름을 활용해 생산할 수 있다. 내 연구실에서도 식량용 기름 의존 없이 비식용 바이오매스를 미생물 직접 발효하여 지속 가능한 항공유를 생산하는 기술을 개발하고 있다.

4) 디자인된 박테리오파지: 박테리오파지는 특정 유형의 박테리아를 선택적으로 감염시켜 제거하는 바이러스로, 질병 치료에 활용될 수 있다. 유해균이나 질환을 유발하는 특정 박테리아를 표적으로 삼아 설계된 박테리오파지는 복잡한 마이크로바이옴 내에서도 선택적으로 작용할 수 있으며, 항생제 내성과 관련된 문제를 해결하는 데 기여할 것으로 기대된다. 현재 일부 치료법은 미국 식품의약국 임상시험에 들어갔으며, 파지를 이용한 다양한 치료 기술이 개발되고 있다.

5) 정신건강을 위한 메타버스: 메타버스를 활용한 정신건강 치료가 주목받고 있다. 게임 플랫폼은 이미 정신건강 치료에 활용되며, 환자의 참여도를 높이고 정신건강 문제에 대한 편견을 줄이는 데 기여하고 있다. 메타버스는 우울증 치료를 위한 뇌 자극 기술과 결합될 것으로 예상되며, 사회적 및 감정적 연결을 강화하고, 사용자의 감정 상태에 맞는 피드백을 제공하는 비침습적 신경과학 기술로 발전할

가능성이 크다.

6) 웨어러블 식물 센서: 유엔식량농업기구에 따르면 늘어나는 세계 인구수를 고려했을 때, 2050년까지 세계 식량 생산량이 70퍼센트 증가해야 한다. 이와 관련해 농업혁신 기술이 주목받고 있으며, 드론과 트랙터에 장착된 센서를 활용한 작물 모니터링과 AI 기반 데이터 분석을 통해 더 정확한 정보를 제공하는 기술이 발전하고 있다. 또한, 마이크로 크기의 바늘 센서를 식물에 부착하여 작물의 건강 상태와 성장 과정을 실시간으로 추적하는 기술도 활발히 연구 중이다.

7) 공간 오믹스 기술: 생명과학 및 생물공학 기술의 발전 속에서, 세포 구조와 생물학적 상태를 정밀하게 분석할 수 있는 공간 오믹스 spatial omics 기술이 주목받고 있다. 고급 이미징 기술과 DNA 시퀀싱 기술을 결합하여 생체 조직 내 개별 세포의 분포와 상호작용을 시각화함으로써 새로운 치료 목표를 발견하고 혁신적인 치료법을 개발하는 데 기여할 것으로 예상된다.

8) 유연한 신경 전자기기: 뇌-기계 인터페이스를 개선하기 위해 유연한 신경 전자기기가 개발되고 있다. 이식형 전자기기의 정교한 설계와 유연한 회로를 통해 뇌와의 상호작용을 향상시키며, 신경과학 연구와 신경보철 분야에서 중요한 역할을 할 것으로 기대된다.

9) 지속 가능한 컴퓨팅: 데이터센터는 막대한 전력을 소비하는 만큼, 환경적 영향을 줄이기 위한 기술이 개발되고 있다. 액체 냉각 시스템과 인공지능을 활용한 전력 최적화 기술이 도입되고 있으며, 모듈식 기술 인프라를 통해 수요 변화에 유연하게 대응하는 방식도 연

구 중이다.

10) 인공지능 기반 헬스케어: 인공지능은 신약 개발, 약물 상호작용 분석 등 직접적인 치료제 개발뿐만 아니라, 스마트워치 등 센서 기반 장치를 활용하여 의료 데이터를 수집·분석하는 데 활용되고 있다. 이를 통해 진료 대기 시간을 단축하고 의료 서비스 접근성을 개선할 수 있으며, 특히 의료 인프라가 취약한 개발도상국에서 큰 영향을 미칠 것으로 예상된다.

2024년

1) 과학적 발견을 위한 AI: 내가 브리핑세션에서 강조한 기술이다. 딥러닝과 생성형 AI의 발전으로 과학 연구가 혁신되고 있다. 딥마인드의 알파폴드처럼 단백질 구조를 정확히 예측하는 AI는 신약 개발과 신소재 연구도 가속화하고 있다. 향후 AI와 로봇 시스템이 전통적 실험 방법과 결합해 질병의 진단 및 치료, 차세대 청정기술 개발 등 다양한 분야에서 변화를 이끌 것으로 기대된다. 하지만 AI의 윤리적 문제와 환경적 영향에 대한 논의가 필요하다.

2) 프라이버시 강화 기술: 데이터 가치가 높아짐에 따라 프라이버시를 강화하는 기술은 안전한 데이터 공유와 글로벌 협력을 위해 선택이 아니라 필수가 되었다. 식별 가능한 정보를 포함하지 않는 합성 데이터, 원시 데이터를 노출시키지 않고 데이터를 분석할 수 있게 하는 동형암호 기술이 이 분야를 선도하고 있다. 개인 프라이버시는 모든 곳에서 매우 중요하지만 특히 헬스케어 분야에서는 필수적이다. 데이터 편향 문제도 조심해야 하고, 이러한 데이터의 생성, 저장, 관

리, 사용에 있어서 높은 에너지 소비 문제도 지적되었다.

 3) 재구성이 가능한 지능형 표면 기술: 무선 신호를 능동적으로 조절해 반사하거나 굴절시키는 기술이다. 벽이나 천장, 창문 등에 설치해 신호가 닿기 어려운 곳까지 전파를 유도할 수 있어, 간섭을 줄이고 통신 품질을 높이는 데 효과적이다. 기존처럼 기지국을 추가로 설치하지 않고도 네트워크 커버리지를 넓힐 수 있기 때문에, 에너지 효율적인 통신 인프라로 주목받고 있다. 스마트 공장, 사물인터넷, 차량 네트워크 등 다양한 분야에서의 활용이 기대된다. 다만, 고가의 하드웨어 비용과 함께 제어의 복잡성, 표준화 문제 등은 여전히 해결해야 할 과제로 남아 있다.

 4) 고고도 플랫폼 스테이션High Altitude Platform Station, HAPS: 풍선, 비행선 또는 고정익 항공기의 형태로 성층권에서 운영되는 고고도 플랫폼 스테이션은 전통적인 인프라가 부족한 지역에서 관찰 및 통신 플랫폼에 연결성과 커버리지를 제공할 수 있다. 이를 통해 디지털 격차를 해소하고 재난 관리와 환경 모니터링이 가능해진다. 특히, 태양광 기술의 발전과 배터리 에너지밀도가 높아져서 고고도 플랫폼 스테이션도 경제성이 높아지고 있지만 규제와 정책 마련이 필요하다.

 5) 통합 감지 및 통신Integrated Sensing and Communication, ISAC: 이 기술은 데이터 수집 및 전송을 단일 시스템으로 통합하여 하드웨어와 에너지 효율성을 최적화해준다. 위치 추적, 환경 매핑, 인프라 모니터링 등에 활용될 수 있으며, 광학-무선 통합 감지 및 통신 기술은 조명·디스플레이 시스템을 무선 생태계의 일부로 통합하여 전자기 간섭 없이 통신과 감지를 가능하게 할 것이다. 아직 극복해야 할 기술적

난관들도 있고, 통신 표준 또한 확립되어야 한다.

6) 건설을 위한 몰입형 기술: 몰입형 기술은 AI 기반 몰입형 현실 도구를 사용하여 설계자와 건설 전문가가 정확성과 안전성을 보장하고 지속 가능성을 증진할 수 있도록 도와주며, 디지털 세계와 물리적 세계를 통합하여 건설 산업을 혁신하고 있다. 가상 프로토타입, 디지털 트윈(가상의 복사본) 및 생성형 AI는 건설 과정을 설계에서 구현까지 간소화하여 폐기물을 줄이고 효율성을 향상시킬 수 있다. 그리고 몰입형 학습 및 훈련 환경을 제공하여 기술 및 노동력 부족 문제를 해결해줄 수도 있다.

7) 엘라스토칼로릭 기술Elestocalorics: 압력 변화에 따라 열을 방출하거나 흡수하는 엘라스토칼로릭 기술은 냉난방을 위한 혁신적인 솔루션을 제공해준다. 이 기술은 에너지 소비를 크게 줄이고 환경에 해로운 냉매 가스를 사용하지 않으며, 전기가 제한된 지역에서 냉방 접근성을 향상시켜 삶의 질을 높여줄 수 있다. 재료의 내구성을 향상시키고 스케일업 생산하는 것이 해결되야 할 문제들로 제시되었다.

8) 탄소 포집 미생물: 나도 많은 연구를 하고 있는 기술로, 미생물을 이용하여 이산화탄소 및 그 유도 화합물들을 원료로 가치 있는 제품들로 변환시키는 기술이다. 탄소 포집 미생물은 바이오디젤이나 단백질이 풍부한 동물 사료와 같은 제품을 생산하면서 온실가스를 줄이는 데 기여할 수 있다. 실제 내 연구실에서도 탄소 포집 미생물을 개발하여 이산화탄소를 플라스틱으로 전환한 연구를 한 바 있다. 아직 낮은 효율 문제를 해결해야 하지만, 앞으로 큰 성과가 기대되는 기술이다.

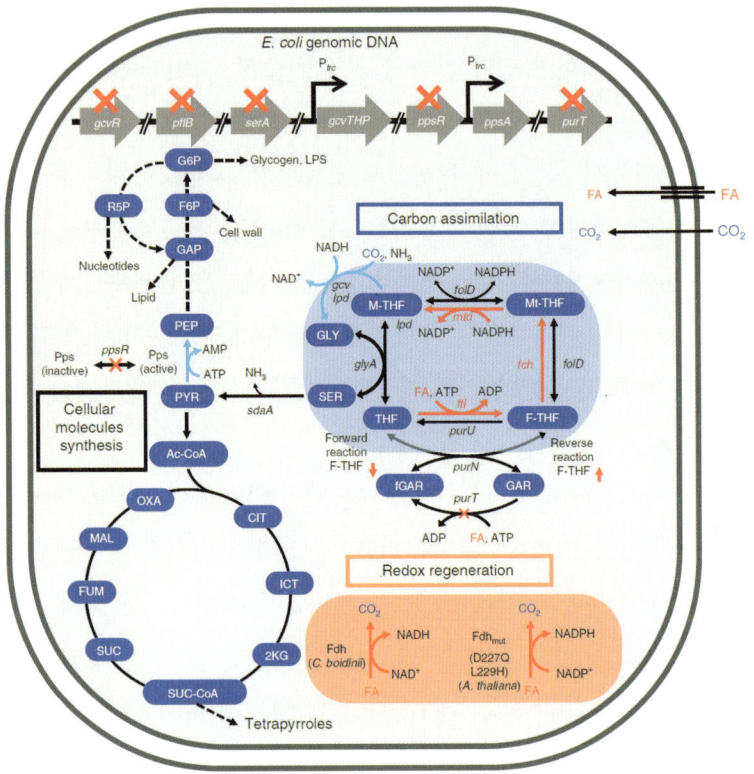

△ 내 연구실에서 개발한 이산화탄소(그리고 이산화탄소를 변환하여 만든 포름산)을 원료로 자라는 대장균의 대사회로. 원래 대장균은 이산화탄소를 탄소원으로 하여 자라지 못한다. 대사공학을 통해 테트라하이드로폴레이트사이클을 재구성해 넣어주고 역글리신 분해경로의 구성, 그리고 에너지 및 환원력 공급을 원활하게 해줌으로써 대장균이 이산화탄소와 포름산을 이용해 성장 가능하게 했다. (출처: Bang et al., 2020)

9) 대체 사료: 곤충, 단세포 단백질, 해조류, 식품 폐기물 기반의 대체 사료가 지속 가능한 축산업 솔루션으로 주목받고 있다. 이러한 사료는 대두 및 옥수수와 같은 전통적인 사료의 환경 영향을 줄이고,

영양 다양성을 제공하여 동물 건강을 개선해줄 수 있다. 대체 사료의 경제적 기회는 점점 더 커지고 있으며, 실제로 곤충과 같은 고품질 단백질을 제공하는 예들도 나오고 있다. 축산업자들의 수용성, 그리고 또 다른 환경 규제 등 도전 과제들은 해결해야 할 문제이다.

10) 이식을 위한 유전체학: 크리스퍼 기술과 같은 유전자 편집 기술의 발전은 동물 장기를 인간에게 이식할 수 있게 하여 장기 기증자 부족 문제를 해결할 수 있는 방안으로 부각되고 있다. 초기 시험은 희망적이지만, 윤리적으로 많은 고려사항들이 있고 광범위한 데이터 수집이 필요하여 데이터 보안 및 프라이버시, 그리고 규제 프레임워크와 사회적 수용에 대한 여러 이슈들이 함께 해결되어야 한다.

2025년

1) 구조적 배터리 복합재: 에너지 저장 기능을 물리적 구조물에 통합한 차세대 소재다. 에너지를 저장하는 구조물이라고 할 수 있다. 전통적인 배터리처럼 전기를 저장하면서도 동시에 차량이나 항공기 등의 하중을 견디는 구조적 역할도 수행한다. 탄소섬유, 에폭시 수지 등 가볍고 강도가 높은 복합소재로 구성되며, 3D 프린팅을 통해 다양한 형태로 제작 가능하다. 배터리 구성요소를 차량 외장재나 기체 구조에 통합함으로써 공간과 무게를 절감하고, 전기차와 드론, 항공기, 건축 분야 등에서 활용 가능하다. 이 기술은 차량 무게를 줄여 연비 및 전기차 주행거리를 증가시키며, 항공기의 연료 효율성도 향상시킨다. 구조물 자체가 에너지를 저장함으로써 제품 설계의 혁신을 가져오고, 제조 공정을 간소화하며 탄소배출 저감에도 기여할 수 있

다. 다만, 에너지 밀도와 내구성, 안전성 등의 기술적 과제를 해결하고 새로운 안전 기준과 인증 제도가 마련되어야 상용화가 가능하다.

2) 삼투압 발전 시스템: 바닷물과 민물처럼 염분 농도가 다른 두 수계 사이의 삼투압 차이를 이용해 전기를 생산하는 청정 재생에너지 기술이다. 압력지연삼투와 역전기투석 방식이 주요 원리로 응용된다. 전자는 반투과성 분리막을 통해 물의 이동으로 생기는 압력을 이용해 터빈을 돌리고, 후자는 이온교환 분리막을 통해 이온의 이동을 유도하여 직접 전기를 생성하는 방식이다. 기술과 시스템이 고도화되면 날씨에 영향을 받지 않는 안정적인 전력 공급원이 될 수 있다. 전 세계적으로 적용 시 연간 5000TWh 이상의 전력 생산 가능성이 제시되었고, 담수화, 리튬 회수 등과 결합한 다양한 인프라로 발전할 수 있다. 해안 및 하천 유역에 적합하며, 지역 분산형 에너지 체계와 수자원 관리 두 측면 모두에서 혁신적 플랫폼이 될 가능성이 있다.

3) 첨단 원자력 기술: 기존 대형 원자로를 대체할 수 있는 소형모듈원자로SMR 및 고온가스로 등을 포함한다. AI 사용 폭증으로 인한 에너지 수요 증가에 대한 대응과 탄소중립 목표 달성을 위한 주요 대안으로 주목받고 있다. 소형모듈원자로는 공장에서 모듈화 제작 후 현장 설치가 가능하며, 가스로 냉각되는 고온가스는 수소 생산 및 산업 공정 열 공급에도 적합하다. 핵융합 발전도 아직은 먼 이야기지만 장기적으로 가능성은 있으며, 최근 안정적인 플라즈마 유지 기술이 개발되었다는 소식도 있다. 이 기술은 분산형 전력망 강화와 재생에너지 보완 기술로 활용 가능하며, 특히 오지나 대규모 공업단지에서

의 전력 공급 솔루션으로 활용도가 높다. 규제 문제, 안전성 증명, 관련 기술자 양성 등의 과제가 남아 있지만, 향후 전 세계 에너지 패러다임 전환의 핵심 기술 중 하나로 인식된다.

4) 생체 기반 치료제: 프로바이오틱스, 박테리아, 곰팡이 등 살아 있는 생물체의 유전자를 조작하여 환자 체내에서 단백질, 효소, 호르몬 등 치료제를 직접 생산하도록 만든 차세대 치료 플랫폼 기술이다. 미생물 세포치료제라고 할 수 있다. 합성생물학을 이용해 생체 시스템에 스위치를 장착하여 특정 자극에만 반응하여 치료제를 생성하거나 중단하도록 설계할 수 있다. 미국, 유럽, 일본 등에서 몇 가지 임상시험이 진행 중이며, 항암, 당뇨, 상처 치료 등 다양한 적용을 위한 기술개발과 임상시험이 시도되고 있다. 바이오 의약품의 생산 비용 절감, 만성질환의 자가 치료 가능성, 약물 순응도 개선 등의 장점이 있다. 또한 중앙집중형 제약 생산체계를 분산형으로 전환하고, 환자 맞춤형 치료 및 헬스케어 생태계의 재설계로도 이어질 수 있다. 다만 생물 안전성과 규제 정립이 필요한 분야다.

5) GLP-1 계열 신약의 신경퇴행성 질환 치료 기술: 당뇨병 및 비만 치료제로 쓰이던 GLP-1 수용체 작용제가 알츠하이머병, 파킨슨병 등 뇌 관련 질환에도 긍정적 영향을 미칠 수 있다는 연구 결과들이 보고되고 있다. GLP-1 계열 약물은 혈액을 통해 뇌에 도달한 뒤 신경세포와 교세포의 염증을 억제하고 독성 단백질 제거를 촉진하는 기능이 있다고 알려졌다. 인지 기능과 운동 기능 개선에 활용하고자 하는 연구개발이 진행 중이며, 혈뇌장벽을 뚫고 약물 전달이 가능한 신약 개발도 진행 중이다. 이 기술은 치매 대응 솔루션으로 주목받고

있으며, 경증 단계에서 질병 진행을 지연시켜 가족 부담 및 사회적 비용을 줄이는 효과가 기대된다. 고가의 약제 비용과 장기적 안전성 평가, 보험 적용 등의 문제들이 해결 과제다.

6) 자율 생화학 감지 기술: 질병 바이오마커, 환경오염 물질, 토양 상태 등 특정 생화학적 신호를 지속적으로 모니터링하고 실시간으로 데이터를 전송할 수 있는 센서 기술이다. 인간의 개입 없이 자동으로 작동하는 것이 핵심이다. 효소, 항체, 살아 있는 세포 등을 센서에 결합해 특정 화학물질을 탐지하고, 이를 전기적 신호로 전환하는 생물 기반 센서가 활용된다. 무선통신 기능과 자가 전력 공급 기술이 결합되면 지속적인 원격 감지도 가능하다. 착용형 글루코스 센서가 대표적인 사례이며, 현재는 여성 호르몬, 염증 지표 등으로 응용 분야가 확대되고 있다. 의료 진단을 병원에서 가정으로 확장시킬 수 있고 식품 안전, 농업, 수질 감시 등 다양한 환경에도 응용 가능하다. 병원균을 조기 탐지해 식중독을 막거나 질병 진행을 사전에 예측하여 예방적 처치를 할 수도 있다. AI와 결합되면서 더욱 강력해질 것으로 예측되나 바이오 센서의 내구성, 생명체 활용에 따른 윤리 문제, 데이터 보안 등이 해결 과제다.

7) 녹색 질소 고정 기술: 식량 생산의 50% 이상을 가능케 하는 비료의 핵심 성분인 암모니아를 탄소를 배출하지 않고 생산하는 기술이다. 기존 하버-보쉬 공정을 대체하거나 보완할 수 있는 기술로 주목받고 있다. 대사공학적으로 개량된 박테리아, 태양광 및 그린 수소 기반 전기화학 반응, 리튬 기반 매개 반응 등을 이용한 질소 고정 기술들이 개발 중이다. 일부 기술은 분산형 소규모 생산이 가능해, 현

장에서 직접 암모니아를 생산하고 저장 또는 비료화할 수 있다. 기존 하버-보쉬 공정은 전 세계 에너지의 약 2퍼센트를 소비하며, 톤당 이산화탄소를 2.4톤 배출하는 대표적 고탄소 산업이다. 녹색 질소 고정은 비료 생산을 저탄소로 전환할 뿐 아니라, 암모니아를 선박 연료 등으로 활용함으로써 에너지 분야로도 확대 가능성이 있다. 개발도상국이나 농촌 지역에서의 비료 자급과 식량안보 개선 효과도 기대된다. KAIST 생명화학공학과 이도창 교수팀은 미생물 내에서 양자점quantum dot을 만들고 질소고정효소를 연계하여 질소로부터 암모니아를 만드는 연구 결과를 발표한 바 있다.

8) 나노자임nanozymes: 천연 효소의 기능을 모방하면서도 더 높은 안정성과 저비용을 특징으로 하는 인공 나노소재 기반 촉매. 의료, 환경, 식품 등 다양한 분야에서 활용될 수 있는 범용적 촉매 플랫폼이다. 금속, 금속 산화물, 탄소 기반 나노 입자로 구성되며, 특정 반응을 촉진할 수 있다. 최근에는 암세포 표적 약물 전달, 산화스트레스 완화, 항균 치료 등 의학적 활용도 높아지고 있다. 스마트폰 연동 진단키트, 식품 오염 검출, 수질 정화 등에도 응용될 수 있다. 의료 진단의 민감도와 속도를 개선할 수 있고, 감염병 진단, 항암제 정밀 투여 등 정밀의료의 핵심 기술이며, 환경 분야에서도 수질 정화, 유해화학 물질 분해 등 지속 가능한 오염 제어 기술로 중요한 역할을 할 수 있다. 생체 내 안정성, 생분해성, 장기적 독성 평가 등에서의 규제 부분이 해결해야 할 과제다.

9) 협업 감지collaborative sensing 기술: 차량, 도로, 드론, 건물 등에 장착된 다수의 센서들이 실시간으로 연결되고, AI를 이용하여 이 데이

터들을 융합해 상황을 인지하고 의사결정을 돕는 기술이다. 인간 중심의 스마트 인프라와 도시를 구현하는 핵심 기반이다. 5G, 엣지 컴퓨팅, 차량-사물 간 통신, 멀티센서 융합 알고리듬 등이 통합되어 구축된다. 교차로 신호등이 인근 차량 센서와 정보를 교환하여 사고를 예방하거나, 드론과 로봇이 협력해 복잡한 작업을 수행할 수 있다. 스마트 시티, 자율주행, 스마트 농업, 재난 대응 등 다양한 분야에 적용 가능하며, 도심 교통 정체 완화, 탄소 배출 감소, 인프라 운영 최적화에 기여할 수 있다. 안정적인 통신망 구축, 표준화, 공공 신뢰 확보가 필수이며, 기술 간 상호운용성, 데이터 보안, 개인정보 보호, 법적 책임 문제 등이 해결 과제다.

10) 생성형 워터마킹generative watermarking 기술: 생성형 AI 콘텐츠에 신뢰성과 출처를 부여하기 위한 기술이다. 텍스트, 이미지, 오디오, 비디오 등 생성물에 보이지 않는 디지털 마커를 삽입하는 방식으로 생성형 콘텐츠의 무단 복제, 허위정보 유포를 방지한다. 주로 딥러닝 기반 콘텐츠 생성 모델에 고유의 식별 정보를 은닉 삽입하며, 변형, 캡처, 편집을 인식할 수 있게 한다. 콘텐츠가 AI에 의해 생성되었음을 자동 식별하고 검증할 수 있게 된다. 가짜 뉴스, 저작권 침해, 사칭 콘텐츠로 인한 사회 혼란을 예방하고, AI 윤리 및 투명성 강화에 핵심적인 역할을 한다. 미디어 산업, 교육, 공공 커뮤니케이션 등에서 정보 신뢰성 회복에 기여할 수 있다. 궁극적으로는 글로벌 표준화 및 플랫폼 통합이 중요한 과제이다.

모두 엄청난 속도로 발전하며 다양한 분야에서 혁신적인 잠재력을 보여주는 기술들이다. 아직 많은 도전 과제들이 남아 있는 지금, 우리나라도 이러한 중요한 기술들을 개발·확보하여 미래 산업을 선도해야겠다. 소외되는 사람들 없이 모두에게 그 혜택이 돌아가야 하는 것은 물론이다.

2

4차 산업혁명을 이끄는 9가지 혁명적 기술

2015년 9월 7일, 세계경제포럼 클라우스 슈바프 회장은 KAIST에서 '인류사회에 미치는 파괴적 혁신의 영향력'을 주제로 강연했다. 인공지능, 블록체인, 자율주행, 정밀의료, 유전체공학 등 급부상하는 기술들이 사회, 경제, 정치, 문화 전반에 미칠 영향을 조망한 이 강연은 4차 산업혁명의 신호탄이 되었다. 이후 아부다비 글로벌 어젠다 서밋을 거쳐 2016년 1월 다보스포럼의 주요 의제로 이어지며 세계적인 관심을 불러일으켰다. 이 흐름은 2017년 미국 샌프란시스코 프레시디오에 설립된 세계경제포럼 4차 산업혁명 센터C4IR로 이어졌다. 이곳에서는 신기술이 가져올 기회와 위협을 체계적으로 연구하고, 정책, 표준화, 인센티브 설계를 통해 부작용을 최소화하며 긍정적인 변화를 극대화하는 방안을 모색하고 있다.

우리나라도 2017년 대통령 직속 4차 산업혁명 위원회를 출범시켜 다양한 연구를 해왔다. 2019년 10월에 그 결과물로 4차 산업혁명 시대의 일자리, 산업 변화, 요구되는 인재상, 데이터 자산 확보와 가치화, 스마트 자본으로 대변되는 질적 자본 등에 대한 분석 결과를 제시했다. 또한 조력자로서의 정부 역할을 제시, 각 세부 분야별 대정부 권고안도 발표했다. 권고안에는 바이오헬스, 제조, 금융, 물류 등 산업별 정책뿐만 아니라, 인공지능과 데이터·사이버안보, 블록체인·스타트업 생태계 등 지능화 시대의 혁신 기반 조성 방안도 포함되었다. 아울러 획일적인 주 52시간 근무제가 초래하는 문제, 대학의 자율권 확대 등 교육 혁신, 혁신적 포용사회 구축 방안까지 다루며 현재까지도 여전히 유효한 시사점을 제공하고 있다.

한편, 세계경제포럼의 4차 산업혁명 센터는 초기부터 4차 산업혁명의 핵심 기술 아홉 가지를 중심으로 연구를 진행해왔다. 시간이 지나면서 조직의 형태는 변화했지만, 당시 선정된 아홉 가지 분야를 되짚어보는 것은 여전히 의미가 있다(2025년 현재에는 AI와 머신러닝, 자율 시스템, 바이오 경제, 기후 기술, 디지털 거버넌스, 디지털 포용, 우주, 양자 이렇게 8개의 핵심 기술 도메인 아래 총 14개의 이니셔티브를 운영하고 있다).

- **인공지능** 공공 영역에서의 AI 활용, 아동 보호를 위한 AI 표준, 데이터 시장 조성, AI 윤리, 안면 인식 기술의 책임과 한계를 다루는 프로젝트가 진행 중이다.
- **자율주행 및 도시 이동 기술** 안전 규제, 사회적 이익, 접근성 향상, 인프라 구축, 데이터 거버넌스 및 보안과 관련된 연구가 이뤄지고 있다.
- **블록체인** 공급망에서의 신뢰 구축, 중앙은행의 역할 변화, 정부 투명성 강화, 데이터 소유권과 토큰 경제 모델 개발 등을 포함한다.
- **데이터 정책** 데이터의 급격한 증가에 따른 문제를 해결하기

위해 신뢰할 수 있는 데이터 공유 체계, 데이터 호환 프레임워크 설계, 정밀의학 데이터 정책, AI 시대의 데이터 거버넌스, 최고 데이터 책임자CDO의 필요성과 역할 등을 연구하고 있다. 우리나라 역시 개인정보보호법, 정보통신망법, 신용정보법 개정을 통해 데이터 정책을 정비했다.

- **디지털 교역** 현금 없는 결제 시스템, 블록체인 기반 글로벌 무역, 3D 프린팅과 물류 혁신 등이 주요 연구 주제다.
- **드론 및 미래 항공 기술** 새로운 드론 규제 모델, 드론 배송, 개인용 비행체 개발이 진행 중이다.
- **환경을 위한 4차 산업혁명 기술** 지속 가능한 수산업, 블록체인을 활용한 신재생에너지 확산, 환경 데이터 활용을 통한 생태계 복원 프로젝트 등이 추진되고 있다.
- **사물인터넷, 로보틱스, 스마트 시티** 안전한 사물인터넷 구현을 위한 시장 인센티브 설계, 사물인터넷 기술 확산 전략, 소비자 신뢰 구축, 사물인터넷 데이터 활용 방안, 스마트 시티 발전을 위한 사회적 합의 도출 등이 논의되고 있다.
- **정밀의료** 개인 맞춤형 진단·치료의 발전을 위해 의료 데이터 장벽 해소, 정밀의료 혁신 전략, 임상시험 혁신, 의료비·보험 체계 개편, 정밀병리학 및 차세대 진단 기술, 병원 내 유전체학 적용 확대 방안을 연구하고 있다. 내가 참여하는 글로벌 정밀의학 위원회에서는 여기에 윤리적 문제까지 포함해 논의하고 있다.

이처럼 4차 산업혁명의 핵심 기술과 관련된 글로벌 정책 및 표준화 작업은 국제 협력이 필수적이다. 이에 따라 일본, 중국, 인도에는 세계경제포럼의 4차 산업혁명 자매센터가 출범했으며, 아랍에미리트 등 여러 국가에도 부속 센터가 설립되었다.

우리나라는 공식적인 자매센터를 설립하지는 않았지만, 과학기술정보통신부와 기획재정부의 주도로 세계경제포럼 4차 산업혁명 센터와 협력하기로 하고, '한국4차산업혁명정책센터'를 KAIST에 설립했다. 2019년 12월 10일 개소한 이 센터는 정부출연연구소, 대학, 기업 등 다양한 전문가들이 참여하며, 우선적으로 블록체인 분야에서 세계경제포럼과 협력하고, 정밀의료 및 인공지능 분야와도 협업하면서 2023년까지 운영하였다. 정부에서 적극적으로 개입하기가 어려운 점이 있어서 중단되기는 하였지만, 과학기술이 국가의 미래를 좌우하는 지금 이러한 기술 정책을 연구하는 것은 매우 중요하다고 하겠다. 무엇보다도, 빠르게 변화하는 4차 산업혁명 시대에 소외되는 사람이 없도록 포용적 성장을 위한 정책과 전략을 함께 마련해나가야 할 것이다.

3

유럽이 주목하는 미래의 판을 바꿀 기술들

세계경제포럼뿐만 아니라 MIT, 컨설팅 기업 등에서도 정기적으로 혁신 기술을 발표하고 있다. 특히, 유럽연합이 2019년 6월 발표한 〈미래를 위한 100대 급진적 혁신 기술〉 보고서는 유럽의 과학기술 역량을 강화하고 산업 경쟁력을 높이는 동시에, 유엔 지속가능발전목표SDGs를 달성하기 위한 '호라이즌 2020' 및 후속 사업 '호라이즌 유럽'의 일환으로 작성되었다. 337페이지에 달하는 이 보고서는 방대한 과학기술 문헌을 기반으로 대규모 자동 분석과 전문가 검토를 거쳐 선정된 87개의 혁신 기술과 13개의 사회 혁신 시스템을 포함하고 있으며, 기술 개발 추진에 앞서 고려해야 할 23개의 글로벌 가치 네트워크를 함께 제시하고 있다.

보고서에서 가장 주목하는 기술 중 하나는 인공지능인데, 대화, 감정 인식, 챗봇, 뇌 기능 매핑, 인공 시냅스, 뇌신경 모방 칩, 자율주행, 하늘을 나는 자동차, 정밀농업 등 다양한 분야에서 활용될 것으로 전망된다. 유럽연합이 강점을 보이는 기술로는 메탄하이드레이트 수확, 바이오 플라스틱, 반도체 기술과 나노 기술 등을 집적하여 작은 칩 위에 실험실 기능을 구현한 랩온어칩lab-on-a-chip 등이 있으며, 반대로 상대적으로 취약한 기술로는 4D 프린팅, 그래핀 트랜지스터, 에너지 수확, 음속에 가까운 속도로 튜브 안에서 자동 운행하는 하이퍼루프 등이 지목되었다. 이 외에도 그래핀 등의 2차원 물질, 음식 3D 프린팅, 항생제 감수성 테스트, 인공 광합성, 생분해성 센서, 유전체 편집, 메타물질, 미생물 연료전지, 식물 간 정보 교환, 플라스틱 분해, 양자컴퓨팅 및 암호 기술, 재생의학, 자가 치유 물질, 스마트 문신, 스마트 창, 폐수 영양분 회수 등 다양한 분야의 혁신 기술이 포함되었다.

특히, 바이오플라스틱의 경우 유럽 기업들이 활발하게 상용화를 추진 중이며, 생분해성 플라스틱의 직접 발효 생산, 단량체 발효 후 중합 방식, 전분 등의 천연고분자 활용 등 다양한 방식이 연구되고 있다. 음식 3D 프린팅 기술 또한 주목받고 있는데, 2017년 미국 샌타모니카의 미쉐린 2스타 레스토랑 멜리스Mélisse에서는 프렌치 어니언 수프의 크루통을 3D 프린팅으로 제작해 화제가 되었다. 향후에는 어린이들의 식사 흥미를 유발할 수 있는 캐릭터 모양의 음식뿐만 아니라 개인 맞춤형 영양 성분이 포함된 다양한 형태의 식품이 개발될 것으로 기대된다. 나아가 시간이나 환경 변화에 따라 형태와 특성이 달라지는 4D 프린팅 기술도 점점 발전할 것으로 보인다. 또한 우리 몸에 부착해 생체 정보를 수집하고 약물을 전달하는 스마트 문신이나, 몸속에서 진단 및 치료 후 자연 분해되는 생분해성 센서 등의 기술도 빠르게 발전하고 있다.

유럽연합이 '군집지능swarm intelligence'이라고 부르는 기술도 주목할 만하다. 이는 개미나 철새 떼처럼 개별 개체가 자율적으로 행동하면서도 서로 협력하는 방식을 모방한 기술로, 이동 수단 및 군사 분야에서 활용될 가능성이 크다. 사회 혁신 시스템과 관련해서는 물건을 필요할 때 빌려서 사용하는 접근경제access economy, 공유경제, 대체화폐, 기본소득, 정량화된 자기 관리, 자동차 없는 도시, 협력 혁신 공간, 건강정보의 소유 및 공유, 교육 시스템의 재발명 등이 포함되었다. 특히, 교육 시스템의 변화와 관련하여, 앞으로는 인공지능과 같은 혁신 기술을 활용한 학습 환경이 조성되고, P2Ppeer-to-peer 학습 및 집단지성 기반 학습이 더욱 확산될 것으로 보인다. 이에 따라 기존의 정규 교육 과정이 종료되면 학습이 끝나는 것이 아니라, 평생학습이 필수가 되는 시대가 도래할 것이며, 이를 뒷받침할 '전국민 평생학습 시스템' 구축이 필요하다는 점이 강조되었다.

유엔 지속가능발전목표 실현을 위해 보고서에서는 기후변화 대응, 탄소 저감, 지속 가능한 에너지·물·식량·소재, 고령자 삶의 질 개선, 사회 혁신 역량 강화, 개인 맞춤형 제조, 예방적 건강관리, 인간과 기계 간 원격 상호작용, 사용자 데이터 시장, 다수 참여형 정보·지식 창출 등 다양한 글로벌 가치 네트워크를 제시했다. 예를 들어, 정밀의료 시대가 도래하면서 개인의 유전정보와 생활 데이터를 공익적으로 활용할 수 있는 가능성이 커지고 있으며, 이에 따라 유럽연합은 '100만+ 게놈 프로젝트1+MG'를 발표하기도 했다. 이러한 변화는 개인정보 보호 문제와 맞물리는 만큼, 데이터 소유권과 공유 방식에 대한 논의도 필요하다.

유럽연합 보고서는 각 기술별로 현재 기술 성숙도와 2038년의 예상 중요도를 분석하는 한편, 유럽의 현재 기술 수준과 위치를 평가했다. 우리도 이러한 분석 방식을 참고하여, 각 기술의 국내 현황을 정확히 진단하고 선도 기술군을 집중 지원하는 한편, 중간 수준 기술의 선도그룹화 전략과 취약 기술 분야의 육성 전략을 마련해 급변하는 기술 혁신 시대에 효과적으로 대응해야 할 것이다.

4

AI와 AIX², 더 똑똑한 기술을 위하여

세계적인 경영 컨설팅 기업 맥킨지앤드컴퍼니의 2023년 보고서에 따르면 생성형 인공지능이 세계 경제에 미칠 영향은 연간 3300조~5700조 원에 이를 것으로 예상되며, 이는 우리나라 GDP의 1.5~2.5배에 해당한다. 생성형 AI란 데이터를 기반으로 자동으로 콘텐츠를 생성하는 AI 시스템으로, 주로 딥러닝 기술을 활용해 구현된다. 이 기술의 핵심은 대규모 데이터를 학습해 입력 데이터의 분포를 파악하고 이를 바탕으로 새로운 데이터를 생성하는 것이다. 이러한 모델은 문장, 그림, 음악 등 다양한 형태의 데이터를 만들어낼 수 있으며, 그중 가장 잘 알려진 예가 챗GPT다. 챗GPT는 자연어 처리 기술을 기반으로 한 생성형 AI로, 사용자의 입력에 자연스러운 응답을 생성하며 지속적인 학습을 통해 대화의 품질을 향상시킨다.

챗GPT는 어떻게 만들어졌을까? 챗GPT는 트랜스포머 아키텍처를 기반으로 구축되었으며, 자연어 이해 및 생성 작업을 수행하는 데 강력한 성능을 발휘한다. 트랜스포머 모델은 기존의 순환 신경망RNN보다 뛰어난 문맥 파악 능력과 병렬 처리 효율성을 지니고 있으며, 특히 어텐션 메커니즘을 통해 입력 데이터 내에서 우선순위를 식별할 수 있다. 셀프 어텐션 메커니즘을 활용하면 문장의 문맥과 의미를 보다 효과적으로 파악할 수 있으며, 이를 통해 자연스러운 응답을 생성할 수 있다. 또한 양방향 언어 모델링을 활용해 문맥을 보다 정확히 이해하고, 단어의 확률을 추정하여 더욱 자연스러운 문장을 만들어낸다.

챗GPT는 인터넷에서 수집된 방대한 양의 텍스트 데이터를 사전 훈련함으로써 자연어 처리 성능을 향상시켰다. GPT-1 모델은 약 1억 2000만 개의 파라미터를 가졌던 반면, GPT-3는 1750억 개로 증가했으며, 현재 챗GPT 플러스 구독을 통해 사용할 수 있는 GPT-4의 파라미터는 비공식적으로 알려진 바에 따르면 약 170조 개에 달한다. 학습 과정은 레이블링된 데이터가 아닌, 대량의 언레이블링된 데이터에서 패턴을 학습하는 자기 지도학습self-supervised learning 방식으로 진행된다. 이를 통해 훈련된 챗GPT 모델은 특정 대화 환경에 더욱 적합한 답변을 생성할 수 있으며, 지도학습을 거치면서 자연스럽고 안전한 대화를 제공할 수 있는 수준으로 발전했다.

생성형 AI의 경제적, 산업적 파급력이 매우 크기 때문에 주요 빅테크 기업들은 치열한 경쟁을 벌이고 있다. 챗GPT를 개발한 오픈AI는 마이크로소프트와 협력하여 다양한 비즈니스 모델을 구상하고 있으며, 구글은 2023년 자체 대형언어모델인 람다LaMDA와 팜PaLM을 기반으로 한 바드Bard를 출시했다. 메타는 누구나 무료로 사용할 수 있도록 라마 2Llama 2를 오픈소스로 공개하며 경쟁에 뛰어들었다. 생성형 AI는 산업 생산성을 높이고 연구개발을 지원하는 것은 물론, 일상생활에서도 여행 계획 수립, 일정 관리, 법률 자문, 비서 역할 등 다양한 분야에서 활용되고 있다. 그뿐 아니라 그림과 사진 창작, 작곡 등 예술적 창의성을 발휘하는 데에도 활용된다. 하지만 가짜뉴스나 허위 이미지 생성과 같은 부작용도 우려된다. 이에 따라 개인정보 보호, 저작권, 윤리적 문제 등에 대한 신중한 고려가 필수적이며, 최근 빅테크 기업들은 AI를 악용한 사기와 기만을 방지하기 위해 최선의 노력을 다하겠다고 발표했다.

그러면 생성형 인공지능이 특정 분야에서 어떻게 활용되는지 살펴보자. 단순한 작업의 자동화부터 복잡한 문제 해결에 이르기까지 다양한 영역에서 활용되고 있는 AI 기반 애플리케이션은 업무 효율성, 마케팅, 데이터 분석, 교육 및 자기계발, 엔터테인먼트 등에서 점점 더 중요한 역할을 하고 있다.

업무 효율성 향상 측면에서는 'KickResume', 'ChatCareer', 'Teal'과 같은 애플리케이션이 이력서 작성을 돕고 있으며, 마이크로소프트 오피스365에 챗GPT가 통합된 것처럼 'GPTForWork'를 활용하면 구글 스프레드시트, 워드, 엑셀 등에서 AI를 사용할 수 있다. 또한 'Obviously AI'는 비전문가도 AI를 활용해 데이터 분석을 수행할 수 있도록 지원하며, 'Lumiere'와 'Reclaim'은 각각 3D 비디오 생성과 일정 관리를 돕는다. 하루에도 수백 통의 이메일을 받는 사람들에게는 이메일 정리 애플리케이션인 'Sanebox'가 유용할 수 있지만, 나처럼 보안상의 이유로 사용을 고민하는 경우도 있다.

마케팅과 콘텐츠 생성 분야에서도 AI의 영향력이 커지고 있다. 'Nightcafe', 'AIFlow', 'Flickify' 등을 활용하면 복잡한 디자인 기술이나 코딩 지식 없이도 고품질의 아트워크와 비디오를 제작할 수 있으며, 'Gen-2'는 텍스트나 이미지를 활용해 영상을 생성할 수 있다. 디지털 마케팅 영역에서는 'MoriseAI', 'Finance Homie' 등이 데이터 분석을 기반으로 최적화된 콘텐츠 타이틀 및 설명을 제공하거나, 금융 서비스에 특화된 마케팅 전략을 제시한다. 고객 서비스 및 관계 관리 분야에서는 'EbiAI'가 AI 기반 고객 응대를 지원하며, 'InvestorHunter'는 투자자들을 신속하게 연결해준다.

데이터 분석 및 인사이트 도출 측면에서는 'Stat', 'Uptrends', 'Alpha'와 같은 애플리케이션이 주목받고 있으며, 이들은 통계 데이터 분석, 주식시장 예측, 투자 의사결정 등을 돕는다. 교육과 자기계발 분야에서는 'Coursable', 'Plaito', '1 Min Daily Question' 등이 개인 맞춤형 학습 경로를 제공하며, AI 튜터를 통해 복잡한 개념을 쉽게 설명한다.

앞으로 생성형 AI는 더욱 정교한 모델을 바탕으로 창작과 과학적 탐구에 혁신을 가져올 것이다. 현재 사용되거나 개발 중인 핵심 기술 중 하나는 생성적 대립 신경망GANs으로, 생성자Generator와 판별자Discriminator라는 두 개의 네트워크를 활용해 고품질의 합성 데이터를 생성한다. 이런 결과물은 사람이 제작한 콘텐츠와 구별하기도 어렵다. 또한 트랜스포머 기반의 자연어 처리 기술이 계속 발전하고 있으며, 전이학습과 퓨샷 학습few-shot learning 기법을 통해 적은 데이터로도 효과적인 모델 조정이 가능해지고 있다.

기존 신경망 구조도 생성형 AI에 적극적으로 통합되고 있다. 이미지 분석에 강한 합성곱 신경망CNN은 캡슐 네트워크와 결합하여 더욱 정교한 생성 모델을 만들어내고 있다. 자연어 처리, 외국어 번역,

음성 인식 등에 탁월한 성능을 보여 구글 번역, 시리Siri 등 음성 인식에 활용돼온 순환 신경망RNN은 계속해서 응용 범위를 확장하고 있다. 이러한 기술적 발전은 예술, 과학, 산업 전반에 걸쳐 새로운 가능성을 열어줄 것이며, AI와 인간이 협력하는 방식이 표준이 될 것으로 보인다.

과학기술 분야를 보면, 더욱 방대한 과학 데이터들을 이용해 생성형 AI를 학습시킴으로써 과학자들이 생각해내지 못했던 새로운 가설을 제안하거나 새로운 기능의 재료 발굴과 신약 설계도 가능할 것이다. 날씨와 기후 예측도 더욱 정확도가 올라갈 것이다. 창작 분야를 보면 앞으로는 일반인도 원하는 사항들을 입력하면 그에 맞춘 노래, 그림, 동영상, 이야기 등의 콘텐츠를 창작해내는 플랫폼이 나올 것이다. 이러한 미래를 예측해서인지 유튜브는 2024년 9월 18일 열린 연례 행사 '메이드 온 유튜브'에서 창작자들을 위한 AI 기반 도구를 발표했다. 2024년 말부터 AI로 생성한 비디오나 이미지 배경을 쇼츠Shorts에 적용할 수 있는 '드림 스크린Dream Screen' 기능을 도입했다.

창의적인 도전을 통해 우리나라에서도 글로벌 경쟁력을 갖춘 생성형 AI 기반 서비스와 기업이 탄생하기를 기대해본다.

5

쏟아져 나오는 AI 도구들

AI는 불과 몇 년 전까지만 해도 먼 미래의 기술처럼 보였지만, 2022년 챗GPT 출시 이후 다양한 분야에서 실용적인 도구로 빠르게 자리잡고 있다. 오늘날 AI 기술은 산업을 재편하는 것은 물론, 비즈니스와 일상생활 전반을 변화시키며 단순한 작업 자동화에서 복잡한 의사결정까지 폭넓은 역할을 수행하고 있다.

2024년 9월, 오픈AI는 '스트로베리' 모델로 알려진 'o1'을 발표했다. 이 모델은 과학, 코딩, 수학 등에서 더욱 복잡하고 깊이 있는 추론과 사고가 가능하다. 기존 GPT-4o 대비 정확성이 높아졌지만, 응답 속도가 느려지는 단점이 있다. 특히 실시간 처리가 중요한 분야에서는 활용이 제한될 가능성이 있다.

2024년 말에는 'o1'의 업그레이드 버전인 'o3'가 전문 테스터들에게 공개됐다. 이 모델은 사고 시간을 조정할 수 있는 기능을 도입했으며, 소프트웨어 코딩 능력이 'o1'보다 22.8퍼센트 향상되었다. 또한 2024년 미국 수학 초청 시험AIME에서 96.7퍼센트의 성적을 기록하며 높은 추론 능력을 입증했다. 다만, 응답 시간이 길어지는 문제를 해결하기 위해 사용자가 사고 수준을 '낮음, 중간, 높음'으로 조정할 수 있도록 설계되었다. 이를 통해 응답 속도와 추론 성능 간의 균형을 맞출 수 있도록 했다. 2025년 5월 기준으로 챗GPT는 대부분의 업무에 탁월한 GPT-4o, 고급 이성에 적합한 o3, 고급 이성에 가장 빠른 o4-mini, 코딩 및 시각적 이성에 탁월한 o4-mini-high, 글쓰기 및 아이디어 탐색에 적절한 GPT-4.5, 일상적인 작업을 빠르게 처리하는 GPT-4o-mini 옵션을 제공하고 있으며, 다양한 응용 AI 프로그램들을 연결해주고 있다.

이처럼 AI 모델이 고도화되면서, 사람을 더 정교하게 속일 수 있다는 우려도 커지고 있다. AI가 생성한 콘텐츠가 인간의 창작물과 구별이 어려워지는 상황에서, 정보 신뢰성 문제와 윤리적 논의가 더욱 중요해지고 있다.

대규모 AI 모델 외에도, AI를 활용한 콘텐츠 생성, 비즈니스 자동화, 웹 개발, 데이터 분석, 마케팅, 개인 지원 및 교육 분야의 다양한 도구들이 빠른 속도로 개발되고 있다. 기존의 AI 응용 프로그램들을 무색하게 만들 만큼 다양한 새로운 도구들이 매달 쏟아지고 있으며, 그 범위는 점점 넓어지고 있다.

콘텐츠 생성 분야에서는 인공지능 기반의 글쓰기 플랫폼 'WriteSonic'이 주목받고 있다. 일부 사용자는 챗GPT보다 더 뛰어난 성능을 보인다고 평가하며, 블로그 게시물, 마케팅 자료, 소셜미디어 콘텐츠 제작 등에서 유용하게 활용되고 있다. 'Jasper'는 블로그 글쓰기, 마케팅 콘텐츠 제작, SNS 게시물 작성 등에 활용되며, 사용자의 입력에 따라 원하는 스타일로 텍스트를 생성한다. 크리에이터, 직장인, 학생들이 효율적으로 글을 작성할 수 있도록 돕는다. 또한,

기존 텍스트를 개선하거나 수정하는 기능도 제공한다.

비즈니스 자동화 분야에서는 'ZapConnect'와 'Automateed' 같은 AI 도구들이 워크플로우를 간소화하고 생산성을 높이는 역할을 한다. 'ZapConnect'는 다양한 애플리케이션을 통합하여 수동 작업을 줄이고 업무 프로세스를 자동화한다. 'Crowdbotics'는 AI를 이용해 아이디어를 빠르게 애플리케이션으로 전환할 수 있는 플랫폼을 제공하며, 이를 통해 개발 시간을 대폭 단축할 수 있다.

이미지 및 영상 생성 도구들도 발전하고 있다. 'Midjourney'와 'Stable Diffusion'은 간단한 프롬프트 입력만으로도 고품질의 그림과 영상을 제작할 수 있으며, 'NextGen Art'와 'SoLogo'는 프롬프트를 그래픽 이미지와 로고로 변환해준다. 'Pictory AI'는 비디오 제작을 지원하고, 'Lilys AI'는 긴 영상을 정확하게 요약한다. 'Descript'는 영상 편집을, 'AI Video Cut'은 긴 영상을 짧고 매력적인 클립으로 변환해 인스타그램, 페이스북, 틱톡 등 소셜미디어 플랫폼에서 활용할 수 있도록 돕는다. 'Crayon AI'는 고품질 이미지 생성과 편집을 단순화해 전문 디자이너뿐만 아니라 일반 사용자도 쉽게 활용할 수 있다. 'Video AI Hug'는 개인 맞춤형 미디어 콘텐츠를 생성해 감성적 연결을 강화한다. 다만, 이와 더불어 딥페이크 기술이 발전하면서 이에 대한 방지책 마련이 시급한 상황이다.

AI는 영상뿐 아니라 음악, 특히 작곡에서도 혁신을 보여주고 있다. 'Suno'는 인공지능 기반 음악 생성 플랫폼인데, 사용자가 간단한 주제, 혹은 가사 개요 등의 텍스트 프롬프트만 입력하면 자동으로 음악을 작곡하고 남자, 여자 등 맞춤형 음성으로 완성된 노래를 만들어준다. 멜로디, 편곡, 가사, 보컬까지 통합적으로 생성하며, 사용자 입력에 맞춰 다양한 장르와 스타일의 음악을 빠르게 만들어낼 수 있다. 나처럼 작곡을 할 줄 모르는 사람도 쉽게 작곡/작사가가 될 수 있게 해주는 것이다. 내가 가장 관심을 두고 있는 교육 분야에서도 AI 기술이 적극적으로 도입되고 있다. 'Brilliant'와 'Inncivio'는 AI를 활용한 상호작용형 학습 경험을 제공한다. 학습자의 속도와 스타일에 맞춰 적응하며, 복잡한 개념을 쉽게 이해할 수 있도록 돕는다. 'OwnAI'는 개인 맞춤형 AI 보조 역할을 하며, 'Korewa'는 교육 도구로 활용되면서 개인의 학습과 일상 업무 관리 방식을 변화시키고 있다.

데이터 분석 분야에서도 AI 도구들의 활용이 활발하다. 'Qoloba'와 'Groupt' 같은 프로그램은 대규모 데이터 세트에서 의미 있는 통찰을 추출해 제공한다. 금융, 헬스케어, 마케팅 등 데이터 중심의 의사결정이 중요한 산업에서 활용도가 높다. 'No-Code Scraper'는 다양한 웹사이트에서 데이터를 수집해 시장 분석 및 경쟁 연구를 돕는다.

마케팅 및 광고 분야에서는 'Genius AI'와 'Lately' 같은 AI 도구들이 방대한 데이터를 분석해 마케팅 전략을 최적화한다. 이를 통해 더욱 개인화된 마케팅이 가능해진다. 'Cheerlink'는 AI 기반 고객 서비스 도구로 고객과의 상호작용을 향상시키고, 'Clapper'는 AI 기반 비디오 편집 기능을 제공해 사용자 경험을 높인다. 편의성 측면에서도, 오픈AI 플랫폼에 최근 추가된 쇼핑 기능은 검색 사용자에게 제품 정보, 가격, 소비자 후기 등을 종합적으로 제공하고, 구매 버튼을 통해 제품 판매 사이트로 직접 연결되는 기능까지 갖추고 있어, 향후 마케팅 전반에 걸쳐 강력한 영향력을 미칠 것으로 예상된다.

AI는 단순한 작업 자동화를 넘어, 디지털 도구와 사용자의 상호작용을 향상시키는 방향으로 발전하고 있다. 'BlendAI'는 여러 AI 모델을 하나의 인터페이스에서 사용할 수 있도록 해 사용자 경험을 단순화한다. 'MimicPC'는 브라우저 기반 AI 애플리케이션 실행을 지원해 복잡한 설치 과정 없이 AI를 즉시 활용할 수 있도록 한다.

AI를 활용한 AI 도구 개발도 활발하다. 'Amplication'과 'Jovu'는 코드 자동 생성 도구로, 개발 속도를 높이고 오류를 줄여 개발자가 창의적인 작업에 집중할 수 있도록 돕는다. 'NetJet'과 'WebWave'는 비전문가도 쉽게 웹사이트를 개발할 수 있도록 지원하며, 스타트업과 중소기업이 온라인 비즈니스를 구축하는 데 유용하게 활용된다.

AI 응용이 확장될수록 정보 보안의 중요성도 높아지고 있다. 'Incogni' 같은 보안 도구는 AI를 활용해 데이터베이스와 웹사이트에서 개인정보를 자동으로 삭제해 데이터 유출과 신원 도용 위험을 줄인다. 디지털 보안 기술이 발전할수록 AI 기반 도구의 신뢰성과 안전성을 확보하는 것이 더욱 중요해지고 있다.

AI는 앞으로도 더욱 개인화된 경험과 보호 기능을 제공하면서 사람과의 상호작용 방식을 변화시킬 것으로 보인다. AI 기술의 발전이 우리의 삶과 산업에 미치는 영향을 고려할 때, 그 활용과 윤리에 대한 논의가 중요한 시점이다.

6

24시간 일하는 AI 에이전트가 온다

당신은 주 52시간 일하며, 종종 집에까지 업무를 가져와 주 100시간 가까이 일한다고 느낀다. 그 일이 버겁다고 여길 수도 있다. 하지만 지금 우리는 그런 불평조차 사치가 되는 시대의 초입에 서 있다. 주 168시간, 하루 24시간을 쉬지 않고 일하면서 단 한 마디 불평도 하지 않고, 점심시간이나 커피브레이크도 없이 일하는 새로운 '동료'가 등장했기 때문이다. 이들은 이제 단순한 소프트웨어가 아닌, 당신과 나처럼 일하고, 정보를 다루고, 실행하는 지능형 존재다. 바로 AI 에이전트다.

이제는 모든 이가 하나씩 AI 에이전트를 '비서'처럼 두고 있는 시대에 들어서고 있다. AI 에이전트란 단순히 정보를 검색하거나 문장을 생성하는 기존의 인공지능 기술을 넘어서, 사용자의 지시를 받아 실제로 일을 '대신' 처리해주는 차세대 인공지능이다. 이러한 AI 에이전트는 현재 산업 전반에서 업무 자동화, 연구 속도 향상, 복잡한 프로세스의 단순화 등에 크게 기여하면서 주목을 받고 있으며, 사람과 기업의 일하는 방식을 근본적으로 바꾸고 있다.

2024년 10월, 인공지능 스타트업 앤트로픽은 '컴퓨터 유즈Computer

Use'라는 이름의 AI 에이전트를 발표하며 업계를 놀라게 했다. 이 에이전트는 앤트로픽의 최신 AI 언어모델인 '클로드 3.5 소네트'를 기반으로 만들어졌으며, 단순한 응답 생성이 아니라 실제로 컴퓨터를 조작할 수 있는 능력을 가지고 있다. 텍스트를 입력하고, 마우스 커서를 움직이며, 버튼을 클릭할 수 있다. 더욱 놀라운 점은 이 AI가 화면의 스크린샷을 분석해 사용자의 목표를 파악하고, 이를 여러 단계로 나누어 차례대로 수행해낸다는 것이다. 예를 들어, 웹에서 정보를 수집하거나, 뉴스를 요약하고, 공급업체 정보를 정리하며, 데이터세트를 분석하는 일 등을 AI 에이전트가 몇 분 만에 끝내버릴 수 있다. 사용자 입장에서는 일을 시키기만 하면, AI 에이전트가 아무 불평 없이 정확히 끝내놓는 것이다. 인건비도 들지 않는, 말 그대로 슈퍼 직원인 셈이다.

이러한 AI 에이전트 기술은 앞으로 사용자의 습관과 업무 패턴을 학습하여 더욱 자율적으로 일을 처리하는 방향으로 진화할 것으로 보인다. AI 에이전트 기술의 발전은 인공 일반 지능Artificial General Intelligence, AGI, 즉 인간처럼 여러 분야에서 스스로 학습하고 판단할 수 있는 차세대 인공지능의 등장을 앞당기는 핵심 기술로도 평가된다.

AI 에이전트는 기본적으로 사용자가 평소 사용하는 소프트웨어나 웹 인터페이스와 상호작용하면서 작업을 수행한다. 예를 들어, 오픈AI는 '오퍼레이터Operator'라는 AI 에이전트를 개발하여, 이 에이전트가 웹 브라우저에서 호텔·항공편·식당 예약, 쇼핑 목록 작성 등 다양한 작업을 스스로 처리할 수 있도록 만들었다. 오퍼레이터는 컴퓨터 사용 에이전트Computer-Using Agent, CUA라는 모델을 기반으로 훈련되어, 사람이 시각적으로 보는 것처럼 화면을 인식하고, 마우스 커서를 움직이며 버튼을 클릭하거나 텍스트를 입력한다. 사용자가 명령을 입력하면, AI는 이를 여러 단계로 나누고, 그 순서대로 작업을 진행하며, 필요 시 사용자에게 추가 정보를 요청하기도 한다.

AI 에이전트가 특히 강력한 이유는 복잡한 업무를 세부 단계로 구분하고, 각 단계를 독립적으로 수행할 수 있는 능력 때문이다. 이들은 주로 관찰, 계획, 행동의 세 가지 주요 단계를 통해 작동하는데, 먼저 사용자의 입력이나 환경에서 정보를 수집하고 분석하여 현재 상황을 파악한다. 다음으로 대규모 언어 모델LLM을 기반으로 문제 해결을 위한 최적의 계획을 세운 뒤, 마지막으로 실제 소프트웨어 도구나 시스템을 조작하여 작업을 실행한다. 의사결정은 일반적으로 규칙 기반 로직과 머신러닝 알고리듬을 바탕으로 하며, 필요에 따라 강화학습도 활용된다. 이처럼 AI 에이전트의 작동 방식은 네 가지 핵심 특징으로 요약할 수 있다. 이 네 가지는 G.A.I.A.로 정리된다.

- Goal-focused(목표 집중형): 사용자가 설정한 명확한 목표를 중심으로 행동.
- Autonomous(자율성): 최소한의 개입만으로 스스로 작업을 수행.
- Interactive(상호작용성): 외부 데이터, 사용자 입력, 프로그램 API 등과 유연하게 상호작용.
- Adaptive(적응성): 사용자의 피드백과 학습을 바탕으로 점점 더 똑똑하게 진화.

예를 들어 금융업계에서는 신용 리스크 평가를 위해 대규모 데이터를 수집하고 분석해야 하는데, AI 에이전트가 이 전 과정을 자동화하면 기존 대비 20~60퍼센트 더 빠르게 업무를 처리할 수 있다. 온라인 마케팅 분야에서도 AI 에이전트는 마케팅 목표와 타깃 고객, 채널 등을 자연어로 입력받아, 적절한 콘텐츠를 생성하고, 테스트를 진행하며, 효과를 분석하여 결과를 최적화한다. 그동안 사람 손을 많이 타야 했던 복잡한 마케팅 업무의 전 과정을 간결하게 자동화하는 것이다. 그렇다면 사람 직원은 더 이상 필요 없는 걸까? 그렇지는 않다. 다만 단순하고 반복적인 일에서 사람의 수요는 줄어들 수 있다. 그 대신 사람은 더 고차원적이고 창의적인 분석이나 전략적 판단 업무에 집중하게 될 것이다.

오픈AI는 최근 유료 사용자 대상으로 '태스크tasks' 기능도 도입했다. 이 기능을 활용하면, 예를 들어 "매주 목요일 저녁 9시에 토요일과 일요일의 내 위치와 날씨, 예상 비용 정보를 기반으로 주말 나들이 계획을 세워줘"와 같은 반복 명령을 자동으로 실행하게 할 수 있다. 이 기능은 챗GPT Plus 사용자에게 우선 제공되며, 웹 앱을 통해 설정과 관리가 가능하다. 현재는 일부 제한된 기능만 지원되지만, 향후에는 완전한 AI 개인 비서로 진화할 가능성이 높다.

구글 딥마인드 역시 2024년 말 '제미나이 2.0'이라는 AI 모델을 기반으로 한 새로운 AI 에이전트 '프로젝트 마리너Mariner'를 발표했다. 이 AI는 웹을 자율적으로 탐색하면서 항공편 검색, 호텔 예약, 요리법 찾기, 온라인 쇼핑 등을 수행할 수 있다. 초기 테스트에서 각 작업 간 약 5초의 지연이 있었는데, 이는 사용자에게 AI의 행동을 명확히 보여주고, 통제권을 부여하기 위해 의도적으로 설정된 제한이라는 점이 흥미롭다.

한편, 오픈AI는 더 전문적인 사용자들을 위해 2025년 2월 초 '딥 리서치'라는 AI 에이전트를 출시했다. 이 에이전트는 복잡한 질문에 대해 단계별로 웹을 탐색하고, 실시간 정보를 바탕으로 상세한 연구 보고서를 작성할 수 있다. 출시 당시 미국 내 Pro 사용자에게만 제공되었으며, 월 100개의 쿼리 제한이 있었다. 이 시스템은 답변의 정확도를 높이고 인공지능이 사실이 아닌 정보를 만들어내는 이른바 '할루시네이션hallucination'을 최소화하며, 명확한 인용과 데이터 시각화 기능까지 지원할 예정이다. 이처럼 AI 에이전트는 향후 반복적이고 비창의적인 업무를 대체하면서 사람은 더욱 전략적이고 창의적인 일에 집중할 수 있도록 돕는다. 더욱이 단일 AI 에이전트를 넘어서 여러 AI가 유기적으로 협업하는 커넥티드 AI 에이전트 시대도 열리고 있다. 이들은 복잡한 업무 프로세스를 유기적으로 연결하여 더 빠르고 정교하게 해결해낼 것이다.

자동화가 보편화됨에 따라, 사람 중심의 채용 구조도 변하고 있다. 조직은 창의적이고 혁신적인 능력을 갖춘 인재를 중심으로 인력을 구성하게 될 것이며, 단순 반복 업무를 맡는 직원 수는 줄어들 가능성이 크다. 하지만 동시에, AI 에이전트를 감독하고 조율하는 새로운 형태의 직무가 생겨나고 있다. AI가 마치 팀원처럼 일하게 되면서, 사람은 그 결과를 검토하고 윤리적 판단을 내리는 '감독자' 역할을 하게 되는 것이다. 더 나아가, AI 에이전트를 관리하는 더 상위의 AI 에이전트도 등장할 가능성이 있다. 일종의 '과장급 AI', '부장급 AI',

'상무급 AI'가 존재하고, 대표이사 한 명과 여러 중간관리자 AI가 함께 일하는 미래 기업의 풍경이 펼쳐질지도 모른다. 과학기술 분야에서는 이미 'AI 공동 과학자 AI Co-Scientist'라는 개념이 도입되고 있으며, 이는 인간과 AI의 협업이 실제 연구 현장에서도 진행되고 있음을 보여준다. AI 에이전트가 단순한 도구가 아니라 동료로 진화하고 있는 것이다.

이러한 변화를 따라가기 위해서는 현재의 교육 시스템 또한 완전히 달라져야 한다. 암기 위주의 주입식 교육에서 벗어나, 창의성과 문제 해결력을 키우는 방향으로 학교 교육이 개편되어야 한다. 동시에, 일반 성인들도 지식과 창의성을 끊임없이 높일 수 있도록 다양한 형태의 평생교육 시스템이 마련되어야 한다. 지금 우리는 인간과 AI가 협력하며 함께 일하는, 전혀 새로운 시대의 문 앞에 서 있다.

7

AI 진흥과 규제 사이의 균형

소셜미디어가 처음 등장했을 때, 사람들은 시공간의 제약 없이 소통할 수 있는 혁신적인 플랫폼에 열광했다. 2024년 기준, 전 세계 인구의 약 60퍼센트에 해당하는 49억 명이 소셜미디어를 사용하고 있다. 소셜미디어를 통해 좋은 소식과 지인의 근황을 공유하고, 새로운 지식을 얻기도 한다. 또한 정보가 불합리하게 통제되는 국가에서는 검열을 우회하는 수단으로 활용되기도 한다. 하지만 가짜 뉴스, 정치적 음모, 비윤리적 언행, 딥페이크 사진과 영상 등 반사회적이고 정신건강을 위협하는 콘텐츠도 빠르게 확산되고 있다. 문제는 이미 적절한 규제를 하기에는 시기를 놓쳤다는 점이다. 그렇다고 소셜미디어 사용을 무작정 금지할 수도 없다. 오히려 K-컬처, K-푸드 등의 글로벌 확산에서 보듯이, 규제보다는 진흥이 필요해 보이기도 한다.

AI는 이미 비즈니스, 과학, 의학 등 다양한 분야에서 혁신을 이끌며 우리 일상에 빠르게 스며들고 있다. 맞춤형 대화와 방대한 지식 접근성을 제공할 뿐만 아니라, 생성형 AI를 통해 새로운 콘텐츠를 제작하는 도구로 자리잡았다. 2024년 3월, 〈MIT 테크놀로지 리뷰〉는 소셜미디어에서 얻은 교훈을 바탕으로 AI에 대해 동일한 실수를 반복하지 말아야 한다는 글을 실었다. 이 글을 쓴 네이선 샌더스와 브루스 슈나이어는 소셜미디어가 가진 다섯 가지 특성을 '광고, 감시, 빠른 확산, 사용자를 플랫폼에 가둠, 독점'으로 정리했다. AI 역시 같은 특성을 지니고 있으며, 따라서 적절한 규제를 마련할 필요가 있다는 것이다. AI는 국가 경쟁력을 좌우할 핵심 기술이므로 적극적으로 육성해야 하지만, 글로벌 연대를 통한 올바른 규제도 병행되어야 한다.

AI 기반 광고는 기존 디지털 광고보다 더 정교하게 개인 맞춤형으로 제공할 수 있어 시장 지배력을 더욱 강화할 가능성이 크다. AI 플랫폼 기업들은 사용자의 위치 정보와 선호도를 추적하는 기존 방식에 더해, 생성형 AI를 사용하는 개인의 프롬프트와 대화를 분석해 더 정밀한 개인정보와 취향을 광고주에게 제공할 수 있다. 이러한 방식이 확산되면 사생활 침해 위험이 커질 뿐만 아니라, AI의 오용과 조작 가능성도 함께 증가할 것이다. 따라서 AI를 활용한 데이터 수집 및 이용 방식에 대한 투명한 공개와 적절한 통제가 필수적이다. 또한, 생성형 AI가 만들어낸 허위 콘텐츠와 딥페이크 영상이 소셜미디어의 빠른 확산력과 결합하면 심각한 사회적, 국가적 문제를 초래할 수 있다. 이에 대한 규제뿐만 아니라, 가짜와 진짜를 식별할 수 있는 기술 개발도 함께 이루어져야 한다.

AI 플랫폼이 소셜미디어처럼 사용자 생태계를 장악해 경쟁 플랫폼으로 이동하기 어렵게 만드는 현상도 예상된다. 데이터 보안 규칙과 데이터 이동성을 촉진하는 국제적 협력이 이루어져야만 경쟁적인 시장 환경이 유지될 수 있다. 2024년 3월, 미국 법무부는 애플을 반독점법 위반 혐의로 고소했다. 이는 소수의 대형 IT 기업이 플랫폼을 독점함으로써 발생하는 문제를 해결하려는 조치다. 애플의 제품과 서비스(맥북, 아이패드, 아이폰, 애플워치, 애플페이 등)에 익숙해진 사용자가 안드로이드 등 다른 플랫폼으로 쉽게 이동하지 못하는 점이 지적되었다. 시간이 지날수록 사용자 이탈이 더욱 어려워지는 이 같은 독점 구조는 AI 기술이 발전할수록 더욱 강화될 가능성이 크다. AI가 권력과 영향력을 소수에게 집중시키고, 사용자 의존도를 높이는 방향으로 발전하지 않도록 유럽연합과 미국 등은 디지털 플랫폼 기업을 대상으로 반독점 조치를 강화하고 있다. 다만, 이러한 규제가 기술 혁신을 저해하는 부작용을 초래하여 국제 경쟁력이 약화되지 않을지에 대한 면밀한 검토가 필요하다.

한국에서는 AI 관련 법안 논의가 오랜 기간 지연되었으나, 2024년 12월 26일 '인공지능 발전과 신뢰 기반 조성 등에 관한 기본법(AI 기본법)'이 국회를 통과했다. 이 법안에는 고영향 AI, 생성형 AI, AI 윤리, AI 사업자의 정의가 포함되었으며, AI 기본계획 수립 및 시행, 인공지능 안전연구소 운영, AI 기술 관련 전문 인력 양성, AI 윤리 원칙 제정, AI 제품과 서비스 제공 시 이용자 사전 고지 등의 법적 근거도 마련되었다. 또한, 2024년 9월 출범한 대통령 직속 국가인공지능위원회의 법적 근거도 명시되었다.

AI 기본법에서 '고영향 AI'는 생명, 안전, 기본권에 중대한 영향을 미칠 수 있는 AI 시스템으로 정의된다. 구체적으로는 에너지 공급, 식수 생산 공정, 보건의료 시스템, 의료기기, 범죄 수사를 위한 얼굴·지문·홍채·손바닥 정맥 등 생체 정보 분석, 채용 및 대출 심사, 학생 평가 등 개인 권리 및 안전에 중대한 영향을 미치는 분야가 포함된다. 고영향 AI를 개발하거나 이를 이용한 제품과 서비스를 제공하는 AI 사업자는 안전성과 신뢰성을 확보하기 위한 위험관리 방안을 마련하고, AI가 도출한 결과에 대한 설명 방안을 수립하고 이행할 의무를 지닌다. 한국도 이제 AI의 진흥과 규제를 균형 있게 추진할 수 있는 법적 근거를 마련했다고 할 수 있다.

한편 미국의 싱크탱크인 브루킹스 연구소는 2024년 12월 미국이 AI 분야에서 글로벌 리더십을 유지하기 위한 방향을 제시했다. 연구소는 AI 관련 위험과 우려를 다룰 수 있는 법적·규제적 프레임워크가 이미 존재하며, 지나친 규제로 인해 미국 경제와 국가안보가 위협받지 않도록 주의해야 한다고 강조했다. 과도한 규제는 스타트업 등 신생 기업의 시장 진입을 막고, 결과적으로 AI 산업 발전을 저해할 수 있다는 것이다. 특히 중국이 AI 기술에 막대한 투자를 단행하며 빠르게 발전하고 있는 상황을 감안했을 때, 미국은 지나친 규제보다 명확한 위험 요소만을 제한하는 방식으로 접근해야 한다고 조언했다.

한국도 2026년 1월 22일 AI 기본법 시행을 앞둔 상황에서, 규제와 진흥의 균형을 어떻게 맞출 것인지가 중요한 과제가 될 것이다. 안전성을 확보하면서도 AI 산업이 국가 경쟁력 강화에 기여할 수 있도록, 신중하면서도 유연한 전략이 요구된다.

8

데이터, 데이터, 데이터

120,000,000,000,000,000,000,000. 숫자의 0을 세기도 힘든 이 거대한 수치는 2023년 한 해 동안 전 세계에서 생산, 복사, 사용된 데이터의 총량을 바이트 단위로 나타낸 것이다. 글로벌 데이터 분석 기업 스태티스타의 분석에 따른 것으로, 약 120제타바이트ZB에 해당한다. 요즘 많이 사용되는 1테라바이트TB 용량의 외장하드디스크 1200억 개를 꽉 채울 수 있는 데이터 양이다. 만약 이를 쌓는다면 총 높이는 120만 킬로미터에 달해, 지구와 달을 왕복하고 한 번 더 갈 수 있는 거리다. 스태티스타는 당시 2년 후인 2025년이 되면 이 수치는 연간 181제타바이트에 이를 것으로 예측했다.

또 다른 데이터 분석 기업인 도모Domo는 매년 "데이터는 절대 자지 않는다Data Never Sleeps"라는 인포그래픽을 발표한다. 2023년 11월 기준, 전 세계 인터넷 사용자 수는 약 52억 명으로 전체 인구의 65퍼센트에 해당한다. 이들은 매분 2억 4100만 통의 이메일을 주고받고, 4100만 개의 왓츠앱WhatsApp 메시지를 발송하며, 630만 건의 구글 검색을 수행한다. 또한, 36만 개의 트윗이 올라가고, 페이스북 사용자들은 400만 개의 게시물에 '좋아요'를 누른다. 에어비앤비에서는

747건의 숙박 예약이 이루어지고, 링크드인에는 6000개의 이력서가 올라온다. 챗GPT는 매분 6944개의 프롬프트를 처리하며, 아마존에서는 5억 9000만 원어치의 쇼핑이 이루어진다. 한편, 전 세계에서 1분 동안 스트리밍된 콘텐츠의 총 시청 시간을 계산하면 무려 43년에 해당한다. 우리나라에서도 데이터 사용량은 폭발적으로 증가하고 있다. 2022년 기준, 카카오톡에서만 매분 760만 건 이상의 메시지가 송수신되었으니, 지금은 그 수치가 더욱 증가했을 것으로 보인다. 우리는 매 순간 엄청난 양의 데이터를 생산하고 소비하는 시대를 살아가고 있다.

데이터의 폭발적인 증가와 함께, 데이터 활용의 중요성도 커지고 있다. 비즈니스에서는 시장 분석과 소비자 행동 연구, 마케팅 전략 수립 등에 활용되며, 의료 분야에서는 환자 데이터를 기반으로 질병을 예측하고 신약을 개발하는 데 기여한다. 교육에서는 학습 데이터를 분석하여 맞춤형 교육 방식을 개발하고, 과학 연구에서는 대규모 데이터를 활용해 새로운 이론을 도출할 수 있다. 이처럼 막대한 양의 데이터가 생성됨에 따라, 이러한 데이터를 AI로 분석해 솔루션을 제공하는 기업들의 중요성도 덩달아 부각되고 있다. 2024~2025년 가장 큰 주목을 받으며 주가가 급등한 기업 중 하나인 미국의 팔란티어Palantir가 대표적이다. 팔란티어는 러시아-우크라이나 전쟁에서 날씨, 지형, 무기 등의 다양한 데이터를 통합 분석해 전략 수립에 활용함으로써 전 세계적인 주목을 받았고, 그 성과로 인해 한때 세계 최대 방산업체인 록히드마틴의 시가총액을 넘어서는 기록을 세우기도 했다.

그러나 이러한 데이터 기반 사회가 도래하면서 여러 문제점도 함께 부각되고 있다. 첫째, 개인정보 보호와 보안 문제다. 대규모 데이터 유출 사건이 빈번하게 발생하면서 개인정보 보호의 중요성이 더욱 강조되고 있다. 데이터 유출은 사생활 침해뿐만 아니라 피싱, 스미싱 등의 사이버 범죄로 이어질 가능성이 크다. 이에 따라 철저한 보안 조치와 규제가 필수적이다.

둘째, 데이터의 질과 정확성 문제다. 방대한 양의 데이터 속에서 정확한 정보를 선별하는 것이 점점 어려워지고 있다. 잘못된 데이터는 의사결정에 부정적인 영향을 미칠 수 있으며, 특히 가짜 뉴스와 허위 정보의 확산은 사회적 혼란을 초래할 수 있다. 또한, 유튜브 등의 플랫폼에서는 유사하거나 불필요한 콘텐츠가 반복적으로 업로드되면서 중요한 정보가 묻히는 현상도 발생하고 있다. 의미 없는 데이터가 과도하게 생산되면서 진정으로 가치 있는 정보를 찾기가 더욱 어려워지는 것이다.

셋째, 데이터의 저장 및 처리 문제다. 기하급수적으로 증가하는 데이터를 효율적으로 저장하고 분석하기 위한 기술이 필수적이다. 클라우드 컴퓨팅, 인공지능, 빅데이터 분석 등의 기술이 발전하고 있지만, 데이터 처리 속도와 저장 용량 문제는 여전히 해결해야 할 과제다. 또한, 이러한 데이터 기반 활동에는 막대한 전력이 소모되는데, 쓸데없는 데이터 생산과 소비가 기후위기의 주요 원인 중 하나로 지적되기도 한다.

데이터의 생산, 소비, 유통이 폭발적으로 증가하는 시대에 우리는 데이터의 가치와 역할을 더욱 신중하게 고민해야 한다. 산업계·학계·연구기관·정부가 협력하여 보안과 개인정보 보호를 강화하고,

데이터의 질을 높이며, 지속 가능한 데이터 활용 전략을 마련하는 것이 중요하다. 데이터 혁신을 통해 사회와 경제에 긍정적인 변화를 가져오려면, 무분별한 데이터 생성보다는 효율적인 관리와 활용 방안이 시급히 마련되어야 할 것이다.

9

DNA에 데이터를 저장하는 법

데이터의 폭발적인 증가로 인해 데이터 처리와 저장 문제는 갈수록 심각해지고 있다. 현재 디지털 데이터는 주로 자성 또는 광학 저장장치를 이용해 보관되며, 그 수명은 길어야 100년을 넘기기 어렵다. 따라서 일정 주기마다 데이터를 복제하고 새롭게 저장해야 한다. 그렇다면 인류의 소중한 활동을 담은 수많은 데이터를 어떻게 장기간 보관할 수 있을까? 또 데이터센터 운영을 위해 점점 늘어나는 에너지 소비 문제는 어떻게 해결할 수 있을까? 2019년 〈사이언티픽 아메리칸〉에 내가 게재했던 글을 기반으로 DNA 데이터 저장 기술에 대해 쉽게 풀어본다.

　DNA 저장 기술은 A, T, G, C 네 가지 염기서열을 이용해 데이터를 저장하고(DNA 합성 및 편집) 이를 다시 읽어내는(DNA 시퀀싱) 방식이다. 최근 DNA 시퀀싱 기술이 급속도로 발전하면서 이전보다 훨씬 빠르고 저렴하게 데이터를 읽을 수 있게 되었고, DNA 합성 기술 역시 발전해 비용이 낮아지고 있다.

　한 가지 놀라운 점은 DNA의 높은 안정성이다. 보관 상태가 좋을 경우 수십만 년 이상 문제 없이 보관이 가능한데, 실제로 2013년,

70만 년 전 말의 화석에서 전체 DNA 염기서열을 밝힌 연구도 있는 것을 보면 충분히 납득할 만한 사실이다.

또 저장 밀도가 매우 높다는 점도 주목받는 큰 장점이다. 하버드대학교의 분석에 따르면, 대장균의 DNA를 기준으로 했을 때 3면이 각각 1센티미터인 부피에 10^{19}비트를 저장할 수 있다고 한다. 이는 이론상 1세제곱미터의 크기에 전 세계가 현재 1년간 만들어내는 모든 데이터를 저장할 수 있는 저장 밀도이다.

정해진 서열로 한 번 만들고 나면 값싸게 복제가 가능하다는 것도 DNA 저장 기술의 큰 장점이다. 또한, DNA는 저장 시에 특별히 에너지가 많이 필요하지 않고 남극이나 북극 같은 곳에 저장소를 만들면 오랜 기간 보관하는 것도 가능하다. DNA의 높은 저장 밀도를 고려하면 도심 건물에 보관해도 저온 보관에 들어가는 에너지양은 얼마 안 된다.

DNA 저장 기술은 지난 수년간 빠르게 발전했다. 2017년 하버드 대학교의 조지 처치 교수팀은 크리스퍼 DNA 편집 기술을 이용하여 대장균의 게놈에 사람의 손 이미지를 저장하고, 이를 다시 90퍼센트의 정확도로 읽어냈다고 발표했다. 또한, 말을 타고 달리는 사람의 동영상도 저장하고 읽어내어 동영상 정보를 저장할 수 있는 가능성도 보여주었다. 크리스퍼 DNA 편집 기술 이외에도 여러 재조합 효소들을 이용하여 DNA 기록과 편집이 가능하다. 앞으로 DNA 바코딩 기술 등과 결합되면서 더욱 빠르게 발전할 것으로 기대된다. 마이크로소프트에서도 워싱턴대학교와의 공동연구를 통해 DNA에 데이터를 쓰고 저장하고 읽는 완전 자동화 시스템을 개발하고 있다. 트위스트 바이오사이언스Twist Bioscience 같은 기업들도 DNA 저장 기술 상용화에 집중하고 있다.

　그러나 DNA 저장 기술이 실용화되기 위해서는 해결해야 할 과제도 많다. 가장 큰 문제는 높은 비용이다. 현재 초기 합성비용이 한 개의 뉴클레오타이드당 약 70원씩이니 단순히 계산해도 1메가바이트 데이터 저장에 7000만 원이나 든다. 읽기에 해당하는 DNA 시퀀싱은 합성보다는 많이 저렴하여 30억 뉴클레오타이드를 읽는 데 약 100만 원 정도가 든다. 따라서 비용 측면에서 보면 DNA 저장 기술의 상용화까지는 아직 멀다고 하겠다. 또한 읽고 쓰는 속도도 현재 우리가 사용하는 하드디스크나 SSD보다 많이 느리다.

　그러면 DNA 저장 기술에 가치가 있기는 한 것인가? 그렇다. 우선 생명과학 연구에서는 생명체의 다양한 변화를 기록하는 데 활용할 수 있으며, 중요한 역사적 자료나 장기 보존이 필요한 데이터를 저장하는 데도 적합하다. 지금 당장은 실용화가 어렵더라도, 기하급수적으로 증가하는 데이터 저장 문제를 해결하기 위해서는 DNA 저장 기술과 같은 혁신적인 접근 방식이 필수적이다. 빅데이터 시대가 계속될수록 효율적이고 지속 가능한 저장 기술에 대한 연구와 투자는 더욱 중요해질 것이다.

10

가상현실 너머의 메타버스

'일촌'과 '도토리'로 상징되던 싸이월드는 한때 3200만 명의 가입자를 보유하며 한국을 대표하는 사회관계망 서비스로 자리잡았다. 사람들은 자신의 미니홈피를 꾸미고, 사진과 음악으로 감정을 표현하며 새로운 온라인 문화를 만들어냈다. 디지털 공간이 단순한 정보 전달을 넘어 정체성과 사회적 관계의 무대가 되었던 것이다. 그리고 이제, 그 무대는 '메타버스'라는 이름 아래 다시 확장되고 있다.

메타버스란 초월을 의미하는 '메타meta'와 세상을 뜻하는 '유니버스universe'의 합성어로, 현실과 가상이 융합된 세계를 의미한다. 컴퓨팅 성능의 비약적 향상, 5G를 포함한 초고속 네트워크 발전, 가상현실과 증강현실 기술의 혁신, 인공지능과 블록체인 기술 도입이 맞물리면서 더욱 현실감 있는 가상세계 구현이 가능해졌다. 이에 따라 메타버스는 단순한 게임이나 엔터테인먼트를 넘어 다양한 산업과 사회 활동에 영향을 미치고 있다.

메타버스의 개념을 가장 먼저 실현한 사례 중 하나는 2003년 출시된 '세컨드라이프'다. 사용자는 아바타를 생성해 가상공간에서 생활하며, 토지와 건물을 거래하고, 쇼핑을 하거나 일자리를 얻는 등의 활동을 했다. 기업들도 이곳에 홍보관을 개설해 소비자 경험을 유도했다. 최근에는 '포트나이트'와 '로블록스'가 대표적인 메타버스 플랫폼으로 자리잡았다. 이들은 특히 코로나 팬데믹 상황에서 가속적으로 세를 키웠다.

'포트나이트'는 전투 중심의 배틀로얄 게임으로 시작했지만, 이후 전투 없는 '파티로얄' 모드를 추가하며 가상공간에서 소셜 활동을 할 수 있도록 했다. 이곳에서는 아바타를 이용해 친구들과 춤을 추고, 가상 콘서트에 참여할 수 있다. 2020년, 미국 가수 트래비스 스콧이 포트나이트에서 가상 콘서트를 열어 오프라인 공연보다 더 높은 수익을 거뒀으며, BTS도 신곡 〈다이너마이트〉를 이곳에서 공개했다.

'로블록스'는 사용자가 직접 게임을 제작하고 플레이할 수 있는 플랫폼이다. '로블록스 스튜디오'를 활용하면 누구나 손쉽게 게임을 개발할 수 있으며, 가상화폐 '로벅스Robux'를 사용해 아이템을 사고팔 수 있다. 2024년 기준 월간 활성 사용자 수는 약 3억 8000만 명 이상이며, 일부 디자이너는 연 1억 원 이상의 수익을 올리기도 한다. 이러한 성공에 힘입어 로블록스는 2024년 12월 23일 기준 시가총액 약 57조 원을 기록했다.

닌텐도의 '모여봐요 동물의 숲'은 아이들에게 하도 인기가 좋아 이 게임을 구해줄 수 있느냐 없느냐에 따라 부모의 능력이 평가된다는 우스개까지 생기기도 했다. 네이버의 메타버스 플랫폼 '제페토Zepeto'도 2024년 기준 누적 등록자 수 5억 명을 넘기면서 인기몰이를 하고 있다. 특히 K-팝 팬클럽의 활동 주무대로 급속히 확장하고 있는데, 2020년 제페토에서 블랙핑크가 개최한 팬사인회에는 4600만 명이 넘는 사용자들이 다녀가기도 했다. 제페토는 자신의 셀카 사진에 인공지능과 증강현실 기술을 활용하여 나와 닮고 멋진 3D 아바타를 만들어준다. 이 아바타는 콘서트를 가고 BTS와 블랙핑크가 입은 옷을 사입고 팬 사인회에 참석하여 아이돌 아바타들을 만난다. 그렇지 않아도 코로나로 지친 10대들이 열광했던 이유이다.

메타버스는 게임과 엔터테인먼트를 넘어 경제활동에도 영향을 미치고 있다. 특히 블록체인과 결합되면서 소유권과 권리가 확실히 보장된 경제활동들도 이루어지고 있다. '디센트럴랜드Decentraland'는 싱가포르의 6배 크기로 설계된 3D 가상세계로, 암호화폐 '마나MANA'를 이용해 부동산 거래가 가능하다. 토지 소유권은 블록체인 기술을 통해 보장되며, 2024년 12월 23일 기준 마나의 시가는 우리 돈으로 약 705원, 시가총액은 약 1조 3천억 원에 달한다.

또한, 기업들은 메타버스를 업무 플랫폼으로 활용하려는 노력도 기울이고 있다. 메타, 마이크로소프트, 애플은 머리 착용 디스플레이 HMD '비전 프로'를 기반으로 한 가상 오피스 환경을 개발 중이며, 메타는 2024년 안경 및 선글라스 브랜드 레이밴과 협력해 보다 가벼운 스마트 안경을 제작했다. 손목 밴드나 장갑을 활용한 촉각 피드백 기술도 도입되고 있다.

메타버스의 활용 가능성은 무궁무진하다. 가상세계에서 콘텐츠와 지적재산권을 활용한 비즈니스가 가능하며, 현실과 연계한 상품 배송 모델도 등장할 수 있다. 교육 분야에서도 메타버스가 적용되면, 멀리 떨어져 있는 교수와 학생이 가상의 공간에서 만나 토론하고 실험하는 등 상호작용이 더욱 활발해질 것이다. 2020년 글로벌 회계감사 기업 프라이스워터하우스쿠퍼스PwC는 2030년까지 가상·증강현실 기술이 1조 5000억 달러 규모의 경제적 가치를 창출할 것으로 전망했다.

가상현실, 증강현실, 인공지능, 블록체인, 초고속 네트워크 기술이 융합되면서 메타버스는 빠르게 확장되고 있다. 단순한 트렌드를 넘어 산업과 사회구조 자체를 변화시킬 가능성이 크다. 다가올 메타버스 시대를 대비하기 위해, 우리는 이러한 변화에 주목하고 적응해나가야 할 것이다.

11

폭발하는 배터리, 안전을 지키는 전략

배터리는 스마트폰, 전기차뿐만 아니라 전력망에 잉여 전력을 저장했다가 필요할 때 방출하는 그리드 전력 저장 시스템, 드론 등 다양한 응용 분야에서 중요한 역할을 하고 있다. 하지만 리튬-이온 배터리의 광범위한 사용으로 인해 최근 전기차 화재 등 배터리 안전에 대한 우려가 전 세계적으로 커지고 있다.

배터리는 화학에너지를 전기에너지로 변환하는 전기화학 장치로, 양극과 음극 물질 및 전해질 용액을 포함하고 있다. 배터리 기술은 수 세기 동안 발전해왔으며, 현재 우리가 사용하는 알칼라인 배터리, 자동차 시동에 쓰이는 납-산 배터리 등 다양한 종류가 상용화되어 있다. 그중 리튬-이온 배터리는 높은 에너지밀도와 효율성, 비교적 긴 수명을 자랑하며 배터리 시장을 지배하고 있다. 그러나 유기 용매를 기반으로 한 리튬-이온 배터리는 안전성 측면에서 단점이 있다.

배터리는 화학에너지를 저장하는 장치로, 이 저장된 에너지가 제어되지 않고 급속히 방출되면 배터리 온도가 급격히 올라가는 열폭주 현상이 일어난다. 열폭주는 배터리 화재를 일으키는 주된 원인으로, 배터리 내부에서 발생한 열이 빠르게 방출되지 못할 때 발생한다. 배터리 온도 상승은 내부 소재의 분해를 가속화하고, 산소를 방출시키며 유기용매가 인화되게 한다. 과충전, 과방전으로 인한 내부 단락, 전지의 압착이나 관통 등 기계적 스트레스, 셀 조립의 제조 결함, 배터리 매니지먼트 시스템의 오작동 등 다양한 원인이 열폭주를 초래할 수 있다. 특히 충전 중 음극에 리튬 금속이 뾰족한 가시처럼 자라나는 덴드라이트가 형성되면 분리막을 뚫고 단락 및 열폭주를 유발할 수 있다.

이러한 문제를 해결하기 위해 배터리의 안전성을 향상시키고 화재 위험을 줄이는 다양한 새로운 기술들이 개발되고 있다. 예를 들어, 전해질에 화염 저항성 첨가제를 포함시키거나, 개별 배터리 셀 내에서 화재 확산을 방지하기 위한 물리적 장벽을 추가하는 방법이 있다. 또한, '꿈의 배터리'라고도 하는 전고체all-solid-state 배터리는 가연성 액체 전해질을 불연성 고체 전해질로 대체해 화재 위험을 크게 줄일 수 있다. KAIST를 비롯한 여러 대학과 연구소에서는 리튬-이온 배터리보다 에너지밀도가 높은 리튬 금속 배터리의 안전성을 확보하려는 연구와 근원적인 비발화성을 지닌 물 기반 배터리 등의 혁신적인 기술들을 활발히 연구하고 있다.

배터리 관리 시스템 또한 매우 중요하다. 이 시스템은 온도, 전압, 충전 상태 등 배터리의 작동 인자들을 모니터링하고 제어하여 배터리 안전성을 향상시키는 중요한 역할을 한다. 고급 배터리 관리 시스템은 배터리 성능을 넘어서 과충전이나 과열과 같은 이상 현상을 감지하고 이를 예방하기 위한 알고리듬을 사용한다. 또한, 실시간 데이터를 외부 시스템에 전송할 수 있는 스마트 배터리가 개발되어 배터리 안전성을 향상시킬 뿐만 아니라 효율성과 수명도 개선할 수 있다. 기계학습과 인공지능 기술과 결합하여 배터리 상태를 진단하고, 열 폭주를 차단할 수 있는 기술의 중요성은 앞으로 더욱 커질 것이다.

지난 몇 년간 전기차 시장이 확대되면서, 배터리의 안전성과 신뢰성이 확보된 듯한 착시를 일으켰다. 하지만 최근의 전기차 화재에서 보듯, 고효율이면서 안전한 배터리 기술 개발은 여전히 시급한 과제이다. 이러한 문제를 해결하기 위해 배터리 설계, 재료과학, 관리 시스템 기술에 대한 연구개발 투자와 상용화가 이루어져야 한다.

12

하늘 위의 통신 전쟁, 저궤도 위성 이야기

1992년, KAIST 인공위성연구소는 대한민국 최초의 인공위성인 우리별 1호를 개발하여 발사했다. 이는 인공위성 분야에서 한참 뒤쳐져 있던 대한민국이 인공위성 보유 국가 대열에 합류하는 신호탄이 되었다. 이후 정부의 적극적인 지원 아래 우리별 시리즈, 차세대소형위성 시리즈, 다목적실용위성 시리즈 등 다양한 지구관측용 인공위성들이 개발되고 발사되었다.

  이제 대한민국은 위성을 수출할 정도의 기술력을 보유해 우주 강국들과 어깨를 나란히 한 것처럼 보인다. 그러나 자세히 살펴보면 통신위성 개발에는 다소 소홀한 면이 있다. 2010년에는 정지궤도 통신위성인 천리안 1호를 발사했지만, 여러 가지 이유로 통신 전용 위성이 아닌 기상관측, 해양관측, 공공통신 등 복합기능을 가진 정지궤도 위성으로 개발되었다. 한편, 국내 유일하게 위성통신 상용 서비스를 제공하는 케이티샛KTSat의 정지궤도 무궁화 위성은 총 4기가 운용 중이며, 모두 해외에서 수입하여 위성통신 서비스를 제공하고 있다. 민간 수요가 높은 저궤도 통신위성 개발과 운용에 대한 기술 축적은 이렇듯 부족한 상황이다.

본격적인 우주시대가 도래하면서 세계 우주 선진국들은 지구관측 인공위성 개발을 넘어, 미래 시장을 선도할 수 있는 저궤도 통신위성 개발에 집중하고 있다. 대한민국의 통신위성 및 정지궤도 위성들은 약 3만 6000킬로미터의 고도에 배치되어 서비스를 제공하는데, 이 물리적 거리는 송수신 신호에 0.8초 이상의 지연을 발생시킬 수 있다. 이 0.8초의 지연은 일상 생활에서는 큰 영향을 미치지 않지만, 군사작전 등에서 중요한 문제를 일으킬 수 있다. 이러한 이유로 정지궤도 위성은 5G 및 향후 6G 기반 초고속 통신을 구현하기에는 적합하지 않다. 게다가 이 위성들은 적도 근처를 향해 신호를 쏘기 때문에 제한된 지역만 통신이 가능하고, 북극과 남극 지역의 정지궤도 위성 기반 통신은 불가능하다.

반면, 고도 300~1500킬로미터에서 운용되는 저궤도 통신위성은 저비용으로 소형화, 경량화가 가능하며, 상대적으로 가까운 거리에서 운용되어 신호 지연을 0.01초 이하로 줄일 수 있다. 또한, 20Gbps의 초고속 통신이 가능하고, 군집화된 위성 운용으로 하나의 위성이 고장 나더라도 인접 위성으로 통신을 대체할 수 있어 안정적인 통신망을 제공할 수 있다. 이러한 이유로 미국, 유럽 등 통신위성 선진국들은 저궤도 통신위성으로 정지궤도 위성의 한계를 극복하고 상용 서비스를 제공하고 있다. 그 덕분에 항공기나 도서·벽지 등에서도 인터넷을 편리하게 이용할 수 있다.

미국의 금융 지주회사 모건스탠리는 2040년 우주 시장 규모가 약 1000조 원에 이를 것이라고 예측하고 있다. 이는 민간에서 이루어지고 있는 저궤도 통신위성 개발 및 운용에 대한 공격적인 투자와 경쟁을 반영한 것이다. 예를 들어, 일론 머스크의 스페이스X는 2014년 국제통신연합ITU에 위성 인터넷용 주파수 사용을 신청하고, 2018년 2월 시험 위성 두 기기를 발사한 뒤 2019년부터 본격적으로 저궤도 통신위성 '스타링크'를 쏘아 올리기 시작했다. 2025년 5월 기준으로 총 8624기의 스타링크 위성이 발사되었으며, 이 중 6676기가 실제로 운영 중이다. 스타링크는 우크라이나-러시아 전쟁 당시 우크라이나에 정상적인 통신망을 제공하며 큰 역할을 했다.

미국 정부는 스페이스X를 대신하여 3만 기의 추가 통신위성을 발사할 계획을 국제통신연합에 신청했으며, 아마존, 메타, 애플 등 다른 민간 기업들도 통신위성 사업에 뛰어들었다. 영국, 캐나다 등도 저궤도 통신위성 개발에 참여하여 글로벌 우주 네트워크 시장에서 경쟁하고 있다. 세계 각국이 이렇게 저궤도 통신위성 전쟁을 벌이고 있으니, 우리나라만 이 경쟁에 뒤처져 있을 수는 없다.

2021년 6월 한국의 과학기술정보통신부는 저궤도 통신위성 시스템 구축을 더 이상 미룰 수 없다는 인식을 가지고, 2031년까지 총 14기의 저궤도 통신위성을 발사하여 6G 기술을 선점하기 위한 실증용 서비스 네트워크를 구축할 계획을 발표했다. 그러나 막대한 사업비와 예산 문제로 2024년 5월에는 2030년 초까지 2기의 저궤도 통신위성을 발사하고 3200억 원을 투입하는 계획이 발표되었다. 이 사업이 진행되면 타 부처들도 도심항공교통, 자율운항선박 시스템 및 해상교통정보 서비스 실증 등에 참여할 예정이다.

저궤도 통신위성 기술 개발과 운용은 국가 산업과 안보의 중요한 기반이다. 대한민국은 그간의 인공위성 연구개발을 통해 축적된 노하우와 산학연 협력을 바탕으로, 다가오는 6G 시대의 초고속, 초공간 우주고속도로를 구축해야 한다. 이를 위해 정부는 예산을 속히 집행하고, 국민들의 전폭적인 지원을 받아야 할 것이다. 더 늦기 전에 정부 및 관련 분야 종사자는 '저궤도 통신위성' 연구개발의 중요성을 인식해야겠다.

13

양자컴퓨터, 계산의 한계를 넘다

양자컴퓨팅은 전 세계적으로 미래의 컴퓨터 기술로 큰 관심을 끌고 있으며, 이론물리 및 응용물리 분야에서 지난 몇 년간 가장 흥미로운 주제로 자리잡았다. 현재 우리가 사용하는 대부분의 전자기기, 특히 컴퓨터와 스마트폰에 쓰이는 마이크로프로세서와 반도체는 실리콘을 기반으로 제작된다. 실리콘은 우수한 전기적 특성과 대량생산에 적합해 반도체 산업에서 가장 널리 사용되는 재료로, 현대 컴퓨팅 기술의 기반을 이루고 있다. 최근 몇 년간 컴퓨팅 파워가 급격히 증가하고 고대역폭 메모리High Bandwidth Memory, HBM 등의 기술이 발전하면서 AI의 성능도 비약적으로 향상되었고, 양자컴퓨팅 역시 전례 없는 계산 능력을 통해 다양한 분야를 혁신할 잠재력을 지닌 기술로 주목받기 시작했다.

양자컴퓨팅은 양자역학의 원리를 기반으로 한 큐비트qubit를 활용하여, 전통적인 컴퓨터로는 풀기 어려운 문제들을 해결할 수 있는 잠재력을 지닌다. 2019년, 구글의 양자 프로세서 '시카모어Sycamore'는 당시 세계에서 가장 빠른 슈퍼컴퓨터인 IBM 서밋Summit으로는 약 1만 년이 걸리는 계산을 단 200초 만에 수행하여, 양자컴퓨터가 기존 컴퓨터의 성능을 압도할 수 있음을 세계 최초로 입증하며 '양자 우위quantum supremacy'를 처음으로 실현했다. 5년 후인 2024년 12월, 구글은 10여 년간 개발한 양자칩 '윌로Willow'를 공개했다. 윌로는 기존 슈퍼컴퓨터로는 약 10^{25}년이 걸리는 계산을 단 5분 만에 해결하는 데 성공했으며, 양자컴퓨터의 최대 난제인 오류 문제를 획기적으로 줄일 수 있었다고 밝혔다.

그러면 양자컴퓨팅은 어떻게 구동되는가? 양자컴퓨팅의 핵심은 큐비트인데, 기존의 비트와 달리 큐비트는 '중첩superposition'과 '얽힘entanglement'이라는 두 가지 기본 양자 현상을 활용한다. 중첩은 큐비트가 동시에 0과 1의 상태를 모두 가질 수 있다는 의미로, 이 특성 덕분에 양자컴퓨터는 한 번에 여러 계산을 동시에 수행할 수 있으며, 큐비트가 추가될수록 지수적으로 계산 능력이 향상된다. 얽힘은 큐비트들이 서로 깊이 연결되어, 하나의 큐비트 상태가 다른 큐비트 상태에 즉시 영향을 미칠 수 있게 해주며, 양자컴퓨터의 속도와 보안을 책임진다.

이러한 큐비트들의 상태를 조작하고 원하는 계산을 수행하기 위해, 양자컴퓨터는 양자 게이트quantum gate를 사용한다. 양자 게이트는 큐비트에 특정 연산을 가하는 양자 알고리듬의 기본 단위로, 기존 컴퓨터의 논리 게이트와는 달리 양자역학의 원리를 기반으로 작동한다. 예를 들어, 하다마드Hadamard 게이트는 큐비트를 중첩 상태로 변환하고, CNOT 게이트는 두 큐비트를 얽힘 상태로 만든다. 이러한 양자 게이트들을 조합하여 양자 회로를 구성하고, 회로는 큐비트 상태의 변환 및 얽힘을 통해 기존 컴퓨터로는 처리하기 어려운 계산 문제를 해결하는 데 사용된다. 현재, 큐비트의 양자 특성을 잃지 않도록 유지하면서 안정적이고 효율적인 양자 회로를 개발하기 위한 연구가 활발히 진행 중이다.

양자컴퓨팅에서 소프트웨어도 매우 중요하다. 현재 전 세계에서 다양한 양자 알고리듬들이 개발되고 있으며, 그중 일부는 기존의 컴퓨터 시스템에서 해결할 수 없는 문제들을 해결할 수 있는 잠재력을 가지고 있다. 예를 들어, RSARivest-Shamir-Adleman 알고리듬은 큰 수의 소인수분해가 매우 어렵다는 특성을 기반으로 암호화와 전자서명을 수행한다. 그러나 쇼어 알고리듬Shor's Algorithm은 대형 정수를 효율적으로 인수분해할 수 있어 RSA 암호를 무력화할 수 있다. 이에 따라 전 세계의 보안 연구자들은 양자컴퓨팅으로도 풀 수 없는 새로운 암호체계를 개발하려는 노력을 기울이고 있다. 그로버 알고리듬Grover's Algorithm은 큐비트가 동시에 여러 상태를 표현할 수 있는 특성을 활용하여 데이터베이스 내에서 무정렬 검색을 엄청나게 빠르게 수행할 수 있다.

양자컴퓨팅의 주요 도전 과제 중 하나는 높은 오류율이다. 양자 연산은 매우 민감하고 불안정해, 양자 붕괴나 외부 잡음에 쉽게 영향을 받는다. 이를 해결하기 위해 양자 오류 수정 기술의 개발이 필수적이다. 또한, 큐비트 수를 늘리면서도 오류를 최소화하고 시스템을 안정적으로 확장하는 것도 중요한 과제다. 실용적인 양자컴퓨터는 높은 계산 능력과 함께 다양한 작업을 효율적으로 처리할 수 있어야 한다.

양자컴퓨팅은 지속적인 기술 발전과 막대한 투자가 이루어짐에 따라 인류의 가장 복잡하고 중요한 문제들을 해결할 수 있는 기대주로 떠오르고 있다. 양자컴퓨팅과 같은 변혁적transformative 기술은 문제 해결과 혁신을 가속화하며 산업과 사회 전반에 큰 영향을 미칠 것이다. 우리나라도 양자 기술을 '3대 게임체인저'로 정의하고 집중적인 지원을 시작했다. 창의적인 아이디어로 하드웨어를 설계하고 알고리듬을 개발한다면, 늦게 출발한 우리나라도 양자컴퓨팅 선진국으로 도약할 수 있을 것이다.

14

블록체인으로 바꾸는 신뢰의 구조

비트코인으로 대표되는 암호화폐에 대한 투자 열기가 뜨겁다. 암호화폐의 핵심 기술인 블록체인은 금융 시장을 포함한 여러 산업 분야에서 혁신을 일으킬 잠재력을 가지고 있다. 블록체인은 정보 분산 저장과 암호화를 통해 거래의 투명성과 보안을 보장하는 디지털 원장ledger 기술로, 다양한 방식으로 설계될 수 있다. 여기서는 비트코인 블록체인의 설계를 중심으로 블록체인 기술을 살펴보자.

비트코인에서는 모든 거래 기록이 네트워크에 참여하는 사용자들(노드)에게 실시간으로 공유되며, 이 거래 데이터는 일정한 단위로 묶여 '블록'이라는 형태로 저장된다. 각 블록은 암호학적 방식으로 이전 블록과 연결되어 하나의 연속된 체인을 형성하는데, 이 구조를 '블록체인'이라 부른다. 이러한 구조는 거래 기록의 위변조를 방지하고 전체 시스템의 신뢰성과 보안성을 유지하는 데 핵심적인 역할을 한다.

각 블록은 크게 블록 헤더와 거래 목록으로 구성된다. 블록 헤더에는 블록의 연속성과 무결성을 보장하기 위한 여러 정보가 담겨 있다. 여기에는 해당 블록이 사용하는 비트코인 프로토콜의 버전, 바로 앞

블록의 고유한 해시값, 블록 내 모든 거래 데이터를 요약해 생성된 머클루트Merkle Root, 블록이 생성된 시점을 나타내는 타임스탬프, 채굴 난이도를 조절하는 목표값, 그리고 해시값이 특정 조건(예: 목표값 이하)을 만족할 때까지 반복적으로 조정되는 값인 논스nonce 등이 포함된다.

이러한 요소들은 블록들이 정확하게 순서대로 연결되도록 하고, 거래 데이터가 변경되지 않았음을 증명함으로써 블록체인의 연속성과 보안성을 유지하는 데 핵심적인 역할을 한다.

비트코인의 각 블록은 이전 블록의 암호화된 해시값을 포함하고 있다. 현재 블록의 데이터는 이전 블록의 해시와 결합하여 새로운 해시를 생성하며, 이 과정은 다음 블록에서 계속 참조된다. 이 구조 덕분에 한 번 기록된 데이터는 변경할 수 없으며, 단일 블록의 데이터가 수정되면 해당 블록 이후의 모든 해시가 무효화된다. 또한 블록체인은 전 세계의 수많은 컴퓨터에 데이터를 분산 저장하고, 각 노드는 동일한 정보를 공유하며, 새로운 블록이 추가될 때마다 검증과 승인 과정에 참여해 전체 네트워크의 신뢰성을 높인다.

블록체인은 보안성을 제공하기 위해 기존의 암호화 기술들을 활용한다. 대표적으로 해시 함수와 전자서명이 핵심적인 보안 메커니즘이다. 해시 함수는 데이터 무결성을 보장하는 중요한 역할을 하는데, SHA-256 알고리듬은 블록체인에서 사용되는 주요 해시 함수로 알려져 있다. 해시 함수는 입력값을 고정된 크기의 해시값으로 변환하며, 블록의 데이터가 변경되면 해시값도 달라져 쉽게 변경 여부를 감지할 수 있다.

전자서명은 공개키 암호의 가장 대표적인 응용으로, 거래의 진정성과 부인 방지를 제공하는 핵심 기술이다. 사용자는 블록체인 네트워크에서 공개키와 개인키라는 두 가지 암호화 키를 갖게 된다. 공개키는 네트워크상의 다른 사용자와 공유되며, 개인키는 사용자만이 알고 있는 비밀 키다. 사용자는 자신의 개인키로 거래 내용에 서명하고, 다른 사용자들은 서명자의 공개키로 이 서명을 검증할 수 있다. 이를 통해 거래가 실제 해당 사용자에 의해 이루어졌음을 증명하고, 한번 서명된 거래의 내용은 변경할 수 없게 된다. 각 노드는 서명 검증을 통해 모든 거래가 승인된 사용자에 의해 실행되었음을 확인하며, 이는 블록체인 네트워크의 신뢰성을 보장하는 핵심 메커니즘이 된다.

블록체인의 또 다른 중요한 측면은 합의 메커니즘이다. 합의 메커니즘은 분산된 참여자들이 어떤 거래들을 블록체인에 추가할지 동의하는 방식을 결정한다. 작업증명Proof-of-Work, PoW은 가장 널리 알려진 합의 메커니즘으로, 비트코인을 비롯한 초기 암호화폐들이 채택했다. 작업증명에서는 네트워크의 참여자(채굴자)가 복잡한 수학적 문제를 풀어야 새로운 블록을 체인에 추가할 수 있다. 문제를 가장 먼저 푸는 채굴자가 새로운 블록을 생성할 권한을 얻고 새로 발행되는 암호화폐를 보상으로 받는다. 작업증명의 큰 단점은 막대한 컴퓨팅 자원과 전력을 소비한다는 점이다. 이러한 에너지 효율성 문제를 해결하기 위해 등장한 것이 지분증명Proof-of-Stake, PoS이다.

지분증명에서는 참여자들이 자신이 가진 암호화폐를 '스테이킹staking'해서 검증자로 참여한다. 스테이킹은 쉽게 말해, 가진 암호화

▲ 블록체인 합의 알고리듬 중 작업증명과 지분증명, 위임지분증명의 차이

구분	작업증명	지분증명	위임지분증명
채굴 방법	복잡한 수학 문제 연산	지갑에 예치	투표로 뽑은 대표자에게 증명 위임
보상 기준	작업량	보유 지분에 비례	대표자 수익 배분
장점	보안성	친환경	빠른 처리 속도
단점	막대한 전기 소모	코인 쏠림 현상	네트워크 공격 취약
주요 코인	비트코인	에이다	트론
	이더리움	알고랜드	이오스
	라이트코인	테조스	루나
	모네로	셀로	리스크

폐를 일정 기간 동안 네트워크에 맡겨 두는 것이다. 이렇게 맡긴 사람들 중에서 새로운 블록을 만들 사람을 무작위로 뽑는데, 이때 보유한 암호화폐 양이 많을수록 뽑힐 확률도 높다. 지분증명은 작업증명에 비해 훨씬 적은 컴퓨팅 자원을 쓴다. 작업증명은 수학 문제를 풀기 위한 연산 경쟁이 필요해서 전기와 계산 능력이 많이 드는 반면, 지분증명은 그런 경쟁 없이도 효율적으로 블록을 만들 수 있다.

이 밖에도 다양한 합의 메커니즘이 제안되었다. 예를 들어 위임 지분 증명DPoS은 여러 참여자 중 대표를 뽑아 그들이 검증을 맡게 하는 방식이고, 실용 비잔틴 장애 허용PBFT은 참여자들 사이의 다수 합의를 통해 블록을 확정하는 방식이다. 이런 합의 메커니즘들은 블록체인 네트워크의 안전성과 신뢰성을 보장하는 핵심 요소다.

하지만, 블록체인 기술의 실제 상용화는 아직 제한적이다. 2025년

1월 기준으로 가장 성공적인 응용 사례는 암호화폐인데, 이는 블록체인의 분산화된 구조와 암호학적 보안성이 신뢰할 수 있는 디지털 자산의 발행과 거래에 적합하기 때문이다. 그러나 여기서 주목해야 할 점은 블록체인이 기본적으로 데이터 자체의 암호화를 포함하지 않는다는 것이다. 블록체인은 해시 함수와 전자서명을 통해 데이터의 무결성과 진정성은 보장하지만, 데이터의 기밀성은 보장하지 않는다.

블록체인으로 혁신을 이룰 것으로 관심을 받았던 의료 분야에의 적용을 살펴보자. 현재 가장 큰 문제는 개인정보 보호 규정과의 충돌이다. 예를 들어 유럽의 일반 데이터 보호 규제법General Data Protection Regulation, GDPR은 개인정보 삭제권을 보장하지만, 블록체인은 본질적으로 데이터의 영구성을 전제로 한다. 또한 방대한 의료 영상 데이터를 블록체인에 저장하는 것은 현실적으로 불가능하다. 또한, 데이터 기밀성을 보장하지 않기 때문에 의료 정보나 개인정보와 같이 기밀성이 요구되는 데이터를 다루는 응용에서는 블록체인과는 별도의 암호화 계층이 반드시 필요하다.

금융 산업은 블록체인 도입에 가장 적극적인 분야 중 하나이다. 국제 송금의 경우, 기존 스위프트Society for Worldwide Interbank Financial Telecommunication, SWIFT 시스템이 가진 긴 처리 시간과 높은 수수료 문제를 해결하기 위해 여러 시도가 진행되고 있다. 스위프트는 자체 블록체인 기반 플랫폼을 시험하고 있으며, 리플Ripple과 같은 기업들도 블록체인 기반 국제 송금 서비스를 제공하고 있다. 그러나 이러한 시도들은 이 글에서는 다루지 못하는 화폐의 복잡성, 기존 금융 시스템과의 통합 문제, 각국의 상이한 규제 환경, 법적 프레임워크 부재 등의 과제에 직면해 있다.

공급망 관리는 블록체인의 또 다른 주요 응용 분야이다. 월마트와 IBM 등의 기업들은 식품 안전과 물류 추적에 블록체인을 시험적으로 도입했다. 공급망 관리를 체계화하고 식품 안전사고 발생 시 오염원을 신속히 추적할 수 있을 것으로 기대되었다. 그러나 공급망에 참여하는 모든 기업들이 동일한 시스템과 데이터 표준을 채택해야 하는 문제와 수많은 거래 데이터를 처리해야 하는 확장성 문제 등으로 실제 구현 과정에서 여러 한계점이 드러났다.

정부와 공공 서비스 분야에서는 부동산 등기, 디지털 신원, 투표 시스템 등이 주요 적용 대상으로 거론된다. 부동산 거래의 경우, 가장 근본적인 문제는 물리적 자산인 부동산과 블록체인상의 디지털 기록을 어떻게 신뢰성 있게 연결할 것인가 하는 점이다. 디지털 신원 관리의 경우, 한국의 블록체인 기반 모바일 운전면허 확인 서비스와 같은 시도들이 있으나, 국가 간 상호운용성 문제가 큰 과제다. 각 국가마다 다른 블록체인 플랫폼과 신원 증명 표준을 사용할 경우의 호환성 문제, 국가마다 다른 개인정보 보호 법률 등이 걸림돌이 된다. 전자투표 시스템의 경우, 투표자의 기기가 바이러스나 악성코드에 감염되어 투표 내용이 유출되거나 변조될 수 있다는 엔드포인트 보안 문제, 강압 없는 자유로운 투표를 보장할 수 없다는 문제는 블록체인으로도 해결이 어려운 과제로 남아 있다.

하지만 문제들을 알면 해결책을 만들어내는 것이 공학이다. 이 모든 문제들을 블록체인 알고리듬의 혁신적인 변화를 통해 해결할지,

블록체인이라는 이름 자체가 바뀔 정도의 새로운 알고리듬이 등장하여 해결할지 미래가 궁금해진다. 어쨌든 블록체인의 기본 아이디어와 그 파생 기술들은 향후 많은 분야에서 혁신적인 솔루션을 제공할 것으로 예상된다.

15

암호화폐, 돈의 미래인가 거품인가

현재 블록체인의 유의미한 실질적 응용은 암호화폐이다. 앞에서 살펴본 블록체인에서 '채굴mining'은 새로운 블록을 생성하고 거래를 블록체인에 추가하는 과정으로, 복잡한 수학적 문제를 해결하는 데 필요한 컴퓨팅 파워를 제공하는 참여자들, 즉 채굴자들에게 신규 코인을 보상으로 제공한다. 이 코인들을 일컫는 암호화폐는 공개키와 개인키를 포함한 암호화 기법을 사용하여 사용자의 자산과 거래를 보호한다. 암호화폐 채굴과 거래 검증은 암호화폐 네트워크의 중요한 기능이다.

대표적인 암호화폐인 비트코인BTC은 분산 네트워크와 블록체인 원장을 사용하여 거래를 기록한다. 새로운 코인을 채굴하고 거래를 확보하기 위해 작업증명 합의 메커니즘을 사용한다. 2100만 개의 한정된 공급량을 가지고 있어 디지털 화폐 및 가치 저장 수단으로 사용되며 종종 '디지털 금'이라고도 불린다. 특히 미국에서는 블랙록 등 대형 투자사가 신청한 비트코인 ETF가 금융 당국에 의해 승인되고, 2024년 말 미국 대선에서 암호화폐에 친화적인 정책으로 돌아선 도널드 트럼프의 대통령 당선으로 1BTC가 10만 달러를 넘기도 했다.

△ 비트코인의 가격 추이. 2025년 1월 1일 기준으로 1BTC는 약 1억 3700만 원이었다. (출처: 구글)

    비트코인 다음으로 유명한 이더리움ETH은 스마트 계약과 분산 애플리케이션dApps을 지원한다. 비트코인과 유사한 블록체인 기술을 사용하지만 다양한 추가 기능을 제공한다. 에너지 소비를 줄이고 거래 속도를 높이는 것을 목표로 합의 메커니즘을 2022년 작업증명에서 지분증명으로 전환했다. 다양한 분야의 분산 애플리케이션에 활용되어 탈중앙화 금융Decentralized Finance, DeFi, 대체불가토큰Non-Fungible Token, NFT 등에 쓰인다.

    핀테크 기업 리플이 개발한 암호화폐 XRP는 빠르고 에너지 효율적인 금융 거래를 위해 만들어진 토큰으로서, 전통적인 블록체인 채굴 대신 검증 서버 네트워크와 XRP라는 암호화폐 토큰을 사용하는 분산 합의 원장을 사용한다. 불과 몇 초에서 길어야 몇 분이라는 매우 빠른 결제 속도로 국제 송금을 가능하게 해주어 은행과 금융 기관이 초고속, 저비용으로 국제 결제를 하는 데 사용될 수 있다.

이 외에도 수많은 암호화폐들이 개발되었는데, 5년 전 약 2000종이었던 암호화폐는 2024년 말 기준 약 1만 종 이상으로 증가했다. 활성화된 암호화폐 수만 봐도 5배 이상 늘어난 셈이며, 전체 생성된 토큰 수는 수백만 개에 이른다. 사람들은 비트코인을 제외한 코인들을 '얼터너티브'의 앞 글자를 따서 알트코인altcoin이라 부른다. 검증되지 않은 수많은 암호화폐들이 무분별하게 시장에 나와 유통되고 판매되면서 많은 투자자들이 손실도 입고 있어서 주의가 필요하다. 상대적으로 검증된 암호화폐라고 볼 수 있는 BTC, ETH, XRP와 같은 주요 암호화폐들도 신뢰를 기반으로 우리가 가치를 인정한 것이므로, 그 신뢰가 무너지는 순간 디지털 0과 1에 불과한 것이 된다.

처음 개발 때부터 그 가치에 대한 공격을 많이 받던 암호화폐는 또 한 번의 도약을 준비하고 있다. 바로 실물과의 연계를 가능하게 해주는 RWARreal World Assets 토큰화가 그것이다. RWA는 상품, 부동산, 주식과 같은 실제 자산과 연결된 암호화폐로, 이 자산들을 블록체인에 토큰화한 것을 말한다. 이렇게 토큰화함으로써 매우 크고 비싼 자산의 분할 소유, 유동성 증대, 분산 금융을 가능하게 해주어 다양한 실물 자산들에 대한 사람들의 접근을 보다 용이하게 해줄 수 있다.

예를 들어 2015년 크리스티 경매에서 약 1억 6000만 달러(한화 약 2200억 원)에 팔린 파블로 피카소의 〈Les femmes D'Alger(version 'O')〉 같은 고가의 미술품도 RWA 토큰화를 통해 여러 사람이 함께 소유할 수 있다. 이 작품을 100만 명이 동일한 비율로 나눠 소유한다고 가정하면 한 사람당 약 22만 원어치의 RWA 토큰을 갖게 되는 것이다. 이처럼 RWA 토큰화는 개인이 원하는 금액만큼 자산의 일부를 소유하는 것도 가능하게 만든다. 또 다른 예로, 수백억에서 수천억 원대에 이르는 대형 부동산 자산은 한 사람이 전부 소유하거나 매각하기 어려운 경우가 많다. 이럴 때 해당 부동산을 RWA로 디지털 토큰화하면, 자산을 여러 개의 토큰 단위로 나누어 더 많은 투자자들이 소액으로 참여할 수 있게 된다. 이를 통해 자산의 유동성을 높이고, 소유자는 자산을 보다 효율적으로 활용하거나 부분 매각을 통해 자금을 조달할 수 있다.

이처럼 RWA 토큰은 다양한 상품들, 부동산, 금융, 심지어는 예술품 등 상상할 수 있는 많은 분야에서 사용될 수 있으며, 거래와 소유권 관리를 투명하고 쉽게 할 수 있게 해준다. 신뢰가 유지된다는 가정하에 이 암호화폐들은 블록체인의 특성을 이용하여 디지털 결제, 투자, 송금 및 프로그래머블 머니로서 스마트 계약의 생성과 실행에 활용될 것이며, 디지털 신원 검증, 공급망 관리 등의 분야에서도 활용될 것이다. 하지만 현재는 모두 '그렇게 되었으면 좋겠다'이고, 앞에서 언급하였듯이 해결해야 할 문제들이 많이 있다.

암호화폐에서 두말할 나위 없이 중요한 보안이 100퍼센트 안전하지 않다는 것을 우리는 잘 알고 있다. 최근 몇 년간, 10억 달러 이상의 암호화폐가 코인 거래소나 개인 코인지갑 등에서 해킹 공격을 통해 탈취당했다. 해커들은 여러 보안 취약점을 악용하는데, 그중 하나는 특정 채굴자가 전체 네트워크의 계산 능력(해시 레이트)의 50퍼센트 이상을 차지하면, 이중 지출이나 거래 기록 조작이 가능해진다는 점이다. 또한, 사용자의 개인키가 유출되면 해당 사용자의 자산이 탈취될 수 있다. 이와 함께, 다른 디지털 범죄와 마찬가지로 피싱 공격을 통해 사용자가 가짜 웹사이트나 링크를 통해 자신의 정보를 입력하도록 유도해 자산을 훔치는 사례도 흔히 발생한다.

　이러한 보안 취약성에 대비하기 위해 여러 가지 방법들이 적용되고 있다. 예를 들어 채굴 파워를 다양한 채굴자에게 분산시켜 단일 채굴자의 영향력을 제한하거나 거래 승인을 위해 여러 키의 서명을 요구하는 방식이 사용된다. 또한 하드웨어 지갑이나 멀티팩터 인증과 같은 보안 기능을 갖춘 지갑을 사용하는 방법도 운용되고 있다. 지속적인 기술 개발을 통해 암호화폐 사용자와 시스템의 보안을 강화하고, 사용자 자신이 보안에 대한 의식을 가지고 철저히 대응하는 것이 무엇보다 중요하겠다.

16

기술패권 시대, 한국의 전략

미중 간의 패권 경쟁이 수년간 이어지며 심화되는 가운데, 그 경쟁의 양상이 기존의 군사와 경제 중심에서 과학기술을 포함한 새로운 영역으로 확장되고 있다. 첨단 과학·공학기술이 전략적 무기로 변모하면서, 이를 기반으로 한 산업은 한 국가의 경제 성장뿐만 아니라 외교와 안보에도 큰 영향을 미치고 있다. 코로나19 팬데믹은 글로벌 가치사슬의 붕괴를 초래하며 과학기술 중심의 국가주의를 더욱 강화시켰고, 백신 개발에 성공한 국가와 그렇지 못한 국가 간의 위상 차이를 명확히 드러냈다.

기후위기로 인해 저탄소 친환경 경쟁력이 국가의 지속 가능한 성장의 핵심으로 자리잡으면서, 인공지능, 합성생물학, 차세대 반도체, 우주기술, 양자컴퓨팅 등 첨단 과학기술이 국가의 산업, 경제, 외교, 안보의 근간을 이루는 시대가 도래하고 있다. 이제 과학기술과 그로부터 파생되는 산업기술을 보유한 국가만이 경제력과 국방력을 확보할 수 있는 시대가 된 것이다.

미국은 정치권을 초월해 여야 모두 중국에 대응하기 위한 입법을 추진하고 있으며, 미국과 그 우방을 중심으로 핵심 공급망을 재구축하고 있다. 이를 통해 과학기술과 인프라 투자를 확대하고, 국무부 내에 기술협력국을 신설하는 등의 조치를 취하고 있다. 중국은 미국의 대중국 정책과 제재에 대응하여 과학기술과 공급망 자립화를 추진하고 있으며, 심지어 2021년에는 외국의 제재에 대해 보복할 수 있는 '반외국제재법'까지 제정했다. 또한 신소재, 미래 자동차, 첨단 의료 등 8대 산업과 인공지능, 양자, 유전자 바이오, 헬스케어 등 7대 기술을 전략적 기술로 지정하여 집중 육성하고 있으며, 지난 6년간 5G 통신망, 인공지능 등 분야에 약 5800조 원 규모의 인프라 투자를 해왔다. 정부와 민간을 합친 국가 연구개발 투자도 매년 7퍼센트 이상 확대하고 있으며, GDP 대비 연구개발 투자 2.8퍼센트를 초과하는 목표를 설정하였다.

우리나라는 1985년 국가 연구개발 규모가 약 1조 원에서 시작해, 1996년 10조 원, 2012년 50조 원을 거쳐 2022년에는 112조 원을 돌파했다. 2023년에는 정부 연구개발 예산 28조 1276억 원을 포함한 총 연구개발비가 119조 740억 원으로 전년 대비 6조 원 이상 증가했다. 이는 GDP 대비 4.96퍼센트로 세계 2위 수준에 해당한다(총액 기준으로는 세계 5위). 이러한 정부와 민간의 지원을 바탕으로 KAIST 등 대학에서의 이공계 인력 양성과 선배 과학기술인들의 노력이 결실을 맺어, 80년대 조선업 세계 1위, 90년대 반도체 세계 1위, 2000년대 스마트폰 세계 1위라는 눈부신 성장을 이루었다.

하지만 현재 우리나라의 과학기술 기반 성장의 미래는 불투명하다. 특히 2024년 정부의 급작스러운 연구개발 예산 삭감은 과학기술인들에게 큰 충격을 주었다. 세수 감소로 인한 전체적인 지출 예산

△ 우리나라 연도별 총 연구개발비 및 GDP 대비 연구개발비 비중 추이. (출처: 한국과학기술기획평가원, 〈2023년도 연구개발활동조사 주요결과〉)

축소는 불가피하다는 점을 이해하면서도, 그 발표 방식이나 조정 규모에 대해서는 분명히 보다 신중하고 효과적인 대안이 있었을 것이다. 예를 들어, 연간 12조 원 이상 지출되는 실업수당을 더 엄격하게 관리, 지급하여 그 예산을 과학기술 연구개발이나 대학 지원 등에 사용해야 한다고 생각한다.

우리나라의 과학기술 인력 수급 문제는 앞으로 국가 경쟁력에 심각한 영향을 미칠 수 있는 구조적인 위기를 예고하고 있다. 예를 들어, 2020년 출생자 수는 약 27만 명으로, 1971년의 약 102만 명에 비해 4분의 1 수준으로 급감했다. 이처럼 출생아 수가 지속적으로 감소하면서, 이공계 분야 인력의 기반도 함께 약화될 수밖에 없다. 이러한 상황에서 병역 대상 인구의 감소는 병역특례 제도에도 영향을 미치고 있다. 특히 과학기술 분야 석사, 박사 인재들이 산업기술 및 국방 연구개발에 기여할 수 있도록 운영되어온 전문연구요원 제

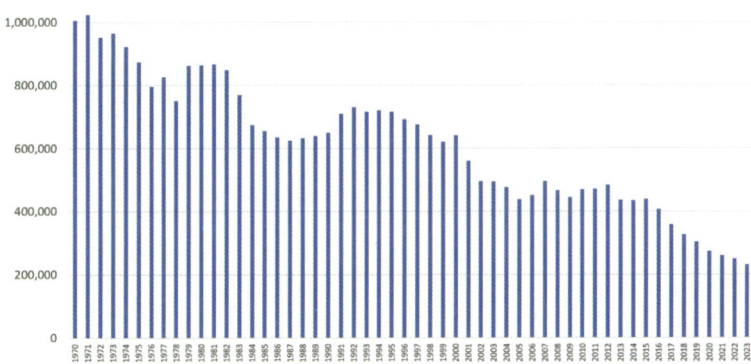

△ 우리나라 연도별 출생아 수. 주지하듯이 지속적으로 감소하고 있다. (출처: 통계청)

도의 축소 가능성까지 논의되고 있다.

그러나 이는 오히려 국가안보와 미래 산업 경쟁력에 역행하는 조치가 될 수 있다. 앞으로의 전쟁은 병력이 총칼을 들고 싸우는 물리적 전투가 아니라 인공지능, 무인 시스템, 사이버 전쟁 등 과학기술 기반의 전장에서 벌어질 가능성이 높다. 국방의 핵심은 기술이며, 이를 이끌 수 있는 고급 인력 확보가 무엇보다 중요하다. 따라서 지금 필요한 것은 병역특례 제도의 축소가 아니라, 과학기술 분야의 우수 인재들이 연구에 몰입할 수 있도록 제도를 보완하고 확대하는 방향이다. 동시에, 은퇴 과학자들의 지식과 경험을 활용할 수 있는 시스템도 함께 구축해야 한다. 과학기술 인력의 절대적 부족을 막기 위해서는 다양한 세대와 경로를 통한 인재 확보 전략이 시급히 마련되어야 한다.

기술 표준, 인력, 데이터, 정보통신 기술 인프라, 공급망 등 다양한 분야에서 글로벌 블록화와 경쟁이 본격화될 것으로 예고되는 불확실한 시대에 우리나라의 생존 방안은 과학기술에 있다. 세계적인 기술패권 경쟁에서 우위를 점하려면 경제적 관점뿐만 아니라 국가안보의 관점까지 고려한 과학기술 육성 전략이 필수적이다. 기술, 산업, 안보를 종합적으로 고려한 첨단 전략 기술을 개발하고, 기술 수준과 경쟁력에 맞춰 육성해야 한다. 이를 위해 전략기술 연구개발에 대한 다양한 지원과 우대 조치가 필요하며, 이를 체계적으로 실행하기 위한 국가 차원의 첨단 전략 과학기술 지원 컨트롤타워가 설치되어야 한다.

과학기술은 국가의 미래 경쟁력을 좌우하는 핵심 자산이지만, 이를 뒷받침할 고위급 정책 조정 체계는 아직 충분히 갖춰지지 않았다. 그나마 2024년 과학기술수석비서관 제도가 생긴 것은 다행이라 하겠으나, 부총리급 과학기술 전담 부처나 대통령실 내 실장급 과학기술 부서가 있어서 전 부처의 과학기술 정책을 유기적으로 조율하고, 국가 차원의 전략을 이끌 수 있어야 한다. 이러한 체계가 갖춰진다면, 대한민국은 원천 기술을 다수 확보한 과학기술 주권국가로 자리매김할 수 있을 것이다. 우리는 반만 년의 역사 속에서 수많은 위기를 극복해온 국민이다. 대한민국은 과학기술 혁신과 사회적 단합을 통해 기술패권 시대를 선도하는 국가가 될 것이다.

참고문헌

1부

1장

- World Economic Forum. (2025). *Global risks report 2025*. https://www.weforum.org/publications/global-risks-report-2025/
- World Economic Forum. (2024). *Global risks report 2024*. https://www.weforum.org/publications/global-risks-report-2024/
- World Economic Forum. (2023). *Global risks report 2023*. https://www.weforum.org/publications/global-risks-report-2023/
- World Economic Forum. (2022). *Global risks report 2022*. https://www.weforum.org/publications/global-risks-report-2022/
- World Economic Forum. (2021). *The global risks report 2021*. https://www.weforum.org/publications/the-global-risks-report-2021/
- World Economic Forum. (2020). *The global risks report 2020*. https://www.weforum.org/publications/the-global-risks-report-2020/
- World Economic Forum. (2014). *Global risks 2014*. https://www.weforum.org/publications/global-risks-2014/
- World Economic Forum. (2008). *Global risks 2008*. https://www3.weforum.org/docs/WEF_Global_Risks_Report_2008.pdf

2장

- International Energy Agency. (2021). *Global energy review: CO2 emissions in 2020*. https://www.iea.org/articles/global-energy-review-co2-emissions-in-2020

5장

- Bang, J., Hwang, C.H., Ahn, J.H., Lee, J.A., & Lee, S.Y. (2020). *Escherichia coli* is engineered to grow on CO2 and formic acid. *Nature Microbiology, 5*, 1459-1463. https://doi.org/10.1038/s41564-020-00793-9

7장

- Geyer, R., Jambeck, J. R., & Law, K. L. (2017). Production, use, and fate of all plastics ever made. *Science Advances, 3*(7), e1700782. https://doi.org/10.1126/sciadv.1700782
- Park, S.J., Lee, S.Y., Kim, T.W., Jung, Y.K., & Yang, T.H. (2012). Biosynthesis of lactate containing polyesters by metabolically engineered bacteria. *Biotechnology Journal, 7*(2), 199-212. https://doi.org/10.1002/biot.201100070
- United Nations Environment Programme. (2023). *Everything you need to know about plastic pollution*. https://www.unep.org/news-and-stories/story/everything-you-need-know-about-plastic-pollution
- The Ocean Cleanup. (n.d.). *The Great Pacific Garbage Patch*. Retrieved May 19, 2025, from https://theoceancleanup.com/great-pacific-garbage-patch/

9장

- ITU, & UNITAR. (2024). *The Global E-waste Monitor 2024*. International Telecommunication Union & United Nations Institute for Training and Research. https://ewastemonitor.info/the-global-e-waste-monitor-2024/
- Magazine SK. (2022, November 28). [인싸톡] E-Waste의 끝을 다시 써야 할 때. Social Value Connect. https://socialvalueconnect.com/contents/1421.do
- WEEE Forum. (2022, October 13). *International E-waste Day: Of ~16 Billion Mobile Phones Possessed Worldwide, ~5.3 Billion will Become Waste in 2022*. https://weee-forum.org/ws_news/of-16-billion-mobile-phones-possessed-worldwide-5-3-billion-will-become-waste-in-2022/
- International Energy Agency. (2023). *World energy outlook 2023*. https://www.iea.org/reports/world-energy-outlook-2023

11장

- International Renewable Energy Agency (IRENA). (2022). *Renewable power generation costs in 2021*. https://www.irena.org/-/media/Files/IRENA/Agency/Publication/2022/Jul/IRENA_Power_Generation_Costs_2021.pdf

12장

- Energy Transitions Commission. (2022, July). Making Net-Zero Aviation Possible. https://www.energy-transitions.org/publications/making-net-zero-aviation-possible/

13장

- De Vries, A. (2023). The growing energy footprint of artificial intelligence. *Joule,* 7(10), 2223–2226. https://doi.org/10.1016/j.joule.2023.09.004
- World Population Review. (2022). *Electricity consumption by country 2022*. https://worldpopulationreview.com/country-rankings/electricity-consumption-by-country
- Zandt, F. (2024, July). *How energy intensive are data centers?* Statista. https://www.statista.com/chart/32689/estimated-electricity-consumption-of-data-centers-compared-to-selected-countries/

2부

2장

- U.S. House of Representatives, Select Subcommittee on the Coronavirus Pandemic. (2024, December 4). *After action review of the COVID-19 pandemic: The lessons learned and a path forward*. https://oversight.house.gov/wp-content/uploads/2024/12/2024.12.04-SSCP-FINAL-REPORT-ANS.pdf
- Mallapaty, S. (2024). Wuhan lab samples hold no close relatives to virus behind COVID. *Nature*. https://www.nature.com/articles/d41586-024-

03982-2

3장

- Arbel, R., Wolff Sagy, Y., Hoshen, M., Battat, E., Sergienko, R., Friger, M., Netzer, D., & Balicer, R. D. (2022). Nirmatrelvir use and severe Covid-19 outcomes during the Omicron surge. *New England Journal of Medicine, 387*(9), 790–798. https://doi.org/10.1056/NEJMoa2204919
- Ryu, J. Y., Kim, H. U., & Lee, S. Y. (2018). Deep learning improves prediction of drug—drug and drug—food interactions. *Proceedings of the National Academy of Sciences of the United States of America, 115*(18), E4304–E4311. https://doi.org/10.1073/pnas.1803294115
- Kim, Y., Ryu, J.Y., Kim, H.U., & Lee, S.Y. (2023). Computational prediction of interactions between Paxlovid and prescription drugs. *Proceedings of the National Academy of Sciences of the United States of America, 120*(12), e2221857120. https://doi.org/10.1073/pnas.2221857120
- Jang, W. D., Jeon, S., Kim, S., & Lee, S. Y. (2021). Drugs repurposed for COVID-19 by virtual screening of 6,218 drugs and cell-based assay. *Proceedings of the National Academy of Sciences of the United States of America, 118*(30), e2024302118. https://doi.org/10.1073/pnas.2024302118

6장

- Swanson, K., Liu, G., Catacutan, D. B., Arnold, A., Zou, J., & Stokes, J. M. (2024). Generative AI for designing and validating easily synthesizable and structurally novel antibiotics. *Nature Machine Intelligence, 6*(3), 338–353. https://doi.org/10.1038/s42256-024-00809-7

7장

- 건강보험심사평가원. (2024, March 21). '암 예방의 날'을 맞아 악성신생물 진료현황 발표. https://www.hira.or.kr/bbsDummy.do?brdBltNo=11131&brdScnBltNo=4&pgmid=HIRAA020041000100

9장

- World Economic Forum. (2018). *The future of jobs report 2018*. https://www.weforum.org/reports/the-future-of-jobs-report-2018

10장

- Baek, M., et al. (2021). Accurate prediction of protein structures and interactions using a three-track neural network. *Science, 373*, 871-876. https://doi.org/10.1126/science.abj8754
- Ryu, J.Y., Kim, H.U., & Lee, S.Y. (2019). Deep learning enables high-quality and high-throughput prediction of enzyme commission numbers. *Proceedings of the National Academy of Sciences, 116*(28), 13996-14001. https://doi.org/10.1073/pnas.1901042116

12장

- Chang, J., Wang, Y., Shao, L., Laberge, R.-M., Demaria, M., Campisi, J., ... & Zhou, D. (2016). Clearance of senescent cells by ABT263 rejuvenates aged hematopoietic stem cells in mice. *Nature Medicine, 22*(1), 78–83. https://doi.org/10.1038/nm.4010
- Zhu, Y., Tchkonia, T., Pirtskhalava, T., Gower, A. C., Ding, H., Giorgadze, N., ... & Kirkland, J. L. (2015). The Achilles' heel of senescent cells: from transcriptome to senolytic drugs. *Aging Cell, 14*(4), 644-658. https://doi.org/10.1111/acel.12344
- Kawagishi, H., Fukumoto, M., & Ohtani, N. (2022). Navitoclax (ABT-263) rejuvenates human skin by eliminating senescent dermal fibroblasts in a mouse/human chimeric model. *Rejuvenation Research, 25*(6), 313-321. https://doi.org/10.1089/rej.2022.0048

13장

- De Dios, R., Gadar, K., Proctor, C. R., et al. (2025). Saccharin disrupts bacterial cell envelope stability and interferes with DNA replication dynamics. *EMBO Molecular Medicine, 17*(4), e00219. https://doi.org/10.1038/s44321-025-00219-1

- Lee, S. J., Park, S.-Y., Bak, S., et al. (2023). Synergistic effect of saccharin and caffeine on antiproliferative activity in human ovarian carcinoma Ovcar-3 cells. *International Journal of Molecular Sciences, 24*(19), 14445. https://doi.org/10.3390/ijms241914445
- Lee, H. S., & Kim, M. K. (2020). Effect of saccharin on inflammation in 3T3-L1 adipocytes and the related mechanism. *Nutrition Research and Practice, 14*(2), 123–130. https://doi.org/10.4162/nrp.2020.14.2.123
- Simon, B. R., Parlee, S. D., Learman, B. S., et al. (2013). Artificial sweeteners stimulate adipogenesis and suppress lipolysis independently of sweet taste receptors. *Journal of Biological Chemistry, 288*(45), 32475–32489. https://doi.org/10.1074/jbc.M113.514034
- Berry, A., & University of Colorado Boulder. (2025, April 25). *Erythritol increases oxidative stress and reduces nitric oxide production in human cerebral microvascular endothelial cells.* Presented at the 2025 American Physiology Summit, Baltimore, MD. https://journals.physiology.org/doi/10.1152/physiol.2025.40.S1.1054
- Wyss Institute for Biologically Inspired Engineering. (2022). *Sugar-to-Fiber Enzyme for Healthier Food.* https://wyss.harvard.edu/technology/sugar-to-fiber-enzyme-for-healthier-food/

16장

- Zhang, Y., Li, X., Wang, Y., Chen, J., & Liu, Z. (2024). Molecular insights of exercise therapy in disease prevention and treatment. *Signal Transduction and Targeted Therapy, 9*(1), 41. https://doi.org/10.1038/s41392-024-01841-0
- Zhou, Y., & Burris, T. P. (2021). Synthetic drugs and natural products as modulators of nuclear receptors in metabolism. *Advances in Pharmacology, 91*, 29–61. https://doi.org/10.1016/bs.apha.2021.01.001
- Li, X., Zhang, Y., Wang, Y., & Liu, Z. (2024). Intestinal human carboxylesterase 2 (CES2) expression rescues metabolic syndrome phenotypes in mice. *Acta Pharmacologica Sinica, 45*(1), 123–135. https://doi.org/10.1038/s41401-024-01407-4

3부

2장

- National Security Commission on Emerging Biotechnology. (2025, April 8). *Charting the Future of Biotechnology*. United States Senate. https://www.biotech.senate.gov/final-report/

3장

- White House Office of Science and Technology Policy. (2022). *Bold goals for U.S. biotechnology and biomanufacturing: Harnessing research and development to further societal goals*. Executive Office of the President of the United States. https://www.whitehouse.gov/wp-content/uploads/2022/09/Bold-Goals-for-US-Biotechnology-and-Biomanufacturing.pdf

6장

- Gardner, T. S., Cantor, C. R., & Collins, J. J. (2000). Construction of a genetic toggle switch in *Escherichia coli*. *Nature, 403*(6767), 339–342. https://doi.org/10.1038/35002131
- Global Industry Analysts Inc. (2021). *Synthetic Biology - Global Market Trajectory & Analytics*. https://www.strategyr.com/market-report-synthetic-biology-forecasts-global-industry-analysts-inc.asp
- Kim, G. B., Choi, S. Y., Cho, I. J., Ahn, D. H., & Lee, S. Y. (2023). Metabolic engineering for sustainability and health. *Trends in biotechnology, 41*(3), 425–451. https://doi.org/10.1016/j.tibtech.2022.12.014

7장

- Kim, Y.-J., Choi, S. Y., Kim, J., Jin, K. S., Lee, S. Y., & Kim, K.-J. (2016). Structure and function of the N-terminal domain of Ralstonia eutropha polyhydroxyalkanoate synthase, and the proposed structure and mechanisms of the whole enzyme. *Biotechnology Journal, 12*(1), 51–60. https://doi.org/10.1002/biot.201600649

10장

- Galanie, S., Thodey, K., Trenchard, I. J., Filsinger Interrante, M., & Smolke, C. D. (2015). Complete biosynthesis of opioids in yeast. *Science, 349*(6252), 1095–1100. https://doi.org/10.1126/science.aac9373
- Paddon, C. J., Westfall, P. J., Pitera, D. J., Benjamin, K., Fisher, K., McPhee, D., ... & Keasling, J. D. (2013). High-level semi-synthetic production of the potent antimalarial artemisinin. *Nature, 496*(7446), 528–532. https://doi.org/10.1038/nature12051

11장

- Prabowo, C. P. S., Eun, H., Yang, D., Huccetogullari, D., Jegadeesh, R., Kim, S. J., & Lee, S. Y. (2022). Production of natural colorants by metabolically engineered microorganisms. *Trends in Chemistry, 4*(7), 608–626. https://doi.org/10.1016/j.trechm.2022.04.009
- Yang, D., Eun, H., Prabowo, C. P. S., Jeon, J. M., Jegadeesh, R., Lee, S. Y., & Kim, S. J. (2021). Production of rainbow colorants by metabolically engineered *Escherichia coli*. *Advanced Science, 8*(13), 2100743. https://doi.org/10.1002/advs.202100743
- Ghiffary, M. R., Prabowo, C. P. S., Sharma, K., Yan, Y., Lee, S. Y., & Kim, H. U. (2021). High-level production of the natural blue pigment indigoidine from metabolically engineered *Corynebacterium glutamicum* for sustainable fabric dyes. *ACS Sustainable Chemistry & Engineering, 9*(19), 6613–6622. https://doi.org/10.1021/acssuschemeng.0c09341

12장

- MarketsandMarkets. (2022, July). *Plant-based meat market by source (soy, wheat, blends, pea), product (burger patties, strips & nuggets, sausages, meatballs), type (beef, chicken, pork, fish), distribution channel, storage and region – Global forecast to 2027*. https://www.marketsandmarkets.com/Market-Reports/plant-based-meat-market-44922705.html
- Zhao, X. R., Choi, K. R., & Lee, S. Y. (2018). Improved production of heme using metabolically engineered *Escherichia coli*. *Nature Catalysis, 1*(9),

- 720–728.
- Choi, K. R., Ahn, D.-H., Jung, S. Y., Lee, Y. H., & Lee, S. Y. (2024). Microbial lysates repurposed as liquid egg substitutes. *npj Science of Food, 8*(35). https://doi.org/10.1038/s41538-024-00281-y

13장

- Choi, K. R., et al. (2024). From sustainable feedstocks to microbial foods. *Nature Microbiology, 9*(5), 1167–1175. https://doi.org/10.1038/s41564-024-01671-4
- Choi, K. R., Yu, H. E., & Lee, S. Y. (2022). Microbial food: Microorganisms repurposed for our food. *Microbial Biotechnology, 15*(1), 18–25. https://doi.org/10.1111/1751-7915.13911

14장

- Food and Agriculture Organization of the United Nations. (2019). *The State of Food and Agriculture 2019*. https://www.fao.org/interactive/state-of-food-agriculture/2019/en/
- World Health Organization. (2024, March 1). *Malnutrition*. https://www.who.int/news-room/fact-sheets/detail/malnutrition
- World Economic Forum. (2019, January 22). *Innovation with a purpose: Improving traceability in food value chains through technology innovations*. https://www.weforum.org/publications/innovation-with-a-purpose-improving-traceability-in-food-value-chains-through-technology-innovations/
- World Economic Forum. (2018, January 23). *Innovation with a purpose: The role of technology innovation in accelerating food systems transformation*. https://www.weforum.org/publications/innovation-with-a-purpose-the-role-of-technology-innovation-in-accelerating-food-systems-transformation/

16장

- Kelland, K. (2024, September 10). *Weight-loss market to see 16 new drugs by 2029, report estimates*. Reuters. https://www.reuters.com/business/healthcare-pharmaceuticals/weight-loss-market-see-16-new-drugs-by-2029-report-estimates-2024-09-10/

- Fierce Pharma. (2024). *The top 20 drugs by worldwide sales in 2023*. https://www.fiercepharma.com/special-reports/top-20-drugsworldwide-sales-2023
- Moore, M. (2024, January 30). *Drugmakers tap AI for research as development costs skyrocket*. Techstrong.ai. https://techstrong.ai/articles/drugmakers-tap-ai-for-research-as-development-costs-skyrocket/

4부

1장

- World Economic Forum. (2019). *Top 10 emerging technologies 2019*. https://www.weforum.org/reports/top-10-emerging-technologies-2019
- World Economic Forum. (2020). *Top 10 emerging technologies 2020*. https://www.weforum.org/publications/top-10-emerging-technologies-2020/
- World Economic Forum. (2021). *Top 10 emerging technologies 2021*. https://www.weforum.org/publications/top-10-emerging-technologies-of-2021/
- World Economic Forum. (2023). *Top 10 emerging technologies 2023*. https://www.weforum.org/publications/top-10-emerging-technologies-of-2023/
- World Economic Forum. (2024). *Top 10 emerging technologies 2024*. https://www.weforum.org/publications/top-10-emerging-technologies-2024/
- World Economic Forum. (2025). *Top 10 emerging technologies 2025*. https://www.weforum.org/publications/top-10-emerging-technologies-2025

- Lee, Y., Kang, M., Jang, W. D., Choi, S. Y., Yang, J. E., & Lee, S. Y. (2024). Microbial production of an aromatic homopolyester. *Trends in Biotechnology, 42*(11), 1453-1478. https://doi.org/10.1016/j.tibtech.2024.06.001
- Lim, J., Choi, S.Y., Lee, J.W., Lee, S.Y., & Lee, H. (2023). Biohybrid CO2 electrolysis for the direct synthesis of polyesters from CO2. *Proceedings of the National Academy of Sciences of the United States of America, 120*(14), e2221438120. https://doi.org/10.1073/pnas.2221438120
- Bang, J., Hwang, C. H., Ahn, J. H., Lee, J. A., & Lee, S. Y. (2020). *Escherichia coli* is engineered to grow on CO2 and formic acid. *Nature microbiology, 5*(12), 1459–1463. https://doi.org/10.1038/s41564-020-00793-9

2장

- World Economic Forum. (n.d.). *Centre for the Fourth Industrial Revolution*. Retrieved May 23, 2025, from https://centres.weforum.org/centre-for-the-fourth-industrial-revolution/home

3장

- European Commission. (2019). *100 radical innovation breakthroughs for the future*. Publications Office of the European Union. https://op.europa.eu/en/publication-detail/-/publication/3e2e92d6-1647-11ea-8c1f-01aa75ed71a1

4장

- Chui, M., Harryson, M., Laux, R., McCarthy, B., Roberts, R., & Sharma, T. (2023). *The economic potential of generative AI: The next productivity frontier*. McKinsey & Company. https://www.mckinsey.com/capabilities/mckinsey-digital/our-insights/the-economic-potential-of-generative-ai-the-next-productivity-frontier

7장

- Sanders, N. E., & Schneier, B. (2024, March 13). Let's not make the same

- mistakes with AI that we made with social media. *MIT Technology Review*. https://www.technologyreview.com/2024/03/13/1089729/lets-not-make-the-same-mistakes-with-ai-that-we-made-with-social-media/
- Brookings Institution. (2024, December). *The global AI race: Will US innovation lead or lag?* https://www.brookings.edu/articles/the-global-ai-race-will-us-innovation-lead-or-lag/

8장

- Statista. (2024). *Volume of data/information created, captured, copied, and consumed worldwide from 2010 to 2025*. https://www.statista.com/statistics/871513/worldwide-data-created/
- Domo. (2023). *Data never sleeps 11.0* [Infographic]. https://www.domo.com/learn/infographic/data-never-sleeps-11

9장

- Lee, S. Y. (2019, July 1). DNA data storage is closer than you think. *Scientific American*. https://www.scientificamerican.com/article/dna-data-storage-is-closer-than-you-think/

10장

- PwC. (2020). *Seeing is believing: How virtual reality and augmented reality will transform business and the economy*. https://www.pwc.com/gx/en/technology/publications/assets/how-virtual-reality-and-augmented-reality.pdf

12장

- Morgan Stanley. (2018). *Space: Investing in the final frontier*. https://www.morganstanley.com/ideas/digital-twin-factories-2019